中国轻工业"十四五"规划立项教材

"互联网+"新形态一体化教学资源精品教材

机械制造技术基础

主　编　李连波　吴修娟

副主编　张霖霖　吴志威　施渊吉　崔　勇

　　　　徐伊岑　金　江　林旺东

参　编　韩腾飞　高国强　李雪峰

主　审　王道林

U0241743

中国轻工业出版社

图书在版编目（CIP）数据

机械制造技术基础/李连波，吴修娟主编 . —北京：
中国轻工业出版社，2024.4
　　ISBN 978-7-5184-4736-7

　　Ⅰ.①机…　Ⅱ.①李…②吴…　Ⅲ.①机械制造工艺
Ⅳ.①TH16

　　中国国家版本馆 CIP 数据核字（2024）第 001469 号

责任编辑：王　淳　　　　　责任终审：李建华
文字编辑：宋　博　　　　　责任校对：吴大朋　　　封面设计：锋尚设计
策划编辑：宋　博　王翔宇　　版式设计：致诚图文　　责任监印：张　可

出版发行：中国轻工业出版社（北京鲁谷东街 5 号，邮编：100040）
印　　刷：北京君升印刷有限公司
经　　销：各地新华书店
版　　次：2024 年 4 月第 1 版第 1 次印刷
开　　本：787×1092　1/16　印张：15.75
字　　数：370 千字
书　　号：ISBN 978-7-5184-4736-7　定价：49.80 元
邮购电话：010-85119873
发行电话：010-85119832　010-85119912
网　　址：http：//www.chlip.com.cn
Email：club@ chlip.com.cn

前言

根据习近平总书记提出的"人才强国"战略，实施人才强国是加速中国经济社会发展的重要动力。党的二十大报告提出："加快建设国家战略人才力量，努力培养造就更多大师、战略科学家、一流科技领军人才和创新团队、青年科技人才、卓越工程师、大国工匠、高技能人才。"充分体现了党和国家对大国工匠、高技能人才的高度重视。高技能人才是技能强国的第一动力。随着我国制造业的蓬勃发展，人工智能、工业机器人、工业"互联网+"、数控机床、智能制造、新能源汽车等新职业在现代企业中不断应用，加快培养一支高素质、专业化、复合型的高技能人才队伍是今后我国加快制造业发展、推进制造强国战略的首要任务。

自 2014 年国务院《关于加快发展现代职业教育的决定》（国发〔2014〕19 号）首次明确提出"探索发展本科层次职业教育"以来，本科层次职业教育成为我国教育领域的改革热点。2019 年 1 月，国务院印发《国家职业教育改革实施方案》，文件对职业教育提出了全方位的改革设想，对高校开展职业化教育提供了大量指导性建议，鼓励高校培养具有"工匠精神"的应用型技能人才。2021 年 1 月 22 日，教育部印发了《本科层次职业教育专业设置管理办法（试行）》，强调本科层次职业教育专业设置应体现职业教育类型特点，坚持高层次技术技能人才培养定位，为本科层次职业教育人才培养提供了指南。"职业本科"是在"职业技术学院"基础上建立起来的有高素质、高技能、高水平的职业技能型本科院校，主要为生产、建设、管理、服务等第一线培养高级应用型人才。南京工业职业技术大学是国家第一批公办职业本科院校，为了满足机械电子工程技术、智能制造工程技术等职业本科专业人才的培养，与行业企业专家合作，我们编写了本教材，供相关院校使用。

机械制造技术基础是机械电子工程技术专业、智能制造工程技术专业及相关专业的核心课程，是关于机械制造的基础综合性课程，主要包含"互换性原理与几何量公差""工程材料与热处理""金属切削原理""金属切削机床"及"机械制造工艺学"等课程的主要和基本内容。本教材以机械加工工艺过程为主线，配合典型零件轴类、盘类、板类等零件的加工过程进行构建课程体系，先将原有知识进行打碎再按照项目进行重构、精简和压缩，形成全新的机械制造技术基础教材，知识与应用案例的结合，充分体现了职业本科教育的特点。

全书分 9 章：第 1 章为绪论；第 2 章为尺寸公差与配合，包括尺寸及尺寸偏差、公差及公差带、极限与配合；第 3 章为几何公差，包括几何公差的分类、项目及其含义、符号等；第 4 章为表面粗糙度，包括主要术语及评定参数、符号、代号及标注等；第 5 章为工程材料，包括金属材料的力学性能、碳素钢、合金钢、铸铁、非铁金属及其合金等；第 6

章为金属切削加工基础，包括零件表面的形成方法、切削加工运动、切削用量、常用刀具材料、刀具几何角度、金属切削过程的基本规律、刀具磨损等；第7章为金属切削机床与典型表面加工方法，包括机床型号及其表示方法、传动系统、外圆表面、内圆表面和平面的加工方法等；第8章为机械加工工艺规程的制订，包括零件机械加工工艺过程及其组成、生产类型及其工艺特点，零件机械加工工艺规程、工序设计等；第9章为典型零件机械加工工艺实例，介绍机电产品中常用的轴类、板类和盘类零件的机械加工工艺设计。

本书由南京工业职业技术大学李连波和吴修娟担任主编，由南京工业职业技术大学张霖霖、吴志威、施渊吉、江苏农牧科技职业学院崔勇、无锡商业职业技术学院徐伊岑、重庆科创职业学院金江和广州市公用事业技师学院林旺东担任副主编，南京工业职业技术大学韩腾飞、高国强和李雪峰参与编写。其中第1章、第2章和第9章由吴修娟和韩腾飞编写，第6章、第7章和第8章由李连波、崔勇编写，第3章由吴志威、施渊吉和金江编写，第5章由张霖霖、徐伊岑编写，高国强、李雪峰和林旺东参与第4章的编写。全书由南京工业职业技术大学王道林教授主审。

本书可以作为职业本科、专科学校等机械设计制造及自动化专业、机械电子工程技术、智能制造工程技术和其他机械工程类专业的基础课程教材。

本书配有大量课程资源，读者可扫描书中二维码观看，同时配有在线课程、试题库等方便自行学习。

机械制造技术基础-中国大学 MOOC（慕课）网址：http：//www.chlip.com.cn/qr-code/230293J2X101ZBW/QR2001.htm。

限于编者水平，错误和不当之处在所难免，恳请不吝指正。

编者

目 录

1 绪 论

1.1 机械制造业在国民经济中的地位

配套课件
第 1 章 绪论

机械制造业是国民经济的支柱产业，是国家创造力、竞争力和综合国力的重要体现。它不仅为现代工业社会提供物质基础，还为信息与知识社会提供先进装备和技术平台，也为国防安全提供基础保障。

机械制造业是国民经济各部门的装备部，它不仅为传统产业的改造提供现代化的装备，同时也为计算机、通信等新兴产业群提供基础的或从未有过的新型技术装备。机械制造业的兴衰直接影响和制约着工业、农业、交通、航天、信息和国防各领域的生产技术和整体水平，进而影响着一个国家的综合生产实力甚至综合国力。

中国机械制造业的发展起步很早，从最初的手工制造业，到机械制造业，再到现在的全自动化模式，机械制造技术一直在创新和改革。现阶段我国机械制造生产方式主要分为五种：第一种是劳动密集型生产方式；第二种是设备密集型生产方式；第三种是信息密集型生产方式；第四种是知识密集型生产方式；第五种是智能密集型生产方式。纵观以上五种生产方式，可以说机械制造技术实现了从手工到智能的质的飞跃，印证了机械制造实现智能化的必然趋势。劳动密集型生产方式可以分为工业生产与手工制造；设备密集型生产方式为大规模工业生产提供了巨大帮助，推动机械制造行业迅速发展；信息密集型生产方式出现后，大量人工操作被替代，减少了工人的工作量，加快了生产的速度和效率；知识密集型的生产方式催生了很多制造新理念，最具代表性的是计算机集成和柔性制造。如今，智能密集型生产方式已经显示出了其强大的优势，但很多功能还在开发阶段，所以有潜力进一步改善生产方式。

1.2 机械制造业的发展趋势

我国是世界上机械发展最早的国家之一，机械工程技术不但历史悠久，而且成就十分辉煌，不仅对我国的物质文化和社会经济的发展起到了重要的促进作用，而且对世界技术文明的进步也做出了重大贡献。由于众所周知的原因，近代的机械制造工业基础十分薄弱，许多工业产品不能自己生产，完全依赖进口。1949 年之前中国几乎没有机床制造业，只是零星生产几种简易机床，产量只有两千多台。中华人民共和国成立初期，只有上海、沈阳、昆明等城市一些机械修配厂兼产少量车床、刨床、冲床等简易机床。中华人民共和国成立 70 多年来，我国已建立了比较完整的机械工业体系。我国的机械工业从小到大，从修配到制造，从制造一般机械产品到制造高、精、尖产品；从制造单机到制造先进大型成套设备，已逐步建成门类比较齐全，具有较大规模、较高技术水平和成套水平不断提高、为国民经济和国防建设提供支持的机械装备，在国民经济中的支柱产业地位日益彰显。

《国家中长期科学和技术发展纲要（2006～2020年）》指出，我国是世界制造大国，但还不是制造强国。制造技术基础薄弱，创新能力不强，产品以低端为主，制造过程资源、能源消耗大、污染严重。中国制造业有以下几个发展趋势。

1.2.1　集成化与智能化

社会生活节奏与生产节奏逐渐提升，为使机械制造能够匹配现实诉求，应着重提升生产质量与生产效率。因此，企业应将集成化与智能化技术引入机械制造，推动我国现代机械制造技术向集成化与智能化发展。机械制造企业应积极开发计算机集成系统，借助互联网、大数据、云计算等信息技术处理生产业务。随着机械制造技术更加集成化与智能化，企业生产中的加工、设计、装配、生产、销售等问题均可得以改善，从而进一步实现一体化机械制造。现代机械制造技术向集成化与智能化方向发展，将提升企业生产的集成化水平，促使企业更快更好发展。

1.2.2　绿色化与自动化

在社会发展的推动下，机械制造行业在提升自身竞争力方面逐渐注重增强技术水平，进一步推动现代机械制造技术向绿色化自动化方向发展。随着机械制造技术水平的提升，使企业实现了社会效益与经济效益的共赢。企业大力发展机械制造技术，重点突破精密制造技术难题，为我国现代机械制造技术良好发展奠定基础。企业在技术研发过程中可注重提升以下三种技术：a. 无切削液加工技术。该技术可以减少生产制造中形成的废液，降低工业废液污染，有效提升环境效益。b. 快速成形技术。企业在生产过程中可借助累积和添加的工作原理完成分层、沉积、熔化等实体制造，降低材料浪费率，进一步提升机械制造效率。c. 精密成形技术。企业应确保机械制造流程的精密度，增强对机械制造过程和生产结果的控制，力求切割、焊接、锻造等生产环节能够达到高度精密水平。

1.2.3　虚拟化

机械制造技术正在向虚拟化方向发展。尽管目前虚拟制造技术已投入实际生产加工环节中，但虚拟化依然是机械制造技术的主流发展方向。现阶段，企业开展仿真模拟操作主要集中于生产与设计环节，将零件按照一定顺序进行组合，提升生产参数的精准度与产品质量性能。虚拟技术在未来将向机械制造检验与筛选原材料等环节延伸，降低机械制造过程中的误差与折损率，提升机械制造流程的科学性和合理性。根据机械生产工艺的难易程度，逐步实现机械制造在产品生产过程、生产调度、销售、组织管理、物流、供应链等多方面的虚拟化工作。

1.2.4　深化特种加工技术

现代机械制造技术在发展过程中，要深入研究特种加工技术，不断提高特种加工技术水平。传统机械制造在生产时的主要原材料是淬火钢、宝石、金刚石、耐热合金等。这些原材料加工难度大，难以符合耐高温、耐高压、高精度等加工标准。若对这些原材料施加打孔类精细制造工作,将会耗费大量的时间和材料。而特种加工技术可以有效解决上述问题,综合使用化学手段以及热能、声能、电能、电化学能、光能等方面的技术,可有效降低机械制造损耗率,提高生产效率和制造精度。

1.2.5 敏捷化

从产品性能可判断机械制造企业的生存能力与市场竞争力,因此企业应紧紧围绕市场需求持续研发更多的低成本、高品质、强性能的新产品,保持敏捷化发展。企业可借助升级生产技术、革新生产工艺、调配人力成本等途径,使机械制造技术更加敏捷化,实现快速制造。同时,企业可充分利用各类资源,随时掌握市场中机械制造技术的发展趋势与客户需求,及时调整自身的生产工艺。敏捷化发展不仅是指机械制造技术更加敏捷,还指企业管理与运作更加敏捷化,消除固化管理模式。机械制造企业可精简组织架构,引入现代化办公系统,提升沟通效率。

1.2.6 信息化

由于网络通信技术持续创新、丰富种类并投入实际使用,企业开始更加注重机械制造技术方面的信息化发展。在信息技术的加持下,企业可以借助互联网技术突破时间与空间的束缚,跨界选择产品物料、设计产品与制造产品,增强企业活力。加快信息技术与机械制造技术的融合,可以有效提升生产效率并优化产品。信息技术应用于机械制造企业后,提升了企业技术层面与各生产环节之间的沟通效率,可实现高效对接。企业在引入信息技术的同时也引进了先进制造技术与新生产工艺,促使机械制造技术进一步向信息化、全面化发展。

1.3 机械制造技术分类

机械制造过程是机械制造工艺过程的总称,它是将原材料转变为成品或半成品的各种劳动过程的总和,在生产过程中所运用的所有技术可统称为机械制造技术。机械制造技术包括围绕材料成形的金属材料成形技术与非金属材料成形技术,如焊接、热处理、冲压、锻造等技术。机械制造技术还有围绕切削的机械装配技术与机械冷加工技术,如磨削、车削、装配工艺等多种技术。除此之外,机械制造技术还包含特种加工技术,如电解加工、电火花等技术。根据产品制造前后质量的变化,可以将制造方式分为减材制造等材制造和增材制造,如表 1-1 所示。

表 1-1　　　　　　　　　　制造方式分类

制造方式	制造后质量	特点	制造方法
减材制造	减少	以机械能把多余的材料去除	常见机械加工方法,车、铣、刨、钻、磨等
等材制造	不变	以一定的形式使材料的形状发生变化而质量不变	铸造、锻造等
增材制造	增加	基于离散堆积的原理,采用材料逐层累加的方法制造实体零件	光固化、选择性激光烧结、熔融堆积等

　　产品的制造阶段就是把原材料转变为成品的过程，这一过程包括原材料的运输和保管、生产准备、毛坯准备、机械加工、装配与调试、质量检验、成品包装等。在这一过程中的运输、保管、准备、包装、检验等称为辅助过程，而毛坯制造、机械加工、热处理、装配等直接改变毛坯或零件的形状、尺寸、材料性能的过程称为生产工艺过程。

1.4　课程任务与学习目标

　　机械制造技术基础是机械工程、机械电子工程等专业及近机类专业的一门主干学科基础课，通过本课程的学习，学生应掌握有关机械制造技术的基础知识、基本理论和基本方法。本教材以轴类、盘类和异形件等典型零件制造为载体，打破学科逻辑顺序编排教学内容，以制造工艺为主线，按制造过程让学生学会机械工程材料、公差与配合、切削加工方法、切削加工机床、机械加工工艺规程的制订、加工质量检测等内容，理论知识的选取紧紧围绕工作任务完成的需要，并融合机械加工职业资格证书对知识和技能的要求，突出对学生职业能力的训练与拓展。

　　通过本课程的学习，要求学生能对机械制造有一个总体的、全貌的了解与把握，掌握金属切削过程的基本规律；掌握机械加工的基本知识；能根据零件的加工要求选择加工方法与机床、刀具、夹具和加工工艺参数；具备中等复杂零件的机械加工工艺规程设计能力；掌握机械加工精度和表面质量分析的基本理论、基本知识和基本方法；初步具备分析解决现场机械加工工艺问题的能力；了解目前先进制造技术的发展现状和发展趋势。

2 尺寸公差与配合

【知识目标】

- 了解标准及标准化。
- 掌握尺寸极限与配合的定义。
- 熟悉极限与配合的国家标准。
- 掌握优先和常用配合。
- 掌握选择尺寸公差与配合的方法。

【能力目标】

- 初步具备正确选择尺寸公差与配合的能力。
- 具有查阅相关标准、手册、图册等技术资料的能力。

【引言】

如图 2-1 所示的机床润滑系统的齿轮油泵减速器输出轴零件图上，其中标注的一些关键尺寸，如轴与孔的配合尺寸 $\phi18\dfrac{H7}{f7}$、$\phi18\dfrac{H7}{r6}$，轴的直径尺寸 $\phi16k6$，高度尺寸 40 ± 0.02、$85_{-0.34}^{-0.12}$ 等，这些尺寸有什么含义呢？如何查表获得这些数据？这是本章所要讲的主要内容。

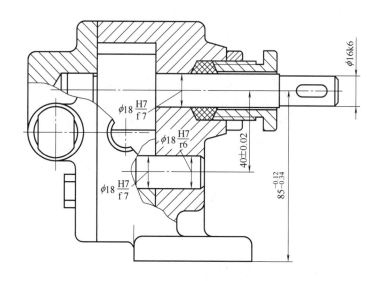

图 2-1　齿轮油泵

现代化的机械工业，机械零件应朝标准化方向努力，使零件具有互换性。为使零件具有互换性，必须保证零件的尺寸、几何形状和相互位置，以及表面特征技术要求的一致性。就尺寸而言，互换性要求尺寸的一致性，即要求尺寸在某一合理的范围内；对于相互结合的零件，这个范围既要保证相互结合的尺寸之间形成一定的关系，以满足不同的使用要求，又要在制造上是经济合理的，这样就形成了"极限与配合"的概念。由此可见，"极限"用于协调机器零件使用要求与制造经济性之间的矛盾，"配合"则是反映零件组合时相互之间的关系。因此极限与配合决定了机器零部件相互结合的条件与状态，是评定最终产品的重要技术指标之一。

经标准化的极限与配合制，有利于机器的设计、制造、使用与维修，有利于保证产品精度、使用性能和使用寿命等，也有利于刀具、量具、夹具和机床等工艺装备的标准化。

自 1979 年以来，我国参照国际标准（ISO），并结合我国的实际生产情况，颁布了一系列国家标准，1994 年以后，又进行了进一步的修订，新修订的"极限与配合"标准由以下几个标准组成：

GB/T 1800.1—2020　产品几何技术规范（GPS）线性尺寸公差 ISO 代号体系　第 1 部分：公差、偏差和配合的基础

GB/T 1800.2—2020　产品几何技术规范（GPS）线性尺寸公差 ISO 代号体系　第 2 部分：标准公差带代号和孔、轴的极限偏差表

GB/T 1804—2000　一般公差 未注公差的线性和角度尺寸的公差。

2.1　基本术语

2.1.1　孔轴的术语和定义

（1）轴（shaft）

工件的外尺寸要素，包括非圆柱形的外尺寸要素，用小写 d 表示，如图 2-2（a）所示。随着加工的进行，轴的尺寸由大变小。

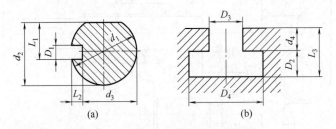

图 2-2　孔和轴的定义示意图

（a）轴　（b）孔

（2）孔（hole）

工件的内尺寸要素，包括非圆柱面形的内尺寸要素，用大写 D 表示，如图 2-2（b）所示。随着加工的进行，孔的尺寸由小变大。

2.1.2 尺寸的术语和定义

（1）尺寸

尺寸是指用特定单位表示线性尺寸值的数值（在国标规定的尺寸标注中，以 mm 为通用单位）。

（2）公称尺寸

公称尺寸是指设计给定的尺寸，其数值应圆整后按国家标准《标准尺寸》中的基本系列选取，以减少定值刀具、量具的规格。例如尺寸 $85_{-0.34}^{-0.12}$mm，其基本尺寸为 85mm。孔、轴配合时的公称尺寸应相同，分别用 D、d 表示。

（3）实际尺寸

实际尺寸是指通过测量得到的尺寸。由于存在测量误差，因此实际尺寸并非尺寸的真值。同一表面的不同部位的实际尺寸往往不同，所以又称为局部实际尺寸。孔、轴的局部实际尺寸分别用 D_a、d_a 表示。

（4）极限尺寸

极限尺寸是指允许尺寸变化的两个界限值。其中，较大的一个界限值称为最大极限尺寸，分别用 D_{max} 和 d_{max} 表示；较小的一个界限值称为最小极限尺寸，分别用 D_{min} 和 d_{min} 表示，如图 2-3 所示。

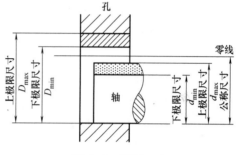

图 2-3　极限尺寸

2.1.3 尺寸偏差、公差及公差带的术语和定义

（1）尺寸偏差

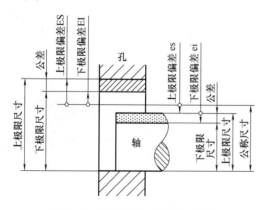

图 2-4　尺寸要素、公差与偏差

尺寸偏差是指某一尺寸减其基本尺寸所得的代数差。偏差分为极限偏差和实际偏差，极限偏差又分为上偏差和下偏差，如图 2-4 所示。上偏差是最大极限尺寸减基本尺寸所得的代数差，轴上偏差用代号 es 表示；下偏差是最小极限尺寸减基本尺寸所得的代数差，轴下偏差用代号 ei 表示。孔（内尺寸要素）的上、下极限偏差代号分别用大写字母 ES 和 EI 表示。例如某轴的直径尺寸为 $\phi25h9$（$^{\ 0}_{-0.052}$），该轴 es＝0mm，ei＝-0.052mm。实际偏差是实际尺寸减基本尺寸所得的代数差。偏差可以为正、负或零值。

上极限偏差（es）＝上极限尺寸 d_{max} -基本尺寸 d

下极限偏差（ei）＝下极限尺寸 d_{min} -基本尺寸 d

合格零件的实际偏差应在规定的极限偏差范围内。

（2）尺寸公差

尺寸公差是指尺寸允许的变动量，简称公差 T。公差是一个无正负号的数值，且不为零。公差等于最大极限尺寸与最小极限尺寸之差，也等于上偏差与下偏差之差。

$$孔公差：T_D(T_h)=|D_{max}-D_{min}|=|ES-EI|$$
$$轴公差：T_d(T_s)=|d_{max}-d_{min}|=|es-ei|$$

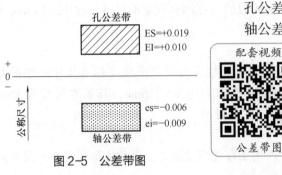

图 2-5　公差带图

配套视频
公差带图

（3）公差带

公差、偏差的数值与基本尺寸相比要小得多，不便用同一比例表示。因此，实际中一般使用公差带图，如图 2-5 所示。其中，确定偏差的一条基准直线称为零偏差线（零线）。通常用零线表示基本尺寸，正偏差位于零线之上，负偏差位于零线之下。代表上、下偏差的两条直线所限定的一个区域，称为公差带。

从图 2-5 中可以看出，公差带图包括了"公差带大小"与"公差带位置"两个参数，前者指公差带在公称尺寸垂直方向的宽度，由标准公差确定；后者指公差带沿公称尺寸垂直方向的坐标位置，由基本偏差确定。

标准公差（standard tolerance）IT，线性尺寸公差 ISO 代号体系中的任一公差。缩略语字母"IT"代表"国际公差"。

基本偏差（fundamental deviation）确定公差带相对公称尺寸位置的那个极限偏差。它可以是上极限偏差或下极限偏差，一般指靠近公称尺寸的那个极限偏差。

2.1.4　配合的术语和定义

配合是指基本尺寸相同的、相互结合的孔和轴公差带之间的关系。由于配合是指一批孔、轴的装配关系，而不是指单个孔与轴的装配关系，所以用公差带关系来反映配合比较确切。根据孔和轴公差带之间的关系不同，配合分为间隙配合、过盈配合和过渡配合三大类。

配套视频
公差带配合图

间隙配合

（1）间隙配合

孔的尺寸减去与其相配合的轴的尺寸所得的代数差为正（+）时是间隙，用 X 表示，为负（-）时是过盈，用 Y 表示。具有间隙（包括最小间隙等于零）的配合为间隙配合，如图 2-6 所示。此时，孔的公差带

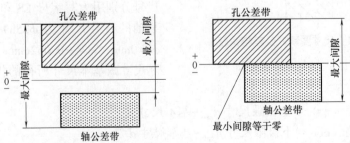

图 2-6　间隙配合

在轴的公差带之上，其极限值用最大间隙 X_{max} 和最小间隙 X_{min} 表示。间隙配合主要用于孔、轴间的活动连接，如导轴与导套的配合、凸模与凹模的配合均为间隙配合。间隙的作用在于储藏润滑油，补偿温度引起的变化，补偿弹性变形及制造与安装误差等。间隙的大小影响孔、轴相对运动的灵活程度。例如 $\phi 50^{+0.025}_{0}$mm 孔与 $\phi 50^{-0.009}_{-0.025}$mm 轴的配合就是间隙配合，其极限间隙为：

$$X_{max} = D_{max} - d_{min} = ES - ei = [0.025 - (-0.025)]mm = +0.050mm$$
$$X_{min} = D_{min} - d_{max} = EI - es = [0 - (-0.009)]mm = +0.009mm$$

（2）过盈配合

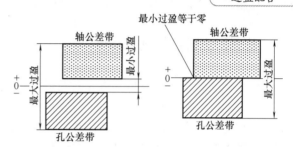

具有过盈（包括最小过盈等于零）的配合为过盈配合，如图 2-7 所示。此时，孔的公差带在轴的公差带之下，其极限值为最大过盈 Y_{max} 和最小过盈 Y_{min}。过盈配合用于孔、轴间的固定连接，不允许两者有相对运动，如凸模装入凸模固定板，一般采用过盈配合。

图 2-7 过盈配合

例如 $\phi 50^{+0.025}_{0}$mm 孔与 $\phi 50^{+0.050}_{+0.034}$mm 轴的配合就是过盈配合，其极限过盈为：

$$Y_{max} = D_{min} - d_{max} = EI - es = (0 - 0.050)mm = -0.050mm$$
$$Y_{min} = D_{max} - d_{min} = ES - ei = (0.025 - 0.034)mm = -0.009mm$$

（3）过渡配合

可能具有间隙或过盈的配合为过渡配合。此时，孔的公差带与轴的公差带值相互交叠，其极限值为最大间隙和最大过盈，如图 2-8 所示。过渡配合主要用于孔、轴的定位连接，如定位销与凸模固定板、上模座的配合。标准中规定的过渡配合的间隙或过盈一般都较小，因此可以保证结合零件具有很好的同轴度，并且便于拆卸和装配。

例如 $\phi 50^{+0.025}_{0}$mm 孔与 $\phi 50^{+0.025}_{+0.009}$mm 轴的配合就是过渡配合，其极限间隙或过盈为：

$$X_{max} = D_{max} - d_{min} = ES - ei = (0.025 - 0.009)mm = +0.016mm$$
$$Y_{max} = D_{min} - d_{max} = EI - es = (0 - 0.025)mm = -0.025mm$$

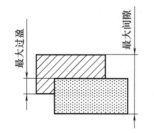
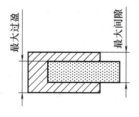
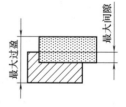

图 2-8 过渡配合

（4）配合公差 T_F

配合公差 T_F 是指允许间隙或过盈的变动量。配合公差表示一批孔、轴配合时，各对孔、轴配合松紧不一致的程度。

对于间隙配合：　　　　　$T_{\mathrm{F}}=\left|X_{\max}-X_{\min}\right|=T_{\mathrm{D}}+T_{\mathrm{d}}$

对于过盈配合：　　　　　$T_{\mathrm{F}}=\left|Y_{\max}-Y_{\min}\right|=T_{\mathrm{D}}+T_{\mathrm{d}}$

对于过渡配合：　　　　　$T_{\mathrm{F}}=\left|X_{\max}-Y_{\max}\right|=T_{\mathrm{D}}+T_{\mathrm{d}}$

当基本尺寸一定时，配合公差 T_{F} 表示配合的精确程度，反映了设计使用要求；而孔公差 T_{D} 和轴公差 T_{d} 则分别表示孔、轴加工的精确程度，反映了制造工艺要求，即加工的难易程度。由以上关系式可见，若使用要求或设计要求提高，即 T_{F} 减小，则 $T_{\mathrm{D}}+T_{\mathrm{d}}$ 也要减小，因此加工将更困难，成本也将提高。因此，这个关系式说明公差的实质：反映机器使用要求与制造要求的矛盾，或设计与工艺的矛盾。设计时要综合考虑使用要求和制造难易程度这两个方面，合理选取，从而提高综合技术经济效益。

2.2　极限与配合国家标准

经标准化的公差与偏差制度称为极限制。它是一系列标准的孔、轴公差数值和极限偏差数值。ISO 配合制（ISO fit system）是由线性尺寸公差 ISO 代号体系确定公差的孔和轴组成的一种配合制度，也称为 ISO 基准制。"极限与配合制" 是极限制与配合制的总称，该国家标准主要由标准公差等级、基本偏差和 ISO 配合制组成。

2.2.1　标准公差系列

标准公差是国标规定的用以确定公差带大小的任一公差值。标准公差由公差单位（或称公差因子）及公差等级系数组成。标准公差系列是由不同公差等级和不同基本尺寸的标准公差构成的。

（1）公差单位

机械零件的加工误差不仅与加工方法有关，而且与零件的基本尺寸有关。因而，为了评定零件精度等级的高低，合理地规定公差数值，需要建立公差单位。

公差单位是计算公差的基本单位，是制订标准公差系列表的基础。生产实践以及专门的科学试验和统计分析说明，零件的加工误差与基本尺寸之间呈立方根抛物线关系。

对尺寸≤500mm，IT5 至 IT18 的公差单位计算式为：

$$i=0.45\sqrt[3]{D}+0.001D \tag{2-1}$$

式中：i—公差单位，单位为 μm；D—零件的基本尺寸，单位为 mm。

式（2-1）中第一项主要反映加工误差的影响；第二项用于补偿与直径成正比的误差，比如由于测量时温度偏离标准温度 20℃、测量误差等因素引起的误差，呈直线关系。实际上，当尺寸很小时，第二项所占的比例很小；但当直径很大时，公差单位随直径增加较快。

IT01 至 IT1 的标准公差的计算公式，如表 2-1 所示。主要考虑测量误差，因为高精度零件的加工误差很小，主要取决于测量水平。

（2）公差等级

确定尺寸精确程度的等级，称为公差等级。规定和划分公差等级的目的，是简化和统一公差的规格，使较少的公差等级既能满足广泛的不同使用要求，又能大致代表各种加工方法的精度。这样做能简化设计，也有利于制造。

表 2-1		基本尺寸≤500mm 的标准公差的计算公式			单位：μm
公差等级	公　式	公差等级	公　式	公差等级	公　式
IT01	$0.3+0.008D$	IT6	$10i$	IT13	$250i$
IT0	$0.5+0.012D$	IT7	$16i$	IT14	$400i$
IT1	$0.8+0.020D$	IT8	$25i$	IT15	$640i$
IT2	$(IT1)(IT5/IT1)^{1/4}$	IT9	$40i$	IT16	$1000i$
IT3	$(IT1)(IT5/IT1)^{2/4}$	IT10	$64i$	IT17	$1600i$
IT4	$(IT1)(IT5/IT1)^{3/4}$	IT11	$100i$	IT18	$2500i$
IT5	$7i$	IT12	$160i$		

在国标中，标准公差 T 用公差等级系数 a 与公差单位 i 的乘积来表示，即：

$$T=ai \tag{2-2}$$

对于基本尺寸相同的零件，公差等级系数 a 是决定标准公差大小的唯一参数。它不随配合改变，而且对孔、轴都一样。a 的大小在一定程度上反映了加工的难易程度。

根据公差等级系数不同，国标将标准公差共分为 20 个等级，即 IT01、IT0、IT1……IT18，其中 IT（ISO Tolerance）表示标准公差，数字表示公差等级，IT01 最高，IT18 最低，等级依次降低，公差值依次增大。

在尺寸≤500mm 的常用尺寸段范围内，各级标准公差的计算公式如表 2-1 所示。不难看出，国标各级公差之间分布的规律性强，便于向高、低两端延伸，如果现有 20 个公差等级不够用时，还可以根据计算公式自行延伸，以满足更广泛和特殊的需要。

（3）基本尺寸分段

按照标准公差的计算公式，在同一公差等级中每对应一个基本尺寸就会有一个公差值，这样规格繁多既不实用也无必要。为了减少标准公差数目、统一公差值、简化公差表格以及便于生产实际应用，国标对基本尺寸进行了尺寸分段，将 3150mm 以下的基本尺寸分成 21 个主段落。尺寸分段后，对同一尺寸段内的所有基本尺寸，在相同公差等级情况下，规定相同的标准公差。基本尺寸分段和标准公差数值，如表 2-2 所示。

表 2-2		标准公差数值（摘自 GB/T 1800.2—2020）																			
公称尺寸 /mm		标准公差等级																			
		IT01	IT0	IT1	IT2	IT3	IT4	IT5	IT6	IT7	IT8	IT9	IT10	IT11	IT12	IT13	IT14	IT15	IT16	IT17	IT18
大于	至	标准公差值																			
		μm												mm							
—	3	0.3	0.5	0.8	1.2	2	3	4	6	10	14	25	40	60	0.1	0.14	0.25	0.4	0.6	1	1.4
3	6	0.4	0.6	1	1.5	2.5	4	5	8	12	18	30	48	75	0.12	0.18	0.3	0.48	0.75	1.2	1.8
6	10	0.4	0.6	1	1.5	2.5	4	6	9	15	22	36	58	90	0.15	0.22	0.36	0.58	0.9	1.5	2.2
10	18	0.5	0.8	1.2	2	3	5	8	11	18	27	43	70	110	0.18	0.27	0.43	0.7	1.1	1.8	2.7
18	30	0.6	1	1.5	2.5	4	6	9	13	21	33	52	84	130	0.21	0.33	0.52	0.84	1.3	2.1	3.3
30	50	0.6	1	1.5	2.4	4	7	11	16	25	39	62	100	160	0.25	0.39	0.62	1	1.6	2.5	3.9
50	80	0.8	1.2	2	3	5	8	13	19	30	46	74	120	190	0.3	0.46	0.74	1.2	1.9	3	4.6

续表

公称尺寸/mm		标准公差等级																			
		IT01	IT0	IT1	IT2	IT3	IT4	IT5	IT6	IT7	IT8	IT9	IT10	IT11	IT12	IT13	IT14	IT15	IT16	IT17	IT18
大于	至	标准公差值																			
		μm													mm						
80	120	1	1.5	2.5	4	6	10	15	22	35	54	87	140	220	0.35	0.54	0.87	1.4	2.2	3.5	5.4
120	180	1.2	2	3.5	5	8	12	18	25	40	63	100	160	250	0.4	0.63	1	1.6	2.5	4	6.3
180	250	2	3	4.5	7	10	14	20	29	46	72	115	185	290	0.46	0.72	1.15	1.85	2.9	4.6	7.2
250	315	2.5	4	6	8	12	16	23	32	52	81	130	210	320	0.52	0.81	1.3	2.1	3.2	5.2	8.1
315	400	3	5	7	9	13	18	25	36	57	89	140	230	360	0.57	0.89	1.4	2.3	3.6	5.7	8.9
400	500	4	6	8	10	15	20	27	40	63	97	155	250	400	0.63	0.97	1.55	2.5	4	6.3	9.7
500	630			9	11	16	22	32	44	70	110	175	280	440	0.7	1.1	1.75	2.8	4.4	7	11
630	800			10	13	18	25	36	50	80	125	200	320	500	0.8	1.25	2	3.2	5	8	12.5
800	1000			11	15	21	28	40	56	90	140	230	360	560	0.9	1.4	2.3	3.6	5.6	9	14
1000	1250			13	18	24	33	47	66	105	165	260	420	660	1.05	1.65	2.6	4.2	6.6	10.5	16.5
1250	1600			15	21	29	39	55	78	125	195	310	500	780	1.25	1.95	3.1	5	7.8	12.5	19.5
1600	2000			18	25	35	46	65	92	150	230	370	600	920	1.5	2.3	3.7	6	9.2	15	23
2000	2500			22	30	41	55	78	110	175	280	440	700	1100	1.75	2.8	4.4	7	11	17.5	28
2500	3150			26	36	50	68	96	135	210	330	540	860	1350	2.1	3.3	5.4	8.6	13.5	21	33

从表 2-2 中可以看出：标准公差数值由标准公差等级和基本尺寸确定。同一基本尺寸段，公差等级不同则对应的公差数值就不同；而同一公差等级，若基本尺寸不在同一尺寸段，则对应的公差数值也不同。国标规定，只有公差等级相同（而不是公差数值相同）才表示有相同的精度，即相同的加工难度。

2.2.2　基本偏差系列

在对公差带的大小进行标准化后，还需要对公差带相对于零线的位置标准化。规定基本偏差的目的就是对公差带位置进行标准化。

用来确定公差带相对零线位置的上偏差或下偏差称为基本偏差。基本偏差一般指靠近零线的那个偏差。当公差带位于零线上方时，其基本偏差为下偏差；当公差带位于零线下方时，其基本偏差为上偏差；当公差带对称于零线时，两者皆可。

基本偏差系列如图 2-9 所示，基本偏差的代号用拉丁字母表示，小写字母代表轴，大写字母代表孔。在 26 个字母中，除去易与其他含义混淆的 I（i）、L（l）、O（o）、Q（q）、W（w）5 个字母，采用了 21 个单写字母和 7 个双字母 CD（cd）、EF（ef）、FG（fg）、JS（js）、ZA（za）、ZB（zb）、ZC（zc）组成，共有 28 个，即孔和轴各有 28 个基本偏差。

如图 2-9 所示，轴 a~h 基本偏差是上偏差 es，孔 A~H 基本偏差是下偏差 EI，它们的绝对值依次减小，其中 h 和 H 的基本偏差为零。

轴 js 和孔 JS 的公差带相对于零线对称分布，故基本偏差可以是上偏差也可以是下偏差，其值为标准公差的一半（即±IT/2）。js、JS 将逐渐取代近似对称的基本偏差 j、J，目前在国标中，孔仅保留了 J6、J7、J8，轴仅保留了 j5、j6、j7、j8。

轴 j～zc 基本偏差为下偏差 ei，孔 J～ZC 基本偏差是 ES，其绝对值依次增大。

孔和轴的基本偏差原则上不随公差等级变化，只有极少数基本偏差（j、js、k）例外。

在图 2-9 中，仅绘出了公差带的一端而另一端未绘出，因为它取决于公差等级和这个基本偏差的组合。

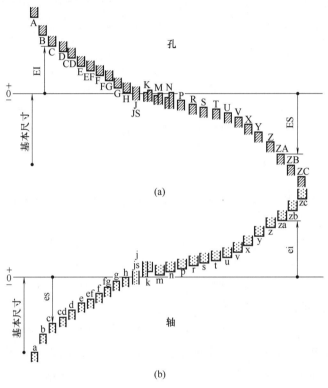

图 2-9 基本偏差系列

2.2.3 ISO 配合制

ISO 配合制是由线性尺寸公差 ISO 代号体系确定公差的孔和轴组成的一种配合制度。改变孔和轴的公差带位置可以得到很多种配合，为便于现代大生产，简化标准，国标对配合规定了两种 ISO 配合制：基孔制配合和基轴制配合。

（1）基孔制

基孔制是指基本偏差为一定的孔公差带，与不同基本偏差的轴公差带形成各种配合的一种制度，如图 2-10（a）所示。基孔制中配合的孔称为基准孔，它是配合的基准件。国标规定：基准孔的基本偏差（下偏差）为零，即 EI = 0；上偏差为正值，即公差带在零线上方，用 H 表示。

基孔制中配合的轴为非基准件。当轴的基本偏差为上偏差且为负值或零值时，是间隙配合；基本偏差为下偏差时，若孔与轴公差带相交叠为过渡配合，相错开为过盈配合。另外，如图 2-10（a）所示，轴的另一极限偏差没有画出，是表示其位置由公差等级，即公差带的大小来确定。

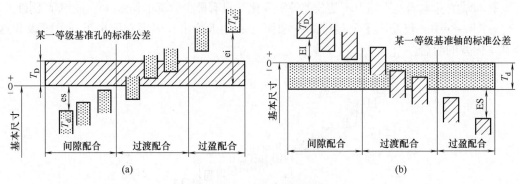

图 2-10　基孔制与基轴制
（a）基孔制　（b）基轴制

（2）基轴制

基轴制是指基本偏差为一定的轴的公差带，与不同基本偏差的孔形成各种配合的一种制度，如图 2-10（b）所示。

基轴制中配合的轴称为基准轴，是配合的基准件。国标规定，基准轴的基本偏差（上偏差）为零，即 es=0，而下偏差为负值，即公差带在零线下方，用 h 表示。基轴制的配合孔为非基准件，与基孔制相似，随着基准轴与相配孔公差带之间相互关系不同，可形成不同松紧程度的间隙配合、过渡配合和过盈配合。

[例 2-1]　画出 $\phi 50^{+0.039}_{0}$ mm 孔与 $\phi 50^{-0.025}_{-0.050}$ mm 轴、$\phi 50^{+0.025}_{0}$ mm 孔与 $\phi 50^{+0.059}_{+0.043}$ mm 轴、$\phi 50^{+0.025}_{0}$ mm 孔与 $\phi 50^{+0.018}_{+0.002}$ mm 轴的极限配合公差带图，并判断基准制及配合性质。

解：$\phi 50^{+0.039}_{0}$ mm 孔与 $\phi 50^{-0.025}_{-0.050}$ mm 轴为基孔制间隙配合、$\phi 50^{+0.025}_{0}$ mm 孔与 $\phi 50^{+0.059}_{+0.043}$ mm 轴为基孔制过盈配合，它们的极限配合公差带图如图 2-11（a）、图 2-11（b）所示，计算过程略。

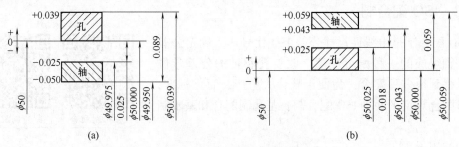

图 2-11　极限配合公差带图
（a）基孔制间隙配合　（b）基孔制过盈配合

$\phi 50^{+0.025}_{0}$ mm 孔与 $\phi 50^{+0.018}_{+0.002}$ mm 轴为基孔制过渡配合，其极限配合公差带图，如图 2-12 所示，计算过程略。

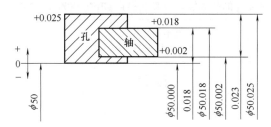

图 2-12 基孔制过渡配合公差带

为了实现互换性和满足各种使用要求，公差与配合国家标准对不同的基本尺寸，规定了一系列的标准公差（公差带大小）和基本偏差（公差带位置），组合构成各种公差带，然后由不同的孔、轴公差带，形成各种配合。

（3）轴的基本偏差系列

基本偏差的大小决定着孔与轴配合的性质，它由使用要求决定。轴的各种基本偏差是在基孔制的基础上根据生产实践经验和科学试验制定的。

a～h 用于间隙配合，其中 a、b、c 用于大间隙或热动配合；d、e、f 主要用于旋转运动，可以保证良好的液体摩擦；g 主要用于滑动和半液体摩擦或用于定位配合，这时要求间隙要小；cd、ef、fg 适用于小尺寸的旋转运动件，如钟表行业用得较多；h 与 H 是最小间隙为零的一种间隙配合，常用于定位配合。

j～n 主要用于过渡配合，其间隙或过盈量均不大，定心精度较高，拆卸也不困难。

p～zc 主要用于过盈配合，这时孔、轴连接强度高，能传递较大转矩。

轴的各种基本偏差数值列于表 2-3 中。

轴的基本偏差确定后，再根据公差等级，不难确定轴的另一个极限偏差。即

对于 a～h $\qquad$ ei = es - IT $\qquad$ (2-3)

对于 j～zc $\qquad$ es = ei + IT $\qquad$ (2-4)

将轴的基本偏差和公差等级代号组合就构成轴的公差带代号。例如，轴的公差带代号 h7、f8、m6、r6 等。

（4）孔的基本偏差系列

孔的基本偏差是由轴的基本偏差换算得到的。基轴制与基孔制是两种平行等效的配合制度，即当孔、轴为同一公差等级或孔比轴低一级的配合条件下，当基轴制中孔的基本偏差代号和基孔制中轴的基本偏差代号对应时（如 F 对应 f），基轴制配合（如 F6/h5）与基孔制配合（如 H6/f5）的性质是完全相同的，即两者的极限间隙或极限过盈是相同的。因此孔的基本偏差不需要另外制订一套计算公式，而是根据同一字母的轴的基本偏差，按一定规则换算得到。表 2-3、表 2-4 所列为国标规定的轴的基本偏差数值，表 2-5、表 2-6 所列为孔的基本偏差数值。在实际应用中，孔、轴的基本偏差值可直接从表中查出，不必另行计算。

由标准公差和基本偏差可以组成各种孔、轴配合，如有公差的尺寸可以表示为 $\phi 50^{+0.039}_{0}$ 或 $\phi 50 H8\ (^{+0.039}_{0})$。相互配合的一对孔、轴用分数形式表示，分子表示孔、分母表示轴，如 $\phi 50 \dfrac{H8}{f7}$ 或 $\phi 50 H8/f7$。

表 2-3　　　　　　　轴 a~j 的基本偏差数值（摘自 GB/T 1800.1—2020）　　　　　　　单位：μm

公称尺寸 /mm		基本偏差数值 上极限偏差，es												下极限偏差 ei		
		所有公差等级												IT5 和 IT6	IT7	IT8
大于	至	a[a]	b[a]	c	cd	d	e	ef	f	fg	g	h	js	j	j	j
	3	-270	-140	-60	-34	-20	-14	-10	-6	-4	-2	0	偏差 =± ITn/2，式中，n 是标准公差等级数	-2	-4	-6
3	6	-270	-140	-70	-46	-30	-20	-14	-10	-6	-4	0		-2	-4	
6	10	-280	-150	-80	-56	-40	-25	-18	-13	-8	-5	0		-2	-5	
10	14	-290	-150	-95	-70	-50	-32	-23	-16	-10	-6	0		-3	-6	
14	18	-290	-150	-95	-70	-50	-32	-23	-16	-10	-6	0		-3	-6	
18	24	-300	-160	-110	-85	-65	-40	-25	-20	-12	-7	0		-4	-8	
24	30	-300	-160	-110	-85	-65	-40	-25	-20	-12	-7	0		-4	-8	
30	40	-310	-170	-120	-100	-80	-50	-35	-25	-15	-9	0		-5	-10	
40	50	-320	-180	-130	-100	-80	-50	-35	-25	-15	-9	0		-5	-10	
50	65	-340	-190	-140		-100	-60		-30		-10	0		-7	-12	
65	80	-360	-200	-150		-100	-60		-30		-10	0		-7	-12	
80	100	-380	-220	-170		-120	-72		-36		-12	0		-9	-15	
100	120	-410	-240	-180		-120	-72		-36		-12	0		-9	-15	
120	140	-460	-260	-200		-145	-85		-48		-14	0		-11	-18	
140	160	-520	-280	-210		-145	-85		-48		-14	0		-11	-18	
160	180	-580	-310	-230		-145	-85		-48		-14	0		-11	-18	
180	200	-660	-340	-240		-170	-100		-50		-15	0		-13	-21	
200	225	-740	-380	-260		-170	-100		-50		-15	0		-13	-21	
225	250	-820	-420	-280		-170	-100		-50		-15	0		-13	-21	
250	280	-920	-480	-300		-190	-110		-56		-17	0		-16	-26	
280	315	-1050	-540	-330		-190	-110		-56		-17	0		-16	-26	
315	255	-1200	-600	-360		-210	-125		-62		-18	0		-18	-28	
356	400	-1350	-680	-400		-210	-125		-62		-18	0		-18	-28	
400	450	-1500	-760	-440		-230	-135		-68		-20	0		-20	-32	
450	500	-1650	-810	-480		-230	-135		-68		-20	0		-20	-32	
500	560					-260	-145		-76		-22	0				
560	630					-260	-145		-76		-22	0				
630	710					-290	-160		-80		-24	0				
710	800					-290	-160		-80		-24	0				
800	900					-320	-170		-86		-26	0				
900	1000					-320	-170		-86		-26	0				
1000	1120					-350	-195		-98		-28	0				
1120	1250					-350	-195		-98		-28	0				
1250	1400					-390	-220		-110		-30	0				
1400	1600					-390	-220		-110		-30	0				
1600	1800					-430	-240		-120		-32	0				
1800	2000					-430	-240		-120		-32	0				
2000	2240					-480	-260		-130		-34	0				
2240	2500					-480	-260		-130		-34	0				
2500	2800					-520	-290		-165		-38	0				
2800	3150					-520	-290		-165		-38	0				

[a] 公称尺寸 ≤1mm 时，不使用基本偏差 a 和 b。

表 2-4　　　　　　　　　轴 k~zc 的基本偏差数值(摘自 GB/T 1800.1—2020)　　　　　　　单位:μm

公称尺寸/mm		基本偏差数值 下极限偏差,ei															
大于	至	IT4至IT7	≤IT3,>IT7	所有公差等级													
		k		m	n	p	r	s	t	u	v	x	y	z	za	zb	zc
—	3	0	0	+2	+4	+6	+10	+14		+18		+20		+26	+32	+10	+60
3	6	+1	0	+4	+8	+12	+15	+19		+23		+28		+35	+42	+50	+80
6	10	+1	0	+6	+10	+15	+19	+23		+28		+34		+42	+52	+67	+97
10	14	+1	0	+7	+12	+18	+22	+28		+33		+40		+50	+64	+90	+130
14	18	+1	0	+7	+12	+18	+22	+28		+33	+39	+45		+60	+77	+108	+150
18	24	+2	0	+8	+15	+22	+28	+35		+41	+47	+54	+63	+73	+98	+136	+188
24	30	+2	0	+8	+15	+22	+28	+35	+41	+48	+55	+64	+75	+88	+118	+160	+218
30	40	+2	0	+9	+17	+26	+34	+43	+48	+60	+68	+80	+94	+112	+148	+200	+274
40	50	+2	0	+9	+17	+26	+34	+43	+54	+70	+81	+97	+114	+136	+180	+242	+325
50	65	+2	0	+11	+20	+32	+41	+53	+66	+87	+102	+122	+144	+172	+226	+300	+405
65	80	+2	0	+11	+20	+32	+43	+59	+75	+102	+120	+146	+174	+210	+274	+360	+480
80	100	+3	0	+13	+23	+37	+51	+71	+91	+124	+146	+178	+214	+258	+335	+445	+585
100	120	+3	0	+13	+23	+37	+54	+79	+104	+144	+172	+210	+254	+310	+400	+525	+690
120	140	+3	0	+15	+27	+43	+63	+92	+122	+170	+202	+248	+300	+365	+470	+620	+800
140	160	+3	0	+15	+27	+43	+65	+100	+134	+190	+228	+280	+340	+415	+535	+700	+900
160	180	+3	0	+15	+27	+43	+68	+108	+146	+210	+252	+310	+380	+665	+600	+780	+1000
180	200	+4	0	+17	+31	+50	+77	+122	+166	+236	+284	+350	+425	+520	+670	+830	+1150
200	225	+4	0	+17	+31	+50	+80	+130	+180	+258	+310	+385	+470	+575	+740	+940	+1250
225	250	+4	0	+17	+31	+50	+84	+140	+196	+284	+330	+425	+520	+640	+820	+1050	+1150
250	280	+4	0	+20	+34	+56	+94	+158	+218	+315	+385	+475	+580	+710	+920	+1200	+1550
280	315	+4	0	+20	+34	+56	+98	+170	+240	+350	+425	+525	+650	+790	+1000	+1200	+1700
315	355	+4	0	+21	+37	+62	+108	+190	+268	+390	+475	+590	+730	+900	+1150	+1500	+1300
355	400	+4	0	+21	+37	+62	+114	+208	+294	+485	+530	+660	+820	+1000	+1300	+1650	+2100
400	450	+5	0	+23	+40	+68	+126	+232	+330	+490	+595	+740	+920	+1100	+1450	+1850	+2400
450	500	+5	0	+23	+40	+68	+132	+252	+360	+540	+660	+820	+1000	+1250	+1600	+2100	+2400
500	560	0	0	+26	+44	+78	+150	+280	+400	+600							
560	680	0	0	+26	+44	+78	+155	+310	+450	+660							
680	710	0	0	+30	+50	+88	+175	+340	+500	+740							
710	800	0	0	+30	+50	+88	+185	+380	+560	+840							
800	900	0	0	+34	+56	+100	+210	+330	+620	+940							
900	1000	0	0	+34	+56	+100	+220	+170	+680	+1050							
1000	1120	0	0	+40	+66	+120	+250	+520	+780	+1150							
1120	1250	0	0	+40	+66	+120	+260	+580	+840	+1100							
1250	1400	0	0	+48	+78	+140	+300	+640	+960	+1450							
1400	1600	0	0	+48	+78	+140	+330	+726	+1050	+1400							
1600	1800	0	0	+58	+92	+170	+176	+820	+1200	+1850							
1800	2000	0	0	+58	+92	+170	+400	+920	+1150	+2000							
2000	2240	0	0	+68	+110	+195	+400	+1000	+1500	+2300							
2240	2500	0	0	+68	+110	+195	+400	+1100	+1650	+2500							
2500	2800	0	0	+76	+135	+240	+550	+1250	+1900	+2900							
2800	3150	0	0	+76	+135	+240	+580	+2400	+2100	+3200							

表 2-5　　　　　　　　　　孔 A~M 的基本偏差数值（摘自 GB/T 1800.1—2020）　　　　　　　单位：μm

公称尺寸/mm		基本偏差数值																		
		下极限偏差，EI												上极限偏差，ES						
		所有公差等级												IT6	IT7	IT8	≤IT8	>IT8	≤IT8	>IT8
大于	至	A[a]	B[a]	C	CD	D	E	EF	F	FG	G	H	JS	J			K[c,d]		M[b,c,d]	
—	3	+270	+140	+60	+34	+20	+14	+10	+6	+4	+2	0		+2	+4	+6	0	0	−2	−2
3	6	+270	+140	+70	+46	+30	+20	+14	+10	+6	+4	0		+5	+6	+10	−1+Δ		−4+Δ	−4
6	10	+280	+150	+80	+56	+40	+25	+18	+13	+8	+5	0		+5	+8	+12	−1+Δ		−6+Δ	−6
10	14	+290	+150	+95	+70	+50	+32	+23	+16	+10	+6	0		+6	+10	+15	−1+Δ		−7+Δ	−7
14	18																			
18	24	+300	+160	+110	+85	+65	+40	+28	+20	+12	+7	0		+8	+12	+20	−2+Δ		−8+Δ	−8
24	30																			
30	40	+310	+170	+120	+100	+80	+50	+35	+25	+15	+9	0	偏差 =±ITn/2，式中，n 为标准公差等级数	+10	+14	+24	−2+Δ		−9+Δ	−9
40	50	+320	+180	+130																
50	65	+340	+190	+140		+100	+60		+30		+10	0		+13	+18	+28	−2+Δ		−11+Δ	−11
65	80	+360	+200	+150																
80	100	+380	+220	+170		+120	+72		+36		+12	0		+16	+22	+34	−3+Δ		−13+Δ	−13
100	120	+410	+240	+180																
120	140	+460	+260	+200		+145	+85		+43		+14	0		+18	+26	+41	−3+Δ		−15+Δ	−15
140	160	+520	+280	+210																
160	180	+580	+310	+230																
180	200	+660	+340	+240		+170	+100		+50		+15	0		+22	+30	+47	−4+Δ		−17+Δ	−17
200	225	+740	+380	+260																
225	250	+820	+420	+280																
250	280	+920	+480	+300		+190	+110		+56		+17	0		+25	+36	+55	−4+Δ		−20+Δ	−20
280	315	+1050	+540	+330																
315	355	+1200	+600	+360		+210	+125		+62		+18	0		+29	+39	+60	−4+Δ		−21+Δ	−21
355	400	+1350	+680	+400																
400	450	+1500	+760	+440		+230	+145		+68		+20	0		+33	+43	+66	−5+Δ		−23+Δ	−23
450	500	+1650	+840	+480																
500	560					+260	+145		+76		+22	0					0		−26	
560	680																			
680	710					+290	+160		+80		+24	0					0		−30	
710	800																			
800	900					+320	+170		+86		+26	0					0		−34	
900	1000																			
1000	1120					+350	+195		+98		+28	0					0		−40	
1120	1250																			
1250	1400					+380	+220		+110		+30	0					0		−48	
1400	1600																			
1600	1800					+430	+240		+120		+32	0					0		−58	
1800	2000																			
2000	2240					+480	+200		+130		+34	0					0		−68	
2240	2500																			
2500	2800					+520	+230		+145		+38	0					0		−76	
2800	3150																			

[a] 公称尺寸 ≤1mm 时，不适用基本偏差 A 和 B。

[b] 特例：对于公称尺寸大于 250~315mm 的公差带代号 M6，ES=−9μm（计算结果不是−11μm）。

[c] 为确定 K 和 M 的值。

[d] 对于 Δ 值，见表 2-6。

表2-6 孔 N～ZC 的基本偏差数值（摘自 GB/T 1800.1—2020）

单位：μm

公称尺寸/mm 大于	至	基本偏差数值 上极限偏差,ES —— N ≤IT8 (N^a,b)	N >IT8	P~ZC ≤IT7^a	>IT7 的标准公差等级 —— P	R	S	T	U	V	X	Y	Z	ZA	ZB	ZC	Δ值 标准公差等级 —— IT3	IT4	IT5	IT6	IT7	IT8
—	3	-4	-4	在>IT7 的标准公差等级的基本偏差数值上增加一个Δ值	-6	-10	-14		-18		-20		-26	-32	-40	-60	0	0	0	0	0	0
3	6	-8+Δ	0		-12	-15	-19		-23		-28		-35	-42	-50	-80	1	1.5	1	3	4	6
6	10	-10+Δ	0		-15	-19	-23		-28		-34		-42	-52	-67	-97	1	1.5	2	3	6	7
10	14	-12+Δ	0		-18	-23	-28		-33		-40		-50	-64	-90	-130	1	2	3	3	7	9
14	18									-39	-45		-60	-77	-108	-150						
18	24	-15+Δ	0		-22	-28	-35		-41	-47	-54	-63	-73	-98	-136	-188	1.5	2	3	4	8	12
24	30							-41	-48	-55	-64	-75	-88	-118	-160	-218						
30	40	-17+Δ	0		-25	-34	-43	-48	-60	-68	-80	-94	-112	-148	-200	-274	1.5	3	4	5	9	14
40	50							-54	-70	-81	-97	-114	-136	-188	-242	-325						
50	65	-20+Δ	0		-32	-41	-58	-66	-87	-102	-122	-144	-172	-226	-300	-405	2	3	5	6	11	16
65	80					-43	-59	-75	-102	-120	-146	-174	-210	-274	-360	-480						
80	100	-23+Δ	0		-37	-51	-71	-91	-124	-146	-178	-214	-258	-335	-445	-585	2	4	5	7	13	19
100	120					-54	-79	-104	-144	-172	-210	-234	-310	-400	-525	-690						
120	140	-27+Δ	0		-43	-63	-92	-122	-170	-202	-248	-300	-365	-470	-620	-800	3	4	6	7	15	23
140	160					-65	-100	-134	-190	-228	-280	-340	-415	-535	-700	-900						
160	180					-68	-108	-146	-210	-252	-310	-380	-465	-600	-780	-1000						
180	200	-31+Δ	0		-50	-77	-122	-166	-236	-284	-350	-425	-520	-670	-880	-1150	3	4	6	9	17	26
200	225					-80	-130	-180	-258	-310	-385	-470	-575	-740	-960	-1200						
225	250					-84	-140	-195	-284	-340	-425	-520	-640	-820	-1050	-1350						
250	280	-34+Δ	0		-56	-94	-158	-218	-315	-385	-475	-580	-710	-920	-1200	-1500	4	4	7	9	20	29
280	315					-98	-170	-240	-350	-425	-525	-650	-790	-1000	-1300	-1700						
315	355	-37+Δ	0		-62	-108	-190	-258	-390	-475	-590	-730	-900	-1150	-1500	-1900	4	5	7	11	21	32
355	400					-111	-208	-294	-435	-530	-660	-820	-1000	-1300	-1650	-2100						
400	450	-40+Δ	0		-68	-126	-232	-330	-490	-595	-740	-920	-1100	-1450	-1850	-2400	5	5	7	13	23	34
450	500					-132	-252	-360	-540	-660	-820	-1000	-1250	-1600	-2100	-2600						

续表

公称尺寸 mm		基本偏差数值 上极限偏差，ES							
		≤IT8	>IT8	≤IT7	>IT7 的标准公差等级				
大于	至	N	P~ZC	P	R	S	T	U
500	560	−44		−78	−150	−280	−400	−600
560	630				−155	−310	−450	−660
630	710	−50		−88	−175	−340	−500	−740
710	800				−185	−380	−560	−840
800	900	−56		−100	−210	−430	−620	−940
900	1000				−220	−470	−680	−1050
1000	1120	−66	在>IT7 的标准公差等级的基本偏差数值上增加一个 Δ 值	−120	−250	−520	−780	−1150
1120	1250				−260	−580	−840	−1300
1250	1400	−78		−140	−300	−640	−960	−1450
1400	1600				−330	−720	−1050	−1600
1600	1800	−92		−170	−370	−820	−1200	−1850
1800	2000				−400	−920	−1350	−2000
2000	2240	−110		−195	−440	−1000	−1500	−2300
2240	2500				−460	−1100	−1650	−2500
2500	2800	−135		−240	−550	−1250	−1900	−2900
2800	3150				−580	−1400	−2100	−3200

ᵃ 为确定 N 和 P~ZC 的值。

ᵇ 公称尺寸≤1mm 时，不使用标准公差等级>IT8 的基本偏差 N。

[例 2-2]　用查表法确定 $\phi20H7/p6$ 和 $\phi20P7/h6$ 孔与轴的极限偏差，画公差带图，并计算两种配合的极限过盈。

解： ① 查表、计算极限偏差：

由表 2-2 查得，$IT6=13\mu m$，$IT7=21\mu m$，

由表 2-3 查得 p 的基本偏差 $ei=22\mu m$，

则 p6 的 $es=(22+13)\ \mu m=35\mu m$。

由表 2-4 查得 H 的基本偏差 $EI=0\mu m$，

则 H7 的 $ES=(0+21)\ \mu m=21\mu m$。则有 $\phi20H7\left(^{+0.021}_{0}\right)$，$\phi20P6\left(^{+0.035}_{+0.022}\right)$。

由表 2-3 查得 h 的基本偏差 $es=0$，则 h6 的 $ei=(0-13)\ \mu m=-13\mu m$。

由表 2-4 查得 P 的基本偏差 $ES=-22\mu m+\Delta$，而 $\Delta=IT7-IT6=(21-13)\ \mu m=8\mu m$，

所以 $ES=(-22+8)\ \mu m-14\mu m$，则 P7 的 $EI=(-14-21)\ \mu m=-35\mu m$；

则有 $\phi20P7\left(^{-0.014}_{-0.035}\right)$，$\phi20h6\left(^{0}_{-0.013}\right)$。

② 计算两种配合的极限过盈：

$\phi20H7/p6$：$Y_{max}=EI-es=(0-0.035)\,mm=-0.035mm$

$Y_{min}=ES-ei=(0.021-0.022)\,mm=-0.001mm$

$\phi20P7/h6$：$Y_{max}=EI-es=(-0.035-0)\,mm=-0.035mm$

$Y_{min}=ES-ei=[-0.014-(-0.013)]\,mm=-0.001mm$

可见，$\phi 20H7/p6$ 和 $\phi 20P7/h6$ 两对配合的最大过盈与最小过盈均相等，即配合性质相同。两对孔、轴配合如图 2-13 所示。

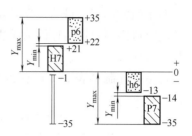

图 2-13 孔轴公差带

2.3 极限与配合的选择

将标准公差系列和基本偏差系列中任一标准公差与任一基本偏差组合，可得到很多个大小与位置不同的孔、轴公差带。在 ≤500mm 尺寸范围内，孔有 543 种，轴有 544 种。如果将如此多的公差与配合全都投入使用，显然是不经济的，它会使得定值刀具、量具和工艺装备的品种和规格过于繁杂，不利于生产。因此国家标准在考虑我国生产实际需要及今后发展的前提下，参考了国际标准和其他国家标准，对公差带与配合的选择进行了限制。规定了尺寸至 500mm 的一般用途的轴公差带 119 种和孔公差带 105 种，再从中选出常用的轴公差带 59 种和孔公差带 44 种，进一步确定优先的孔、轴公差带各 13 种，并推荐了优先和常用配合。

如图 2-14 和图 2-15 所示为国标规定的优先、常用和一般用途的孔、轴公差带。带圆圈的是优先选用的公差带，线框内的为常用公差带。

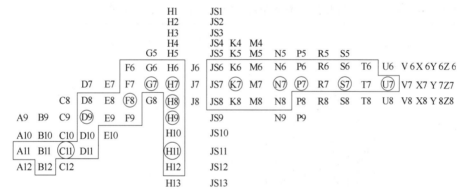

图 2-14 一般、常用和优先选用的孔公差带

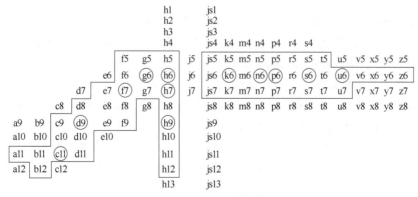

图 2-15 一般、常用和优先选用的轴公差带

基于决策的考虑，对于孔和轴的公差等级和基本偏差（公差带的位置）的选择，应能够以给出最满足所要求使用条件对应的最小和最大间隙或过盈。

对于通常的工程目的，只需要许多可能的配合中的少数配合。如表 2-7 和表 2-8 所示的配合可满足普通工程机构需要。基本经济因素，如有可能，配合应优先选择框中所示的公差带代号。

可由基孔制（表 2-7）获得符合要求的配合，或在特定应用中由基轴制（表 2-8）获得。

表 2-7　　　　　　　基孔制配合的优先配合（摘自 GB/T 1800.1—2020）

基准孔	间隙配合							过渡配合				过盈配合					
	\<-- 轴公差带代号 --\>																
H6						g5	h5	js5	k5	m5		n5	p5				
H7					f6	g6	h6	js6	k6	m6	n6	p6	r6	s6	t6	u6	x6
H8				e7	f7		h7	js7	k7	m7				s7		u7	
H8			d8	e8	f8		h8										
H9			d8	e8	f8		h8										
H10	b9	c9	d9	e9			h9										
H11	b11	c11	d10				h10										

表 2-8　　　　　　　基轴制配合的优先配合（摘自 GB/T 1800.1—2020）

基准轴	间隙配合							过渡配合				过盈配合					
	\<-- 孔公差带代号 --\>																
h5						G6	H6	JS6	K6	M6		N6	P6				
h6					F7	G7	H7	JS7	K7	M7	N7	P7	R7	S7	T7	U7	X7
h7				E8	F8		H8										
h8			D9	E9	F9		H9										
				E8	F8		H8										
h9			D9	E9	F9		H9										
	B11	C10	D10				H10										

从表 2-7 和表 2-8 不难看出：为了工艺匹配，孔的公差高于 8 级时，与比孔高一级的基准轴配合，其余同级配合；轴的公差等级高于或等于 7 级时，与比轴低一级的基准孔配合，其余同级配合需要注意的是，国标规定的孔、轴公差带和配合均属推荐性质，如果情况允许，在生产中尽量在此范围内选取。当有特殊需要时，也可以根据生产实际需求自行选用公差带并组成配合。如图 2-14、图 2-15 所示为基孔制、基轴制优先配合公差带。

一般孔加工比较困难，并且通常使用定尺寸刀具（如钻头、铰刀等）加工和定尺寸量具（如塞规）测量。例如，如果某机器有 $\phi30H7/f6$、$\phi30H7/k6$ 及 $\phi30H7/t6$ 三种配合，由于孔的公差带相同，只需一种刀、量具；若采用基轴制，则相应变成 $\phi30F7/h6$、$\phi30K7/h6$ 及 $\phi30T7/h6$ 配合，这时孔加工需三种规格的刀、量具。因此，优先采用基孔制有利于刀、量具的标准化和系列化，减少企业的工装储备量，经济合理，使用方便。

选择配合是为了正确确定机器中零件在工作时的相互关系，以保证机器中各零部件协调动作，实现预定的功能。正确地选择配合，可以提高机器的性能、质量和使用寿命，并使加工经济合理。

在设计时应根据使用要求，首先考虑选用标准中规定的优先配合，其次是常用配合。如果优先或常用配合不能满足要求，则可选用标准中推荐的一般用途的孔、轴公差带组成所需的配合。若仍不能满足使用要求，还可从国标所提供的 544 种轴公差带和 543 种孔公差带中任选合适的公差带组成配合。

确定了基准制以后，选择配合就是根据使用要求——配合公差（间隙或过盈）的大小，确定与基准件相配的孔、轴的基本偏差代号，同时确定基准件及配合件的公差等级。

对于间隙配合，由于基本偏差的绝对值等于最小间隙，故可按最小间隙确定基本偏差代号；对于过盈配合，在确定基准件的公差等级后，即可按最小过盈选定配合件的基本偏差代号，并根据配合公差的要求，确定孔、轴公差等级。

[例 2-3]　有一对基本尺寸为 $\phi50$mm 孔、轴配合，要求间隙在 $+25\mu m \sim +90\mu m$ 之间，试确定合适的公差等级与配合。

解：① 选择基准制。因无特殊要求，故选用基孔制。

② 确定公差等级。

因为 $T_F = |X_{max} - X_{min}| = (90-25)\mu m = 65\mu m$

查表 2-2 选择公差等级，初步确定取孔为 $IT8 = 39\mu m$、轴为 $IT7 = 25\mu m$。这时，

$$T_F = T_D + T_d = (39+25)\mu m = 64\mu m < 65\mu m$$

故合适。

③ 确定配合种类。

因已选定基孔制，故孔的公差带为 H8，其 $EI = 0$，$ES = IT8 = +39\mu m$。

因为 $X_{min} = EI - es$

所以 $es = EI - X_{min} = (0-25)\mu m = -25\mu m$

由表 2-3 查得，$\phi50$mm 的轴 f 的基本偏差 $es = -25\mu m$，故选择轴的公差带为 f7，则 $ei = es - IT7 = (-25-25)\mu m = -50\mu m$

④ 检验。

$X_{min} = EI - es = [0-(-25)]\mu m = +25\mu m$

$X_{max} = ES - ei = [39-(-50)]\mu m = 89\mu m < +90\mu m$

故 $\phi50H8/f7$ 满足使用要求。

【学后测评】

1. 选择题

（1）公差带图中通常用零线表示（　　）。

A. 极限尺寸　　　　　B. 作用尺寸　　　　　C. 公称尺寸　　　　　D. 实体尺寸

（2）比较精度的高低，取决于（　　）。

A. 偏差值的大小　　　　　　　　　　B. 公差值的大小

C. 基本偏差值的大小　　　　　　　　D. 精度等级的大小

（3）最大实体尺寸是（　　）的统称。

A. 孔的最小极限尺寸和轴的最小极限尺寸

B. 孔的最大极限尺寸和轴的最大极限尺寸

C. 轴的最小极限尺寸和孔的最大极限尺寸

D. 轴的最大极限尺寸和孔的最小极限尺寸

（4）配合是指（　　）相同的、相互结合的孔和轴公差带之间的关系。

A. 极限尺寸　　　　　B. 作用尺寸　　　　　C. 公称尺寸　　　　　D. 实体尺寸

（5）间隙配合的轴公差带在孔公差带（　　）。

A. 之上　　　　　　　B. 中间　　　　　　　C. 不确定　　　　　　D. 之下

（6）标准公差数值由（　　）决定。

A. 作用尺寸与基本偏差代号　　　　　　　B. 作用尺寸与标准公差等级

C. 公称尺寸与标准公差等级　　　　　　　D. 公称尺寸与基本偏差代号

2. 填空题

（1）轴上极限偏差用代号＿＿＿＿表示，下极限偏差用代号＿＿＿＿表示。

（2）上、下极限偏差的两条直线所限定的一个区域，称为＿＿＿＿。

（3）尺寸（40±0.02）mm 中，40mm 为＿＿＿＿，+0.02mm 为＿＿＿＿，-0.02mm 为＿＿＿＿。

（4）用来确定公差带相对零线位置的上极限偏差或下极限偏差称为＿＿＿＿。

（5）国标规定标准公差分为＿＿＿＿个精度等级，其中＿＿＿＿级最高。

（6）根据配合的性质不同，可分为＿＿＿＿配合、＿＿＿＿配合和＿＿＿＿配合。

（7）$\phi30H7/f6$ 为基＿＿＿＿制配合，$\phi30F7/h6$ 为基＿＿＿＿制配合。

（8）选择基准制的原则之一是优先选用＿＿＿＿。

3. 简答题

（1）什么是公称尺寸、极限尺寸、实际尺寸和作用尺寸？它们有何区别和联系？

（2）尺寸公差、极限偏差和实际偏差有何区别和联系？

（3）配合分为几类？各种配合中孔、轴公差带的相对位置分别有什么特点？配合公差等于相互配合的孔、轴公差之和说明了什么？

（4）什么是标准公差？什么是基本偏差？它们与公差带有何联系？

（5）间隙配合、过盈配合与过渡配合各适用于什么场合？每类配合在选定松紧程度时应考虑哪些因素？

4. 计算题

（1）说明下列配合符号所表示的 ISO 配合制、公差等级和配合类别（间隙配合、过渡配合或过盈配合），并查表计算其极限间隙或极限过盈，画出其尺寸公差带图。

① $\phi45H7/g6$　　② $\phi65K7/h6$　　③ $\phi35H8/t7$

（2）计算出表 2-9 中空格中的数值，并按规定填写在表中。

表 2-9

公称尺寸	孔			轴			X_{max} 或 Y_{min}	X_{min} 或 Y_{max}	T_f
	ES	EI	T_h	es	ei	T_s			
$\phi25$		0			0.052		+0.074		0.104
$\phi45$			0.025	0				-0.050	0.041
$\phi30$	+0.065				-0.013		+0.099	+0.065	

（3）已知下列孔、轴配合的极限间隙或过盈，试分别确定孔、轴尺寸的公差等级及配合代号，并画出公差带图。

① 公称尺寸 $\phi 45$，$X_{\max} = +0.050\text{mm}$，$X_{\min} = +0.009\text{mm}$

② 公称尺寸 $\phi 35$，$X_{\max} = +0.023\text{mm}$，$Y_{\max} = -0.018\text{mm}$

③ 公称尺寸 $\phi 65$，$Y_{\max} = -0.087\text{mm}$，$Y_{\min} = -0.034\text{mm}$

3 几 何 公 差

配套课件

第3章 几何公差

【知识目标】

- 熟悉几何公差特征符号及正确标注方法。
- 掌握形状公差与公差带、方向公差与公差带、位置公差与公差带、跳动公差与公差带的定义。
- 掌握选择几何公差的方法。

【能力目标】

- 初步具备正确选择几何公差的能力。
- 具有查阅相关标准、手册、图册等技术资料的能力。

【引言】

在图样上所给出的零件都是没有误差的理想几何体，它们通常都是通过机械加工而成。由于机床、夹具、刀具和工件所组成的工艺系统本身具有一定的误差，以及在加工过程中出现受力变形、振动、磨损等各种干扰，致使加工后零件的实际几何体和理想几何体之间存在差异。这种差异表现在零件的几何体线、面形状及相互位置上，则为形状误差和位置误差，简称几何误差。如图 3-1 所示为机床变速箱中的齿轮轴，ϕd_1、ϕd_2 安装在变速箱的轴承孔中，ϕd 要安装齿轮；给三个圆柱体标注尺寸公差并不能控制它们彼此轴线的相对位置的误差，如图 3-1 （a）所示。为保证零件的使用功能，还要标注几何公差，以控制三个圆柱体轴线的相对位置，如图 3-1 （b）所示，标注了全跳动公差要求。

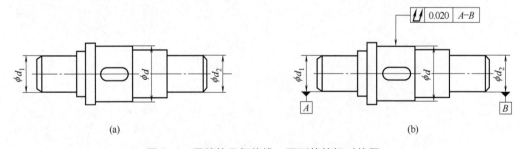

(a)   (b)

图 3-1　零件的几何体线、面形状的相对位置

几何误差对零件性能的影响可归纳为以下三方面。

① 影响零件的功能要求。例如：机床导轨表面的直线度、平面度误差影响机床刀架的运动精度；汽车变速器齿轮箱上各轴承孔的位置误差影响齿轮齿面的接触均匀性和齿侧间隙。

②影响零件的配合性质。当结合的孔、轴有几何误差时：对间隙配合，会使间隙分布不均，从而加剧磨损，降低结合的使用寿命，并且降低回转精度；对过盈配合，会使过盈在整个结合面上大小不一，从而降低其连接强度；对过渡配合，会降低其位置精度。

③影响零件的自由装配性。例如，若轴承盖上各个螺钉孔的位置不正确，在装配时可能难以自由装配。

对于精密机械以及经常在高速、高压、高温和重载条件下工作的机器，几何误差的影响更为严重。所以几何误差的大小是衡量机械产品质量的一项重要指标。

3.1　基本术语和特征符号

3.1.1　零件的几何要素及其分类

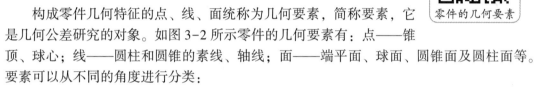

构成零件几何特征的点、线、面统称为几何要素，简称要素，它是几何公差研究的对象。如图 3-2 所示零件的几何要素有：点——锥顶、球心；线——圆柱和圆锥的素线、轴线；面——端平面、球面、圆锥面及圆柱面等。要素可以从不同的角度进行分类：

①公称（理想）要素。具有几何学意义的要素，是设计图样上给出的理论上的要素。

②实际要素。零件上实际存在的要素，通过测量由测量要素来代替（由于测量误差总是客观存在的，因此，测得要素并非要素的真实状态）。

③被测要素。在图样上给出了形状和（或）位置要求的要素，也就是需要研究和测量的要素，是箭头所指的对象。

④基准要素。用来确定被测要素方向和（或）位置的要素。公称（理想）基准要素简称基准。

⑤单一要素。仅对其本身给出形状公差要求的要素。

⑥关联要素。对基准要素具有功能关系、并给出位置公差要求的要素。

⑦组成（轮廓）要素。构成零件外形特征的点、线、面。如图 3-2 所示的圆柱和圆锥、轴线、端平面、球面、圆锥面及圆柱面的素线等。

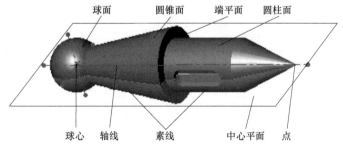

图 3-2　零件的几何要素

⑧导出（中心）要素。与轮廓要素有对称关系的点、线、面。如图 3-2 所示的球心、轴线、键槽的中心平面等。导出（中心）要素是假想的，它依赖于相应而实际存在的轮廓要素。显然，没有圆柱面的存在，也就没有圆柱面的轴线。

3.1.2 几何公差的特征项目及其符号

为限制机械零件的几何误差，提高机械产品的精度，延长使用寿命，保证互换性生产，我国已制定了《产品几何技术规范（GPS）几何公差形状、方向、位置、跳动公差》国家标准，代号为 GB/T 1182—2018。标准中规定了 19 种几何公差特征项目，其中形状公差 6 种、方向公差 5 种、位置公差 6 种、跳动公差 2 种。各特征项目的名称、符号如表 3-1 所示。

表 3-1　　　　几何公差特征项目及其符号（摘自 GB/T 1182—2018）

公差类型	几何特征	符号	基准要求
形状公差	直线度	—	无
	平面度	▱	无
	圆度	○	无
	圆柱度	⌀	无
	线轮廓度	⌒	无
	面轮廓度	⌓	无
方向公差	平行度	∥	有
	垂直度	⊥	有
	倾斜度	∠	有
	线轮廓度	⌒	有
	面轮廓度	⌓	有
位置公差	位置度	⊕	有或无
	同心度(用于中心点)	◎	有
	同轴度(用于轴线)	◎	有
	对称度	═	有
	线轮廓度	⌒	有
	面轮廓度	⌓	有
跳动公差	圆跳动	↗	有
	全跳动	⌰	有

3.1.3 几何公差的标注

国家标准规定，几何公差采用框格代号标注。当用框格代号表达不清或过于复杂时，允许在技术要求中用文字说明。

（1）被测要素的标注

几何公差要求用矩形框格（用细实线绘制）表达，框格水平或垂直放置。如图 3-3（a）

所示，第一格为几何公差符号；第二格为几何公差值 t（或 ϕt，$S\phi t$）及其他有关符号，公差带形状为圆形或圆柱形时公差值标注 ϕt、球形时标注 $S\phi t$；第三格及以后各格为按顺序排列的表示基准的字母及其有关符号。需要时可在框格上方或下方附加数字或文字说明。

用带箭头的指引线连接公差框格与被测要素，箭头应指向公差带的宽度或直径方向。当被测要素为组成要素时，箭头应指向被测要素的轮廓线或其延长线上，并与尺寸线明显错开，如图 3-3（a）所示；当被测要素为导出要素时，指引线箭头应与该被测要素的尺寸线对齐，如图 3-3（b）所示的同轴度和如图 3-3（c）所示的对称度。

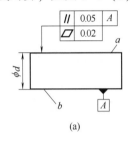 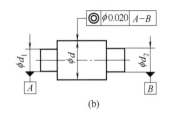 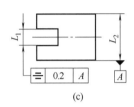

（a）　　　　　　　　　　（b）　　　　　　　　　　（c）

图 3-3　几何公差的标注 1

（2）基准要素的标注

基准用大写字母表示，字母永远呈水平状态，与一个涂黑的或空白的三角形（两者含义相同）相连，如图 3-4 所示。当基准为组成要素时，细实线应指向要素的轮廓线或其延长线上，并与尺寸线明显错开，如图 3-3（a）所示；当基准为导出要素时，指引线箭头应与该要素的尺寸线对齐，如图 3-3（b）、图 3-3（c）所示。对于由两个要素组成的公共基准，用短粗实线连接两个基准字母，如图 3-3（b）所示。任选基准的标注如图 3-3（a）所示，表示 a、b 两个平面可以任选一个作基准。

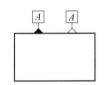

图 3-4　几何公差的标注 2

3.2　几何公差与公差带

3.2.1　形状公差与公差带

形状公差是单一被测实际要素的形状对其理想要素所允许的变动全量。形状公差用形状公差带表示。形状公差带是限制单一实际要素变

配　套　视　频

直线度-给定
平面内　　　直线度-给定
方向上　　　直线度-任意
方向上

平面度　　　圆度　　　圆柱度　　　线轮廓度　　　面轮廓度

动的区域，零件实际要素在该区域内为合格。形状公差带的大小用公差带的宽度或直径来表示，由形状公差值决定。典型的形状公差带，如表 3-2 所示。

表 3-2　　　　　　　　　　　　　　形状公差带定义、标注和解释

特征	公差带定义	标注和解释
直线度	在给定平面内，公差带是距离为公差值 t 的两平行直线之间的区域	被测圆柱面与任一轴向截面的交线（平面线）必须位于在该平面内距离为 0.03mm 的两平行直线内
	在给定方向上，公差带是距离为公差值 t 的两平行平面之间的区域	被测表面的素线必须位于距离为 0.05mm 的两平行平面内
	若在公差值前加注 ϕ 则公差带是直径为 ϕt 的圆柱面内的区域	被测圆柱体的轴线必须位于直径为 $\phi 0.06$mm 的圆柱面内
平面度	公差带是距离为公差值 t 的两平行平面之间的区域	被测表面必须位于距离为公差值 0.08mm 的两平行平面内
圆度	公差带是在同一正截面上，半径差为公差值 t 的两同心圆之间的区域	被测圆柱面任一正截面的圆周必须位于半径差为公差值 0.015mm 的两同心圆之间 被测圆锥面任一正截面的圆周必须位于半径差为公差值 0.012mm 的两同心圆之间

续表

特征	公差带定义	标注和解释
圆柱度	公差带是半径差为公差值 t 的两同轴圆柱之间的区域 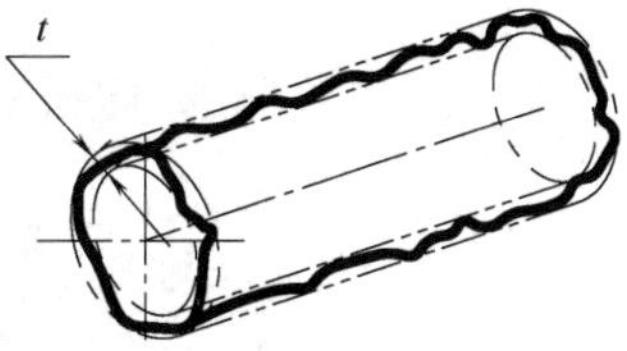	被测圆柱面必须位于半径差为公差值 0.025mm 的两同轴圆柱面之间 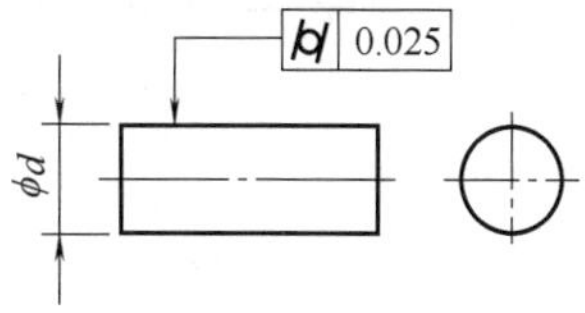

形状公差带具有如下特点：

① 如表 3-2 所示，形状公差带的形状有多种形式，如两条平行直线、两相对平行面、圆柱、两个同心圆、两个同轴圆柱面限定的区域等。公差带形状取决于被测要素的特征和功能要求。

② 直线度、平面度、圆度和圆柱度不涉及基准，其公差带没有方向或位置的约束，可以根据被测实际要素不同的状态而浮动。

轮廓度公差特征有线轮廓度和面轮廓度两类。轮廓度无基准要求时为形状公差，有基准要求时为位置公差。轮廓度公差带，如表 3-3 所示。

表 3-3　　轮廓度公差带定义、标注和解释

特征	公差带定义	标注和解释
线轮廓度	公差带是包络一系列直径为公差值 t 的圆的两包络线之间的区域，诸圆的圆心位于具有理论正确几何形状的线上 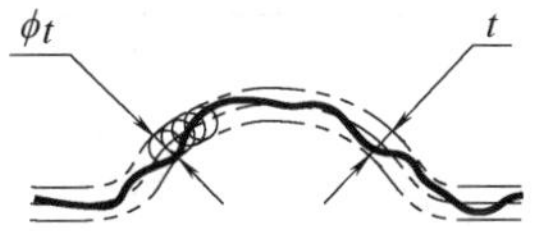	在平行于图样所示投影面的任一截面上，被测轮廓线必须位于包络一系列直径为公差值 0.05mm，且圆心位于具有理论正确几何形状的线上的两包络线之间 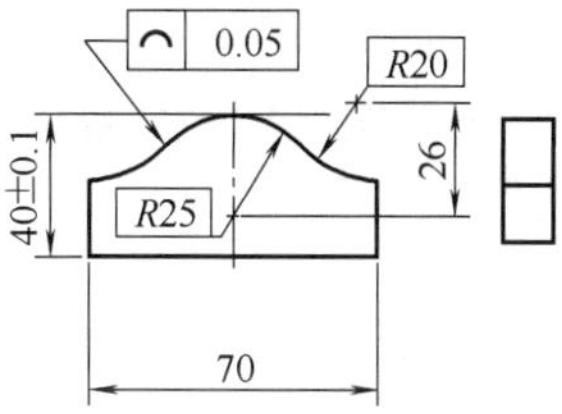 无基准要求 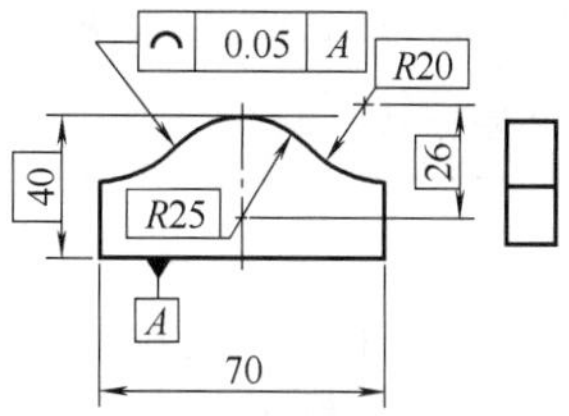 有基准要求
面轮廓度	公差带是包络一系列直径为公差值 t 的球的两包络面之间的区域，诸球的球心位于具有理论正确几何形状的面上 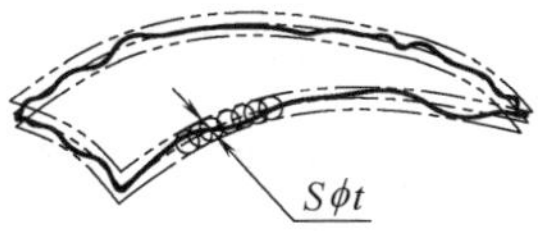	被测轮廓面必须位于包络一系列球的两包络面之间，诸球的直径为公差值 0.05mm，且球心位于具有理论正确几何形状的面上 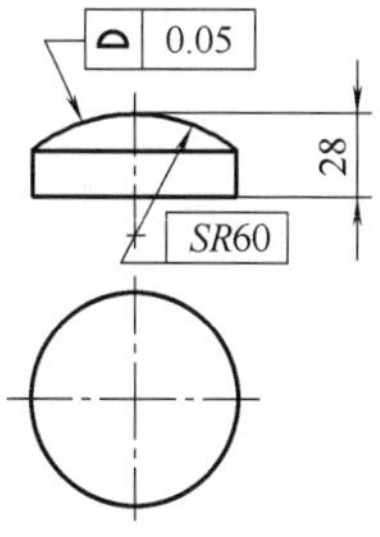 无基准要求 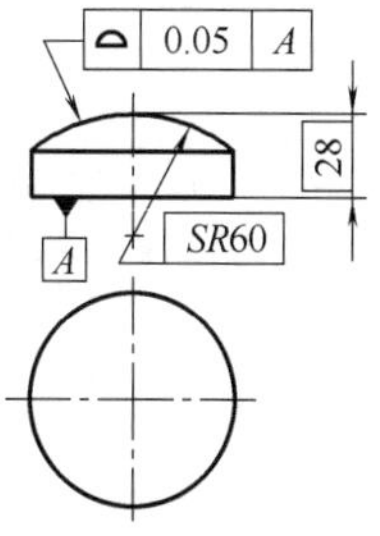 有基准要求

线轮廓度和面轮廓度的公差带具有如下特点：

① 无基准要求的轮廓度，其公差带的形状只由理论正确尺寸决定。

② 有基准要求的轮廓度，其公差带的位置需由理论正确尺寸和基准共同决定。

3.2.2　方向公差与公差带

方向公差是指关联被测实际要素对基准在规定方向上所允许的变动量。方向公差用以控制方向误差。方向公差用方向公差带表示。方向公差带是限制关联实际要素的变动区域。按要素间的几何方向关系，方

平行度-面对线　　　平行度-面对面

垂直度-线对线　　垂直度-面对线　　垂直度-任意方向　　倾斜度-线对面　　倾斜度-面对线

向公差包括平行度、垂直度和倾斜度以及线轮廓度和面轮廓度（有基准时）五个项目，当理论正确角度为 $\boxed{0°}$ 时，称为平行度公差；理论正确角度为 $\boxed{90°}$ 时，称为垂直度公差；为其他任意角度时，称为倾斜度公差。

平行度、垂直度和倾斜度这三项公差的被测要素和基准要素有直线和平面之分，因此，它们都有被测直线相对于基准直线（线对线）、被测直线相对于基准平面（线对面）、被测平面相对于基准直线（面对线）和被测平面相对于基准平面（面对面）四种形式。如表 3-4 所示，列出了部分方向公差的公差带定义、标注示例和解释。线轮廓度与面轮廓度的方向公差定义，如表 3-4 所示。

表 3-4　　　　　　　　　　定向公差带定义、标注和解释

特征		公差带定义	标注和解释
平行度	面对面	公差带是距离为公差值 t，且平行于基准面的两平行平面之间的区域	被测表面必须位于距离为公差值 0.025mm，且平行于基准表面 A（基准平面）的两平行平面之间
	线对面	公差带是距离为公差值 t，且平行于基准平面的两平行平面之间的区域	被测轴线必须位于距离为公差值 0.040mm，且平行于基准表面 A（基准平面）的两平行平面之间

续表

特征		公差带定义	标注和解释
平行度	面对线	公差带是距离为公差值 t，且平行于基准轴线的两平行平面之间的区域	被测表面必须位于距离为公差值 0.040mm，且平行于基准线 A（基准轴线）的两平行平面之间
	线对线	公差带是距离为公差值 t，且平行于基准线，并位于给定方向上的两平行平面之间的区域	被测轴线必须位于距离为公差值 0.1mm，且在给定方向上平行于基准轴线的两平行平面之间
		如在公差值前加注 ϕ，公差带是直径为公差值 t，且平行于基准线的圆柱面内的区域	被测轴线必须位于直径为公差值 $\phi0.1$mm，且平行于基准轴线的圆柱面内
垂直度	面对线	公差带是距离为公差值 t，且垂直于基准轴线的两平行平面之间的区域	被测表面必须位于距离为公差值 0.05mm，且垂直于基准线 A（基准轴线）的两平行平面之间
	面对面	公差带是距离为公差值 t，且垂直于基准平面的两平行平面之间的区域	被测面必须位于距离为公差值 0.08mm，且垂直于基准平面 A 的两平行平面之间

续表

特征		公差带定义	标注和解释
倾斜度	面对线	公差带是距离为公差值 t，且与基准线成一给定角度 α 的两平行平面之间的区域 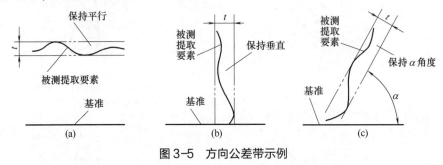	被测表面必须位于距离为公差值 0.06mm，且与基准线 A（基准轴线）成理论正确角度 60° 的两平行平面之间

方向公差带具有如下特点：

① 方向公差带相对于基准有确定的方向。平行度、垂直度和倾斜度公差带分别相对于基准保持平行、垂直和倾斜的理论正确角度关系，如图 3-5 所示。在相对于基准保持方向的条件下，公差带的位置可以浮动。

图 3-5　方向公差带示例

② 方向公差带具有综合控制被测要素的方向和形状的功能。如图 3-5 所示，方向公差带一经确定，被测要素的方向和形状的误差也就受到约束。因此，在保证功能要求的前提下，当对某一被测要素给出方向公差后，通常不再对该被测要素给出形状公差。如果在功能上需要对形状精度有进一步要求，则可同时给出形状公差，但给出的形状公差值应小于已给定的方向公差值。例如，如图 3-6 所示，已给出了平面对平面的平行度公差值 0.05mm，因对被测表面有进一步的平面度要求，所以又给出了平面度公差值 0.02mm。

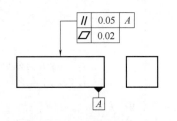

图 3-6　同时给出方向公差和形状公差示例

3.2.3　位置公差与公差带

位置公差是指关联被测实际要素对基准在位置上允许的变动全量。位置公差用以控制

配　套　视　频

同轴度　　　　　对称度　　　　空间点的位置度　　　任意方向位置度

位置误差。位置公差用位置公差带表示。位置公差有位置度、同心度、同轴度和对称度以及线轮廓度和面轮廓度（有基准时）六个项目。位置公差带的定义、标注和解释如表 3-5 所示。

表 3-5 位置公差带定义、标注和解释

特征		公差带定义	标注和解释
同轴度	轴线的同轴度	公差带是直径为公差值 ϕt 的圆柱面内区域，该圆柱面的轴线与基准轴线 $A-B$ 同轴 	大圆的轴线必须位于直径为公差值 $\phi 0.020\text{mm}$，且与公共基准轴线线 $A-B$ 同轴的圆柱面内
对称度	中心平面的对称度	公差带是距离为公差值 t，且相对基准的中心平面对称配置的两平行平面之间的区域 	被测中心平面必须位于距离为公差值 0.2mm，且相对基准中心平面 A 对称配置的两平行平面之间
位置度	点的位置度	如公差值前加注 $S\phi$，公差带是直径为公差值 ϕt 的球内的区域，球公差带的中心点的位置由相对于基准 A 和 B 的理论正确尺寸确定 	被测球的球心必须位于直径为公差值 $\phi 0.1\text{mm}$ 的球内，该球的球心位于相对基准 A 和 B 所确定的理想位置上
	线的位置度	如在公差值前加注 ϕ，则公差带是直径为 ϕt 的圆柱面内的区域，公差带的轴线的位置由相对于三基面体系的理论正确尺寸确定 	每个被测轴线必须位于直径为公差值 $\phi 0.2\text{mm}$，且以相对于 A、B、C 基准表面（基准平面）所确定的理想位置为轴线的圆柱面内

位置公差带的特点：

① 位置公差带具有确定的位置，相对于基准的尺寸为理论正确尺寸。

② 位置公差带具有综合控制被测要素位置、方向和形状的功能。由于给出了位置公差的被测要素总是同时存在位置、方向和形状误差，因此被测要素的位置误差、误差方向和形状误差总是同时受到位置公差带的约束。在保证功能要求的前提下，对被测要素给定了位置公差，通常对该被测要素不再给出方向公差和形状公差。如果对方向和形状有进一步精度要求，则另行给出方向公差或形状公差，或者方向公差和形状公差同时给出。例如，如图 3-7 所示，60J6 的轴线相对于基准 A 和基准 B 已经给出了位置度公差值 $\phi 0.03\text{mm}$，但是，该轴线对基准 A 的垂直度有进一步要求，因此又给出了垂直度公差值 $\phi 0.012\text{mm}$。这是位置公差与方向公差同时给出的一个例子，因方向公差是进一步要求，所以垂直度公差值小于位置度公差值，否则就没有意义。

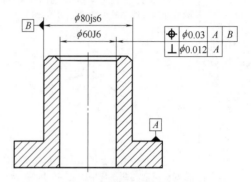

图 3-7　位置公差和方向公差同时标注示例

3.2.4　跳动公差与公差带

配　套　视　频

| 径向圆跳动 | 端面圆跳动 | 斜向圆跳动 | 径向全跳动 | 端面全跳动 |

跳动公差是关联被测实际要素绕基准轴线回转一周或连续回转时所允许的最大跳动量。按测量方向及公差带相对基准轴线的不同，跳动分为圆跳动（径向圆跳动、端面圆跳动及斜向圆跳动）和全跳动（径向全跳动、端面全跳动）几种形式。跳动公差带的定义、标注和解释，如表 3-6 所示。

表 3-6　　　　　　　　　　　跳动公差带定义、标注和解释

特征		公差带定义	标注和解释
圆跳动	径向圆跳动	公差带是在垂直于基准轴线的任一测量平面上半径差为公差值 t，且圆心在基准轴线上的两个同心圆之间的区域	当被测要素围绕基准轴线 A 作无轴向移动旋转一周时，在任一测量平面上的径向圆跳动量均不大于 0.040mm

续表

特征		公差带定义	标注和解释
圆跳动	端面圆跳动	公差带是在与基准同轴的任一半径位置的测量圆柱面上距离为 t 的圆柱面区域 测量圆柱面 A t	被测面绕基准轴线 A 作无轴向移动旋转一周时，在任一测量圆柱面上的轴向跳动量均不得大于 0.050mm 0.050 A ϕd A
	斜向圆跳动	公差带是在与基准轴线同轴的任一测量圆锥面上距离为 t 的两圆锥面之间的区域，除另有规定，其测量方向应与被测面垂直 测量圆锥面 A t	被测面绕基准线 A（基准轴线）作无轴向移动旋转一周时，在任一测量圆锥面上的法向跳动量均不得大于 0.05mm 0.050 A ϕd A
全跳动	径向全跳动	公差带是半径差为公差值 t，且与基准同轴的两圆柱面之间的区域 t A—B	被测要素围绕基准线 A-B 作若干次无轴向移动旋转，测量仪器相对工件作轴向移动，此时在被测要素上各点间的示值差均不得大于 0.040mm，测量仪器必须沿着基准轴线方向并相对于公共基准轴线 A-B 移动 0.040 A—B ϕd_1 ϕd ϕd_2 A B
	端面全跳动	公差带是距离为公差值 t，且与基准垂直的两平行平面之间的区域 A t	被测要素绕基准轴线 A 作若干次无轴向移动旋转，测量仪器相对工件作径向移动，此时，在被测要素上各点间的示值差不得大于 0.1mm，测量仪器必须沿着轮廓具有理想正确形状的线和相对于基准轴线 A 的正确方向移动 0.1 A ϕd A

跳动公差带的特点：

① 跳动公差带相对于基准轴线有确定的位置。例如，在某一横截面内，径向圆跳动

公差带的圆心在基准轴线上，径向全跳动公差带的轴线与基准轴线同轴。端面全跳动的公差带（两平行平面所围成的区域）垂直于基准轴线。

　　② 跳动公差带可以综合控制被测要素的位置、方向和形状。例如，端面全跳动公差带控制端面对基准轴线的垂直度也控制端面的平面度误差。径向圆跳动公差带控制横截面的轮廓中心相对于基准轴线的偏离以及圆度误差。端面圆跳动公差带控制测量圆周上轮廓对基准轴线的垂直度和形状误差。当综合控制被测要素不能满足要求时，可进一步给出有关的公差。如图 3-8 所示，对 $\phi100h6$ 的圆柱面已经给出了径向圆跳动公差值 0.015mm，但对该圆柱面的圆度有进一步要求，所以又给出了圆度公差值 0.004mm。对被测要素给出跳动公差后，若再对该被测要素给出其他项目的几何公差，则其公差值必须小于跳动公差值。

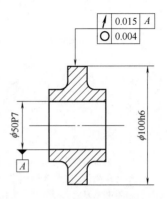

图 3-8　同时给出径向圆跳动公差和圆度公差的示例

3.3　几何公差的选择

3.3.1　几何公差特征项目的选择

　　几何公差特征项目的选择可从以下几个方面考虑。

　　（1）零件的几何特征

　　零件几何特征不同，会产生不同的几何误差。例如：圆柱形零件，可选择圆度、圆柱度及轴心线直线度及素线直线度等；平面零件可选择平面度；窄长平面可选直线度；槽类零件可选对称度；阶梯轴、孔可选同轴度等。

　　（2）零件的功能要求

　　根据零件不同的功能要求，给出不同的几何公差项目。例如圆柱形零件，当仅需要顺利装配时，可选轴心线的直线度；如果孔、轴之间有相对运动，应均匀接触，或为保证密封性，应标注圆柱度公差以综合控制圆度、素线直线度和轴线直线度（如柱塞与柱塞套、阀芯及阀体等）。又如为保证机床工作台或刀架运动轨迹的精度，需要对导轨提出直线度要求；对安装齿轮轴的箱体孔，为保证齿轮的正确啮合，需要提出孔心线的平行度要求；为使箱体、端盖等零件上的螺栓孔能顺利装配，应规定孔组的位置度公差等。

　　（3）检测的方便性

　　确定几何公差特征项目时，要考虑到检测的方便性与经济性。例如：对轴类零件，可用径向全跳动综合控制圆柱度、同轴度；用端面全跳动代替端面对轴线的垂直度。这是因为跳动误差检测方便，又能较好地控制相应的几何误差。

　　总之，在满足功能要求的前提下，应尽量减少项目，以获得较好的经济效益。设计者只有在充分地明确所设计的零件的精度要求，熟悉零件的加工工艺和有一定的检测经验的情况下，才能对零件提出合理、恰当的几何公差项目。

3.3.2　基准的选择

确定被测要素的方向、位置的理想要素称为基准。零件上的要素都可以作为基准。选择基准时，主要应根据零件的功能和设计要求，并兼顾基准统一原则和零件结构特征，通常可以从以下几方面来考虑：

① 从设计考虑，应根据零件形体的功能要求及要素间的几何关系来选择基准。例如，对于旋转的轴类零件，常选用与轴承配合的轴颈表面或轴两端的中心孔作为基准。

② 从加工工艺考虑，应选择零件加工时在工夹具中位置的相应要素作为基准。

③ 从测量考虑，应选择零件在测量、检验时在计量器具中位置的相应要素作为基准。

④ 从装配关系考虑，应选择零件相互配合、相互接触的表面作为基准，以保证零件的正确装配。

比较理想的基准是设计、加工、测量和装配基准是同一要素，也就是遵守基准统一的原则。

3.3.3　几何公差等级和公差值的选择原则

几何公差等级的选择原则与尺寸公差等级的选择原则相同，即在满足零件使用要求的前提下，尽可能选用低的公差等级。确定公差等级的方法有类比法和计算法两种，一般多采用类比法。

几何公差值的选用原则，应根据零件的功能要求，并考虑加工的经济性和零件的结构、刚性等情况。确定要素的公差值时，应考虑下列情况：

① 在同一要素上给出的形状公差值应小于位置公差值，如要求平行的两个表面其平面度公差值应小于平行度公差值。

② 圆柱形零件的形状公差值（轴线的直线度除外）一般情况下应小于其尺寸公差值。

③ 平行度公差值应小于其相应的距离公差值。

④ 对某些情况，考虑到加工的难易程度和除主参数外其他参数的影响，在满足零件功能的要求下，可适当降低1～2级选用。如孔相对于轴、细长轴或孔、距离较大的轴或孔、宽度较大（一般大于1/2长度）的零件表面、线对线和线对面相对于面对面的平行度、线对线和线对面相对于面对面的垂直度等。

⑤ 凡有关标准已对几何公差给出规定的，都应按相应标准确定。例如，与滚动轴承相配合的轴颈及箱体孔的圆柱度、肩台端面跳动，齿轮箱平行孔轴线的平行度，机床导轨的直线度等。

表3-7～表3-10举例说明了各项几何公差等级的应用。

表3-7　　　　　　　　　　　　直线度、平面度公差等级应用

公差等级	应　用　举　例
5级	1级平板，2级宽平尺，平面磨床纵导轨、垂直导轨、立柱导轨和平面磨床的工作台，液压龙门刨床导轨面，转塔车床床身导轨面，柴油机进气、排气阀门导杆
6级	普通机床导轨面，如卧式车床、龙门刨床、滚齿机、自动车床的床身等的床身导轨、立柱导轨，柴油机壳体

续表

公差等级	应 用 举 例
7 级	2 级平板,机床主轴箱、摇臂钻床底座和工作台,镗床工作台、液压泵盖、减速器壳体结合面
8 级	用于传动箱体、挂轮箱箱体、车床溜板箱体、柴油机气缸体、连杆分离面、缸盖结合面、汽车发动机缸盖、曲轴箱结合面;液压管件和法兰连接面
9 级	3 级平板,自动车床床身底面、摩托车曲轴箱体、汽车变速箱壳体、手动机械的支承面

表 3-8　　　　　　　　　　　　　圆度、圆柱度公差等级应用

公差等级	应 用 举 例
5 级	一般的计量仪器主轴、测杆外圆柱面,陀螺仪轴颈,一般车床轴颈及主轴承孔,柴油机、汽油机活塞、活塞销,与 E 级滚动轴承配合的轴颈
6 级	仪器端盖外圆柱面,一般车床主轴及前轴承孔,泵、压缩机的活塞、气缸,汽油发动机凸轮轴,纺机锭子,减速器转轴轴颈,高速船用柴油机,拖拉机曲轴主轴颈,与 E 级滚动轴承配合的外壳孔、千斤顶或压力油缸活塞、机车
7 级	大功率低速柴油机曲轴轴颈活塞销、连杆、气缸,高速柴油机箱体轴承孔,千斤顶或压力油缸活塞,机车传动轴,水泵及通用减速器转轴轴颈,与 G 级轴承配合的外壳孔
8 级	大功率低速发动机曲柄轴轴颈,压气机连杆盖、连杆体,拖拉机气缸、活塞,炼胶机冷铸轴辊,印刷机传墨辊,内燃机曲轴轴颈,柴油机曲轴轴颈,柴油机凸轮轴承孔、凸轮轴,拖拉机、小型船用柴油机气缸套
9 级	空气压缩机缸体,液压传动筒,通用机械杠杆与拉杆用套销子,拖拉机活塞环、套筒孔

表 3-9　　　　　　　　　　平行度、垂直度、倾斜度公差等级应用

公差等级	应 用 举 例
4、5 级	卧式车床导轨,重要支承面,机床主轴孔对基准的平行度,精密机床重要零件,计量仪器、量具、模具的基准面和工作面,床头箱体重要孔,通用机械减速器壳体孔,齿轮泵的油孔端面,发动机轴和离合器的凸缘,气缸支承端面,安装精密滚动轴承的壳体孔的凸肩
6、7、8 级	一般机床的基面和工作面,压力机和锻锤的工作面,中等精度钻模的工作面,机床一般轴承孔对基准面的平行度,变速器箱体孔,主轴花键对定心部位轴线的平行度,重型机械轴承盖端面,卷扬机,手动传动装置中的传动轴,一般导轨,主轴箱体孔,刀架,砂轮架,气缸配合面对基准轴线,活塞销孔对活塞中心线的垂直度,滚动轴承内、外圈端面对轴承的垂直度
9、10 级	低精度零件,重型机械滚动轴承端盖,柴油机、煤气发动机箱体曲轴孔,曲轴颈,花键轴和轴肩端面,皮带运输机法兰盘等端面对轴线的垂直度,手动卷扬机及传动装置中的轴承端面、减速器壳体平面

表 3-10　　　　　　　　　　同轴度、对称度、跳动公差等级应用

公差等级	应 用 举 例
5、6、7 级	这是应用范围较广的公差等级。用于几何精度要求较高、尺寸公差等级为 IT8 及高于 IT8 的零件。5 级常用于机床轴颈,计量仪器的测量杆,汽轮机主轴,柱塞油泵转子,高精度滚动轴承外圈,一般精度滚动轴承内圈,回转工作台端面跳动。7 级用于内燃机曲轴、凸轮轴、齿轮轴、水泵轴,汽车后轮输出轴,电动机转子,印刷机传墨辊的轴颈,键槽
8、9 级	常用于几何精度要求一般,尺寸公差等级 IT9~IT11 的零件。8 级用于拖拉机发动机分配轴轴颈,与 9 级精度以下齿轮相配的轴,水泵叶轮,离心泵体,棉花精梳机前后滚子,键槽等。9 级用于内燃机气缸套配合面,自行车中轴

表 3-11~表 3-15 给出了几何公差各项目的公差值或数系表。

表 3-11 直线度、平面度公差值 单位：μm

主参数 L/mm	公差等级											
	1	2	3	4	5	6	7	8	9	10	11	12
≤10	0.2	0.4	0.8	1.2	2	3	5	8	12	20	30	60
>10~16	0.25	0.5	1	1.5	2.5	4	6	10	15	25	40	80
>16~25	0.3	0.6	1.2	2	3	5	8	12	20	30	50	100
>25~40	0.4	0.8	1.5	2.5	4	6	10	15	25	40	60	120
>40~63	0.5	1	2	3	5	8	12	20	30	50	80	150
>63~100	0.6	1.2	2.5	4	6	10	15	25	40	60	100	200
>100~160	0.8	1.5	3	5	8	12	20	30	50	80	120	250
>160~250	1	2	4	6	10	15	25	40	60	100	150	300
>250~400	1.2	2.5	5	8	12	20	30	50	80	120	200	400
>400~630	1.5	3	6	10	15	25	40	60	100	150	250	500

注：主参数 L 系轴、直线、平面的长度。

表 3-12 圆度、圆柱度公差值 单位：μm

主参数 $d(D)$/mm	公差等级												
	0	1	2	3	4	5	6	7	8	9	10	11	12
≤3	0.1	0.2	0.3	0.5	0.8	1.2	2	3	4	6	10	14	25
>3~6	0.1	0.2	0.4	0.6	1	1.5	2.5	4	5	8	12	18	30
>6~10	0.1	0.25	0.4	0.6	1	1.5	2.5	4	6	9	15	22	36
>10~18	0.15	0.25	0.5	0.8	1.2	2	3	5	8	11	18	27	43
>18~30	0.2	0.3	0.6	1	1.5	2.5	4	6	9	13	21	33	52
>30~50	0.25	0.4	0.6	1	1.5	2.5	4	7	11	16	25	39	62
>50~80	0.3	0.5	0.8	1.2	2	3	5	8	13	19	30	46	74
>80~120	0.4	0.6	1	1.5	2.5	4	6	10	15	22	35	54	87
>120~180	0.6	1	1.2	2	3.5	5	8	12	18	25	40	63	100
>180~250	0.8	1.2	2	3	4.5	7	10	14	20	29	46	72	115
>250~315	1.0	1.6	2.5	4	6	8	12	16	23	32	52	81	130
>315~400	1.2	2	3	5	7	9	13	18	25	36	57	89	140
>400~500	1.5	2.5	4	6	8	10	15	20	27	40	63	97	155

注：主参数 $d(D)$ 系轴、孔的直径。

表 3-13 位置度公差值数系表 单位：μm

1	1.2	1.5	2	2.5	3	4	5	6	8
1×10^n	1.2×10^n	1.5×10^n	2×10^n	2.5×10^n	3×10^n	4×10^n	5×10^n	6×10^n	8×10^n

表 3-14 平行度、垂直度、倾斜度公差值 单位：μm

主参数 L、$d(D)$/mm	公差等级											
	1	2	3	4	5	6	7	8	9	10	11	12
≤10	0.4	0.8	1.5	3	5	8	12	20	30	50	80	120
>10~16	0.5	1	2	4	6	10	15	25	40	60	100	150
>16~25	0.6	1.2	2.5	5	8	12	20	30	50	80	120	200
>25~40	0.8	1.5	3	6	10	15	25	40	60	100	150	250
>40~63	1	2	4	8	12	20	30	50	80	120	200	300
>63~100	1.2	2.5	5	10	15	25	40	60	100	150	250	400

续表

主参数 L、$d(D)$/mm	公 差 等 级											
	1	2	3	4	5	6	7	8	9	10	11	12
>100~160	1.5	3	6	12	20	30	50	80	120	200	300	500
>160~250	2	4	8	15	25	40	60	100	150	250	400	600
>250~400	2.5	5	10	20	30	50	80	120	200	300	500	800
>400~630	3	6	12	25	40	60	100	150	250	400	600	1000

注：a. 主参数 L 为给定平行度时轴线或平面的长度，或给定垂直度、倾斜度时被测要素的长度；

　　b. 主参数 d (D) 为给定面对线垂直度时，被测要素的轴（孔）直径。

3.3.4　几何公差的未注公差值

图样上没有具体注明几何公差值的要求，其几何精度要求由未注几何公差来控制。为了简化制图，对一般机床加工能保证的几何精度，不必将几何公差在图样上具体注出。

未注几何公差可按如下规定处理：

① 对于直线度、平面度、垂直度、对称度和圆跳动的未注公差，标准中规定了 H、K、L 三个公差等级，采用时应在技术要求中注出下述内容，如"未注几何公差按 GB/T 1184—1996"。对于未注位置公差的基准，应选用稳定支承面、较长轴线或较大平面作为基准。

② 未注平行度由尺寸公差和未注直线度或平面度公差控制。

③ 对于线轮廓度、面轮廓度、倾斜度、位置度和全跳动的未注几何公差，均由各要素的注出或未注线性尺寸公差或角度公差控制。

④ 未注圆度规定为圆度误差值应不大于相应圆柱面的直径公差值。但不能大于表 3-15 中相应等级的径向圆跳动值。这是因为径向圆跳动受圆度误差的影响，圆度误差太大会使径向圆跳动不合格。

表 3-15　　　　　　　　同轴度、对称度、圆跳动和全跳动公差值　　　　　　　单位：μm

主参数 $d(D)$、B、L/mm	公 差 等 级											
	1	2	3	4	5	6	7	8	9	10	11	12
≤1	0.4	0.6	1.0	1.5	2.5	4	6	10	15	25	40	60
>1~3	0.4	0.6	1.0	1.5	2.5	4	6	10	20	40	60	120
>3~6	0.5	0.8	1.2	2	3	5	8	12	25	50	80	150
>6~10	0.6	1	1.5	2.5	4	6	10	15	30	60	100	200
>10~18	0.8	1.2	2	3	5	8	12	20	40	80	120	250
>18~30	1	1.5	2.5	4	6	10	15	25	50	100	150	300
>30~50	1.2	2	3	5	8	12	20	30	60	120	200	400
>50~120	1.5	2.5	4	6	10	15	25	40	80	150	250	500
>120~250	2	3	5	8	12	20	30	50	100	200	300	600
>250~500	2.5	4	6	10	15	25	40	60	120	250	400	800

注：a. 主参数 d (D) 为给定同轴度时轴直径，或给定圆跳动、全跳动时轴（孔）直径；

　　b. 圆锥体斜向圆跳动公差的主参数为平均直径；

　　c. 主参数 B 为给定对称度时槽的宽度；

　　d. 主参数 L 为给定两孔对称度时孔心距。

⑤ 未注同轴度由未注径向圆跳动公差控制。

⑥ 未注圆柱度由未注圆度公差、未注直线度公差和直径公差控制。

表 3-16~表 3-19 给出了常用的几何公差未注公差的分级和数值。

表 3-16   **直线度、平面度未注公差值**   单位：mm

公差等级	基本长度范围					
	≤10	>10~30	>30~100	>100~300	>300~1000	>1000~3000
H	0.02	0.05	0.1	0.2	0.3	0.4
K	0.05	0.1	0.2	0.4	0.6	0.8
L	0.1	0.2	0.4	0.8	1.2	1.6

表 3-17   **垂直度未注公差值**   单位：mm

公差等级	基本长度范围			
	≤100	>100~300	>300~1000	>1000~3000
H	0.2	0.3	0.4	0.5
K	0.4	0.6	0.8	1
L	0.6	1	1.5	2

表 3-18   **对称度未注公差值**   单位：mm

公差等级	基本长度范围			
	≤100	>100~300	>300~1000	>1000~3000
H	0.5			
K	0.6		0.8	1
L	0.6	1	1.5	2

表 3-19   **圆跳动未注公差值**（摘自 GB/T 1184—1996）   单位：mm

公差等级	H	K	L
基本长度范围	0.1	0.2	0.5

未注几何公差等级和未注公差值应根据产品的特点和生产单位的具体工艺条件，由生产单位自行选定，并在有关的技术文件中予以明确。这样，在图样上虽然没有具体注出公差值，却明确了对形状和位置有一般的精度要求。

【学后测评】

1. 选择题

（1）标注形位公差时，用带箭头的指引线连接公差框格与（   ）。

A. 实际要素   B. 被测要素   C. 基准要素   D. 理想要素

（2）属于形状公差的有（   ）。

A. 圆柱度   B. 平行度   C. 同轴度   D. 圆跳动

（3）属于位置公差的有（   ）。

A. 圆柱度   B. 直线度   C. 同轴度   D. 平面度

（4）轮廓度如果没基准属于（   ）。

A. 形状公差   B. 方向公差   C. 位置公差   D. 跳动公差

（5）方向公差包括平行度、垂直度和（　　　）以及轮廓度（有基准时）。

A. 同轴度　　　　　　B. 倾斜度　　　　　　C. 位置度　　　　　　D. 跳动度

（6）形位公差带形状是半径差为公差值 t 的两圆柱面之间的区域有（　　　）。

A. 同轴度　　　　　B. 径向全跳动　　　　C. 任意方向直线度　D. 任意方向垂直度

（7）形位公差带形状是直径为公差值 t 的圆柱面内区域的有（　　　）。

A. 径向全跳动　　　B. 端面全跳动　　　　C. 同轴度　　　　　　D. 直线度

（8）下列公差带形状相同的有（　　　）。

A. 轴线对轴线的平行度与面对面的平行度　　B. 径向圆跳动与圆度

C. 同轴度与径向全跳动　　　　　　　　　　D. 轴线的直线度与导轨的直线度

2. 填空题

（1）＿＿＿＿＿＿＿是指实际几何体和理想几何体之间存在差异。

（2）几何公差包括＿＿＿＿＿＿、＿＿＿＿＿＿、＿＿＿＿＿＿和＿＿＿＿＿＿四类。

（3）形状公差带没有＿＿＿＿＿＿，因此其公差带的方向或位置可以浮动。

（4）方向公差分为五类，即＿＿＿＿＿＿、＿＿＿＿＿＿和＿＿＿＿＿＿、线轮廓度和面轮廓度。

（5）圆柱度和径向全跳动公差带相同点是＿＿＿＿＿＿，不同点是＿＿＿＿＿＿。

（6）位置公差是指关联被测实际要素对＿＿＿＿＿＿要素在＿＿＿＿＿＿上允许的变动全量。

（7）全跳动包括＿＿＿＿＿＿全跳动、＿＿＿＿＿＿全跳动。

（8）跳动公差带可以综合控制被测要素的＿＿＿＿＿＿、＿＿＿＿＿＿和＿＿＿＿＿＿。

（9）跳动公差一般分为两种，即＿＿＿＿＿＿、＿＿＿＿＿＿。

3. 分析题

（1）试比较下列各条中两项公差的公差带定义、公差带的形状及基准之间的异同。

① 圆柱的素线直线度与轴线直线度。

② 平面度与面对面的平行度。

③ 圆度与径向圆跳动。

④ 圆度和圆柱度。

⑤ 端面对轴线的垂直度和端面全跳动。

（2）如图 3-9 所示，改正图中各几何公差标注上的错误（不得改变几何公差项目）。

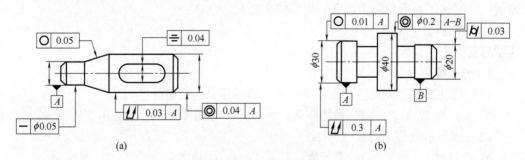

图 3-9　分析题（2）图

4 表面粗糙度

配套课件

第4章 表面
粗糙度

【知识目标】

- 了解表面粗糙度主要术语及评定参数。
- 掌握表面粗糙度的符号、代号及标注。

【能力目标】

- 初步具备正确选择表面粗糙度的能力。
- 能够正确识读表面粗糙度的符号、代号及标注。

【引言】

如图4-1所示的机床螺杆零件图中标注的一些关于机械加工表面质量的参数，各轮廓表面标注了相应的表面粗糙度要求。在机械加工过程中，由于刀痕、切削过程中切屑分离时金属的塑性变形、工艺系统中的高频振动、刀具和被加工表面的摩擦等原因，致使被加工零件的表面产生微小的峰谷。这些微小峰谷的高低程度和间距状况就称为表面粗糙度，也称微观不平度，现在拓展为表面结构。表面粗糙度值越小，表面越光滑。

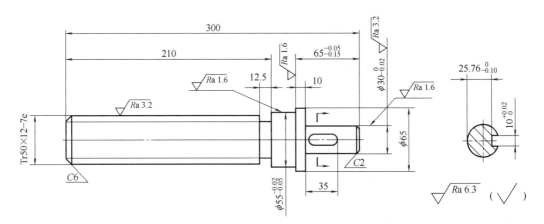

图4-1 机床螺杆零件图

表面粗糙度在零件几何精度设计中是必不可少的，是评定机械零件及产品质量的重要指标之一。表面粗糙度国家标准有：

GB/T 3505—2009《产品几何技术规范（GPS） 表面结构 轮廓法 表面结构的术语、定义及表面结构参数》。

GB/T 1031—2009《产品集合技术规范（GPS） 表面结构 轮廓法 表面粗糙度参数及其数值》。

GB/T 131—2006《产品几何技术规范（GPS）技术产品文件中表面结构的表示法》三个标准构成。了解国标中的主要术语及评定参数是学习表面粗糙度相关知识的首要任务。

4.1　基本术语

4.1.1　表面粗糙度的主要术语

一个完工零件的实际表面状态是极其复杂的，一般包括表面粗糙度、表面波度和表面几何形状误差等。通常按波距大小（相邻两波峰或相邻两波谷之间的距离）来划分：波距小于 1mm 的微观几何形状误差属于表面粗糙度；波距在 1~10mm 的属于表面波度；波距大于 10mm 的为表面几何形状误差，如图 4-2 所示。

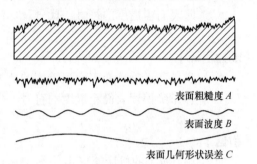

图 4-2　表面粗糙度、表面波度和表面几何形状误差的综合影响

（1）取样长度 lr

用于判别具有表面结构特征的一段基准线长度。它在轮廓总的走向上量取，是为了限制和削弱其他几何形状误差，尤其是表面波度对测量结果的影响。取样长度应包括 5 个以上的峰和谷，否则就不能反映表面结构的真实情况，如图 4-3 所示。

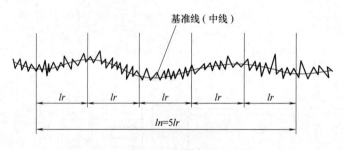

图 4-3　取样长度

（2）评定长度 ln

评定轮廓所必需的一段表面长度，如图 4-3 所示。规定评定长度是因为零件表面各部分的表面结构不一定很均匀，在一个取样长度上往往不能合理地反映某一表面结构，故需要在表面上取几个取样长度来评定表面结构。它包括几个取样长度。一般推荐取 $ln = 5lr$。

（3）轮廓的算术平均中线

在取样长度范围内，划分实际轮廓为上、下两部分，且使上、下面积相等的线，如图 4-4（a）所示。即：

$$\sum_{i=1}^{n} F_i = \sum_{i=1}^{n} F'_i \qquad (4-1)$$

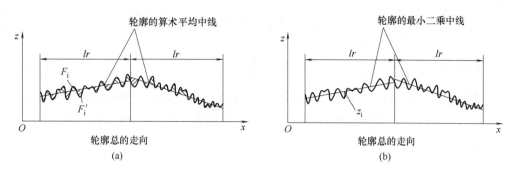

图 4-4　轮廓的算术平均中线和最小二乘中线

（4）轮廓的最小二乘中线（简称中线）

具有几何轮廓形状并划分轮廓的基准线，在取样长度内使轮廓线上各点的轮廓偏距 z_i 的平方和为最小，即 $\sum_{i=1}^{n} z_i^2$ 为最小，如图 4-4（b）所示。

从理论上讲，当轮廓不具有明显的周期时，其总方向在某一范围内就不确定，因而其算术平均中线就不是唯一的。在一簇算术平均中线中只有一条与最小二乘中线重合，实际工作中由于两者相差很少，故可用算术平均中线代替最小二乘中线。轮廓的最小二乘中线和算术平均中线是测量或评定表面粗糙度的基准，通常称为基准线。

在现代表面粗糙度测量仪器中，借助于计算机，容易精确确定最小二乘中线的位置。当采用光学仪器测量时，常用目测估计来确定轮廓的算术平均中线。

4.1.2　表面粗糙度的主要评定参数

随着工业技术的不断进步，加工精度的不断提高，对零件的表面质量提出了越来越高的要求，需要用合适的参数对表面轮廓微观几何形状特性作精确的描述。国标从表面微观几何形状的高度、间距和形状三方面的特征，相应规定了有关参数。GB/T 3505—2009 中规定的有关评定表面粗糙度的参数有幅度参数（z 轴方向）9 项、间距参数（x 轴方向）1 项、混合参数 1 项以及曲线和相关参数 5 项，共 4 大类 16 项。这里选择介绍 GB/T 3505—2009 中最常用的幅度参数。

（1）幅度参数（GB/T 3505—2009）

① 轮廓算术平均偏差 Ra　在取样长度内，被测轮廓上各点至轮廓中线偏距绝对值的算术平均值，称为轮廓算术平均偏差 Ra，如图 4-5 所示。

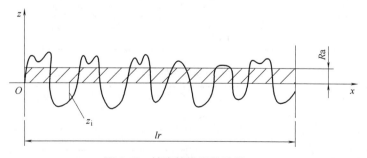

图 4-5　轮廓算术平均偏差 Ra

$$Ra = \frac{1}{l_r} \int_0^{l_r} |z(x)| \, \mathrm{d}x \tag{4-2}$$

或近似值：
$$Ra = \frac{1}{n} \sum_{i=1}^{n} |z_i| \tag{4-3}$$

② 轮廓最大高度 Rz　在取样长度内，最高轮廓峰顶线与最低轮廓谷底线之间的距离，称为轮廓最大高度 Rz。峰顶线和谷底线，分别指在取样长度内，平行于中线且通过轮廓最高点和最低点的线，如图 4-6 所示。

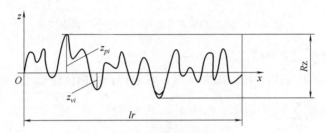

图 4-6　轮廓最大高度 Rz

$$Rz = Z_{p\max} + Z_{v\max} \tag{4-4}$$

（2）参数的允许值（GB/T 1031—2009）

① 幅度参数的允许值，如表 4-1 和表 4-2 所示。

表 4-1　　　　　　　　　　　　轮廓算术平均偏差 Ra　　　　　　　　　单位：μm

第1系列	第2系列	第1系列	第2系列	第1系列	第2系列	第1系列	第2系列
	0.008						
	0.010						
0.012			0.125		1.25	12.5	
	0.016		0.160	1.6			16.0
	0.020	0.2			2.0		20
0.025			0.25		2.5	25	
	0.032		0.32	3.2			32
	0.040	0.4			4.0		40
0.050			0.50		5.0	50	
	0.063		0.63	6.3			63
	0.080	0.8			8.0		80
0.1			1.00		10.0	100	

表 4-2　　　　　　　　　　　　轮廓最大高度 Rz 的数值　　　　　　　　单位：μm

第1系列	第2系列	第1系列	第2系列	第1系列	第2系列	第1系列	第2系列	第1系列	第2系列	第1系列	第2系列
			0.125		1.25	12.5			125		1250
			0.160	1.6			16.0		160	1600	
		0.2			2.0		20	200			

续表

第1系列	第2系列	第1系列	第2系列	第1系列	第2系列	第1系列	第2系列	第1系列	第2系列	第1系列	第2系列
0.025			0.25		2.5	25			250		
	0.032		0.32	3.2			32		320		
	0.040	0.4			4.0		40	400			
0.05			0.50		5.0	50			500		
	0.063		0.63	6.3			63		630		
	0.080	0.8			8.0		80	800			
0.1			1.00		10.0	100			1000		

② 取样长度标准值 lr、评定长度 ln，如表4-3和表4-4所示。

表4-3		取样长度标准值 lr				单位：μm
lr	0.08	0.25	0.8	2.5	8	25

表4-4 　　　　　　　　 Ra、Rz 参数值与 lr 和 ln 值的对应关系

$Ra/\mu m$	$Rz/\mu m$	lr/mm	ln/mm
$\geq 0.008 \sim 0.02$	$\geq 0.025 \sim 0.10$	0.08	0.4
$>0.02 \sim 0.10$	$>0.10 \sim 0.50$	0.25	1.25
$>0.10 \sim 2.0$	$>0.50 \sim 10.0$	0.8	4.0
$>2.0 \sim 10.0$	$>10.0 \sim 50.0$	2.5	12.5
$>10.0 \sim 80$	$>50.0 \sim 320$	8.0	40.0

GB/T 3505—2009 所规定的所有表面粗糙度评定参数，在实际中根据需要选用，但幅度特征参数 Ra 或（和）Rz 是必须标注的。从 Ra 和 Rz 的定义可以看出，Ra 所反映的轮廓信息量比 Rz 要多，所以 Ra 参数是首选。

4.2 识读表面粗糙度的符号、代号及标注

4.2.1 表面粗糙度的符号

① 对于用去除材料的方法获得的表面，如车、铣、刨、钻、磨、抛光、电火花加工等，采用的符号如图4-7（a）所示。

② 对于用不去除材料的方法获得的表面，如铸造、锻造、冲压、粉末冶金等，采用的符号如图4-7（b）所示。

③ 对于不拘加工方法获得的表面，采用的符号如图4-7（c）所示。

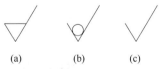

(a)　　　　(b)　　　　(c)

图4-7　表面粗糙度符号

4.2.2 表面粗糙度的代号

表面粗糙度代号是以表面粗糙度符号、参数、参数值及其他有关要求的标注组合形成

的。其表面特征各项规定的注写位置，如图 4-8 所示。

　　图中：a——注写表面结构的单一要求；

　　　　　　b——注写第二个表面结构要求；

　　　　　　c——注写加工要求：如车、磨、镀、涂覆、表面

　　　　　　　　处理或其他说明等；

　　　　　　d——注写加工纹理方向符号；

　　　　　　e——注写加工余量（mm）。

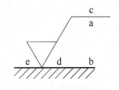

图 4-8　表面粗糙度代号

4.2.3　表面粗糙度代号的标注示例

　　表面粗糙度代号的标注示例，如表 4-5 所示。

表 4-5　　　　　　　　　　　　　　表面粗糙度代号的标注示例

表面粗糙度代号示例	含　义
$\sqrt{\ }\ Ra1.6$	表示不允许去除材料，单向上限值，默认传输带，R 轮廓（粗糙度轮廓），轮廓的算术平均偏差上限值为 1.6μm，评定长度为 5 个取样长度（默认），"16%规则"（默认） 为了避免误解，在参数代号与极限值之间应插入空格（下同）
$\sqrt{\ }\ Rz0.2$	表示去除材料，单向上限值，默认传输带，R 轮廓（粗糙度轮廓），轮廓最大高度的上限值为 0.2μm，评定长度为 5 个，取样长度（默认），"16%规则"（默认）
$\sqrt{\ }\ Rz_{max}0.2$	表示去除材料，单向上限值，默认传输带，R 轮廓（粗糙度轮廓），轮廓最大高度的最大值 0.2μm，评定长度为 5 个取样长度（默认），"最大规则"
$\sqrt{\ }\ 0.008\sim0.8/Ra\,3.2$	表示去除材料，单向上限值，传输带 0.008～0.8mm，R 轮廓（粗糙度轮廓），轮廓算术平均偏差上限值为 3.2μm，评定长度为 5 个取样长度（默认），"16%规则"（默认） 传输带"0.008~0.8"中的前后数值分别为短波 λ_s 和长波 λ_c 滤波器的截止波长，表示波长范围。此时取样长度等于 λ_c，则 $l=0.8$mm
$\sqrt{\ }\ URa_{max}3.2$ $LRa0.8$	表示去除材料，双向极限值，两极限值均使用默认传输带，R 轮廓，上限值：算术平均偏差 3.2μm，评定长度为 5 个取样长度（默认），"最大规则"，下限值：算术平均偏差 0.8μm，评定长度为 5 个取样长度（默认），"16%规则"（默认） 本例为双向极限要求，用 U 和 L 分别表示上限值和下限值。在不致引起歧义时，可不加注"U"和"L"

　　注：a. "传输带"是指评定时的波长范围。传输带被一个截止短波的滤波器（短波滤波器）和另一个截止长波的滤波器（长波滤波器）所限制。

　　　　b. "16%规则"是指同一评定长度范围内所有的实测值中，大于上限值的个数应少于总数的 16%，小于下限值的个数应少于总数的 16%，参见 GB/T 10610—2009。

　　　　c. 极值规则：整个被测表面上所有的实测值皆应不大于最大允许值，皆应不小于最小允许值，参见 GB/T 10610—2009。

4.2.4　表面纹理标注

　　加工纹理的方向符号、说明及标注方法如图 4-9 所示。

4.2.5　表面粗糙度代号在图样上的标注

　　表面粗糙度符号、代号在图样上可以标注在可见轮廓线、尺寸界

配套视频

表面粗糙度
的标注

线、引出线或它们的延长线上，也可以注写在几何公差的框格上方，如图 4-10（a）所示；在不致引起误解时可以注写在给定的尺寸线上，如图 4-10（b）所示；必要时也可用带箭头或黑点的指引线引出标注，如图 4-10（c）所示。符号的尖端必须从材料外部指向被注表面，其数字及符号的方向与尺寸方向的注写一致。

4.2.6 表面粗糙度要求在图样中的简化注法

① 封闭轮廓的各表面有相同表面粗糙度要求的标注。可在完整图形符号上加一圆圈，标注在图样中工件的封闭轮廓线上，如图 4-11 所示，表示构成封闭轮廓的 1、2、3、4、5、6 六个面的轮廓算术平均偏差的上限值均为 3.2μm。

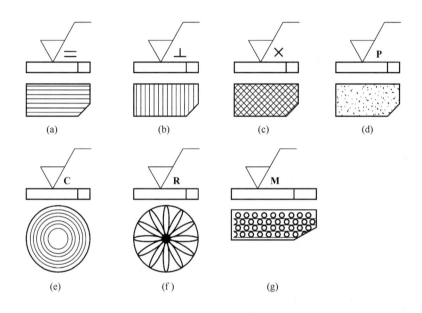

图 4-9 表面纹理方向的符号及标注

（a）纹理平行于视图所在的投影面 （b）纹理垂直于视图所在的投影面
（c）纹理呈两斜向交叉且与视图所在的投影面相交 （d）纹理无方向、凸起，呈微粒
（e）纹理呈近似同心圆且圆心与表面中心相关 （f）纹理呈近似放射状且与表面圆心相关
（g）纹理呈多方向

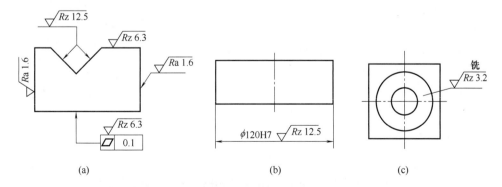

图 4-10 表面粗糙度代号在图样上的标注

② 有相同的表面粗糙度要求的简化注法。如果工件的多数（或全部）表面有相同的表面粗糙度要求，则其表面粗糙度要求可统一标注在图样的标题栏附近。此时（除全部表面有相同要求的情况外），表面粗糙度代号的后面应包括如下内容：

在圆括号内给出无任何其他标注的基本符号，如图 4-12（a）所示。

在圆括号内给出不同的表面粗糙度要求，如图 4-12（b）所示。那些不同的表面粗糙度要求应直接标注在图形中。

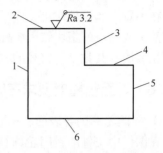

图 4-11　封闭轮廓各表面有相同的表面粗糙度要求时的标注

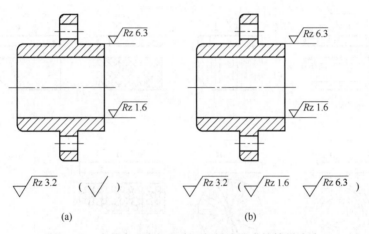

图 4-12　多数表面有相同表面粗糙度要求的简化注法

③ 多个表面具有相同的表面粗糙度要求时的标注。当多个表面具有相同的表面粗糙度要求或图纸空间有限时，也可以采用其他简化注法。

用带字母的完整符号，以等式的形式，在图形或标题栏附近，对有相同表面粗糙度要求的表面进行简化标注，如图 4-13 所示。

只用表面粗糙度符号，以等式的形式给出对多个表面共同的表面粗糙度要求，如图 4-14 所示。

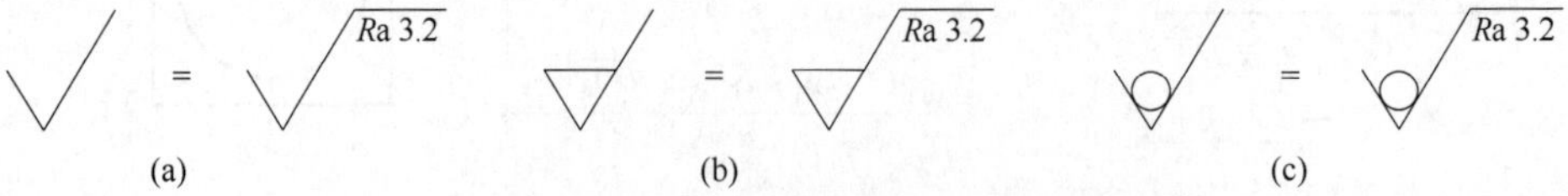

图 4-13　图样空间有限时表面粗糙度的简化注法

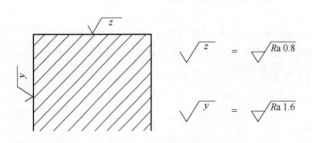

图 4-14　多个表面具有相同表面粗糙度要求的简化注法

（a）未指定工艺方法　（b）要求去除材料　（c）不允许去除材料

4.3 表面粗糙度的选择

如何正确合理地选用表面粗糙度，这是机械设计中的重要工作之一，它对产品质量、互换性和经济效益都有重要影响。下面分别介绍表面粗糙度对零件功能的影响及其选择方法。

4.3.1 表面粗糙度对零件功能的影响

表面粗糙度对零件的使用性能有着重要的影响，尤其对在高温、高速、高压条件下的机器（仪器）零件影响更大。主要表现在以下几方面：

① 表面粗糙度影响零件表面的耐磨性。当两个零件存在凸峰和凹谷并接触时，一般说来，往往是一部分峰顶接触，它比理论上的接触面积要小，单位面积上压力增大，凸峰部分容易产生塑性变形而被折断或剪切，导致磨损加快。为了提高表面的耐磨性，应对表面提出较高的加工精度要求。

② 表面粗糙度影响零件配合性质的稳定性。对有相对运动的间隙配合而言，因粗糙表面相对运动易产生磨损，实际间隙会逐渐加大。对过盈配合而言，粗糙表面在装配压入过程中，会将凸峰挤平，减小实际有效过盈，降低连接强度。

③ 表面粗糙度影响零件的抗疲劳强度。零件表面越粗糙，对应力集中越敏感。若零件受到交变应力作用，零件表面凹谷处容易产生应力集中而引起零件的损坏。

④ 表面粗糙度还对零件表面的抗腐蚀性、表面的密封性和表面外观等性能有影响。

表面粗糙度的精度要求是否恰当，不但与零件的使用要求有关，而且也会影响零件加工的经济性。因此，在设计零件时，除了要保证零件尺寸、形状和位置的精度要求以外，对零件的不同表面也要提出适当的表面粗糙度要求。因此表面粗糙度是评定机械零件及产品质量的重要指标之一。

4.3.2 表面粗糙度参数的选用

零件表面粗糙度参数的选用，首先应满足零件表面的功能要求，其次应考虑检测的方便性及仪器设备条件等因素，同时考虑工艺的可行性和经济性。表面粗糙度参数值选择得合理与否，不仅对产品的使用性能有很大的影响，而且直接影响到产品的质量和制造成本。

在零件选用表面粗糙度参数时，绝大多数情况下，只要选用幅度参数即可。只有当幅度参数不能满足零件的使用要求时，才附加给出间距参数或混合参数以及曲线和相关参数。

在幅度参数中，轮廓算术平均偏差 Ra 能较全面客观地反映表面微观几何形状的特性，国家标准推荐：在常用数值范围内（$Ra = 0.025 \sim 6.3\text{mm}$，$Rz = 0.1 \sim 0.25\text{mm}$）优先选用 Ra。轮廓最大高度 Rz 测点数少，一般不单独使用，常常与 Ra 联用，控制微观不平度谷深，从而控制微观裂纹的深度，常标注于受交变应力作用的工作表面。

4.3.3 表面粗糙度参数数值的选用

应该指出的是，在国标 GB/T 1031—2009《产品几何技术规范（GPS）表面结构 轮

廓法　表面粗糙度参数及其数值》中不划分粗糙度等级，只列出评定参数的允许值的数系。在设计时需要根据具体条件选择适当的评定参数及其允许值，并将其数值按标准规定的格式标注在图样规定的位置上。

表面粗糙度参数值的选择既要满足零件的功能要求，又要考虑它的经济性，一般可参照经过验证的实例，用类比法来确定。一般选择原则如下：

① 在满足表面功能要求的情况下，尽量选用较大的表面粗糙度参数值。

② 同一零件上，工作表面的粗糙度参数值小于非工作表面的粗糙度参数值。

③ 摩擦表面比非摩擦表面的参数值要小；滚动摩擦表面比滑动摩擦表面的粗糙度参数值小；运动速度高、单位压力大的摩擦表面应比运动速度低、单位压力小的摩擦表面的粗糙度参数值要小。

④ 受循环载荷的表面及容易引起应力集中的部位，粗糙度参数值要小。

⑤ 一般情况下，过盈配合表面比间隙配合表面的粗糙度参数值要小，对间隙配合，间隙越小，粗糙度的参数值应越小。

⑥ 配合性质相同时，零件尺寸越小则表面粗糙度参数值应小；同一精度等级，小尺寸比大尺寸、轴比孔的表面粗糙度参数值要小。

⑦ 要求防腐蚀、密封性能好，或者要求外表美观的表面粗糙度参数值应较小。

通常尺寸公差、几何公差小时，表面粗糙度参数值也小。但表面粗糙度参数值和尺寸公差、几何公差之间并不存在确定的函数关系，如手轮、手柄的尺寸公差值较大，表面粗糙度参数值却较小。一般情况下，它们之间有一定的对应关系，如表4-6所示。

表4-6　　　　　　　　　　几何公差与表面粗糙度参数值的关系

几何公差 t 占尺寸公差 T 的百分比	表面粗糙度参数值占形状公差 t 或尺寸公差 T 的百分比	
	Ra	Rz
$t \approx 60T\%$	$\leqslant 5.0T\%$	$\leqslant 20T\%$
$t \approx 40T\%$	$\leqslant 2.5T\%$	$\leqslant 10T\%$
$t \approx 25T\%$	$\leqslant 1.2T\%$	$\leqslant 5T\%$
$t < 25T\%$	$\leqslant 15t\%$	$\leqslant 60t\%$

表4-7给出了不同表面粗糙度的表面特性、经济加工方法及应用举例，可供选用表面粗糙度参数值时参考。

表4-7　　　　　　　表面粗糙度的表面特征、经济加工方法及应用举例

表面微观特性		$Ra/\mu m$	$Rz/\mu m$	加工方法	应用举例
粗糙表面	微见刀痕	$\leqslant 20$	$\leqslant 80$	粗车、粗刨、粗铣、钻、毛锉、锯断	半成品粗加工过的表面，非配合的加工表面，如轴端面、倒角、钻孔、齿轮和皮带轮侧面、键槽底面、垫圈接触面
半光表面	微见加工痕迹	$\leqslant 10$	$\leqslant 40$	车、刨、铣、镗、钻、粗铰	轴上不安装轴承、齿轮处的非配合表面，紧固件的自由装配表面，轴和孔的退刀槽
	微见加工痕迹	$\leqslant 5$	$\leqslant 20$	车、刨、铣、镗、磨、拉、粗刮、滚压	半精加工表面，箱体、支架、盖面、套筒等和其他零件结合而无配合要求的表面，需要发蓝的表面等

续表

表面微观特性		$Ra/\mu m$	$Rz/\mu m$	加工方法	应用举例
半光表面	看不清加工痕迹	≤2.5	≤10	车、刨、铣、镗、磨、拉、刮、压、铣齿	接近于精加工表面，箱体上安装轴承的镗孔表面，齿轮的工作面
光表面	可辨加工痕迹方向	≤1.25	≤6.3	车、镗、磨、拉、刮、精铰、磨齿、滚压	圆柱销、圆锥销，与滚动轴承配合的表面，普通车床导轨面，内、外花键定心表面
光表面	微辨加工痕迹方向	≤0.63	≤3.2	精铰、精镗、磨、刮、滚压	要求配合性质稳定的配合表面，工作时受交变应力的重要零件，较高精度车床的导轨面
光表面	不可辨加工痕迹方向	≤0.32	≤1.6	精磨、珩磨、研磨、超精加工	精密机床主轴锥孔、顶尖圆锥面、发动机曲轴、凸轮轴工作表面，高精度齿轮齿面
极光表面	暗光泽面	≤0.16	≤0.8	精磨、研磨、普通抛光	精密机床主轴轴颈表面，一般量规工作表面，气缸套内表面，活塞销表面
极光表面	亮光泽面	≤0.08	≤0.4	超精磨、精抛光、镜面磨削	精密机床主轴轴颈表面，滚动轴承的滚珠，高压油泵中柱塞和柱塞套配合表面
极光表面	镜状光泽面	≤0.04	≤0.2	超精磨、精抛光、镜面磨削	精密机床主轴轴颈表面，滚动轴承的滚珠，高压油泵中柱塞和柱塞套配合表面
极光表面	镜面	≤0.01	≤0.05	镜面磨削、超精研	高精度量仪、量块的工作表面，光学仪器中的金属镜面

　　根据机械零件表面的配合性质、公差等级、基本尺寸和使用功能，表 4-8 列出了推荐的常用表面粗糙度参数值。

表 4-8　　　　　　　　　常用表面粗糙度的参数值　　　　　　　单位：μm

经常装拆的配合表面				过盈配合的配合表面					定心精度高的配合表面			滑动轴承表面		
公差等级	表面	基本尺寸/mm		公差等级	表面	基本尺寸/mm			径向跳动	轴	孔	公差等级	表面	Ra
		~50	>50 ~500			~50	>50 ~120	>120 ~500						
		Ra				Ra				Ra				
IT5	轴	0.2	0.4	IT5	轴	0.1~ 0.2	0.4	0.4	2.5	0.05	0.1	IT6~ IT9	轴	0.4~ 0.8
IT5	孔	0.4	0.8	IT5	孔	0.2~ 0.4	0.8	0.8	4	0.1	0.2	IT6~ IT9	孔	0.8~ 1.6
IT6	轴	0.4	0.8	IT6~ IT7	轴	0.4	0.8	1.6	6	0.1	0.2	IT10~ IT12	轴	0.8~ 3.2
IT6	孔	0.4~ 0.8	0.8~ 1.6	IT6~ IT7	孔	0.8	1.6	1.6	10	0.2	0.4	IT10~ IT12	孔	1.6~ 3.2
IT7	轴	0.4~ 0.8	0.8~ 1.6	IT8	轴	0.8	0.8~ 1.6	1.6~ 3.2	16	0.4	0.8	流体润滑	轴	0.1~ 0.4
IT7	孔	0.8	1.6	IT8	孔	1.6	1.6~ 3.2	1.6~ 3.2	20	0.8	1.6	流体润滑	孔	0.2~ 0.8
IT8	轴	0.8	1.6	热装法	轴	1.6								
IT8	孔	0.8~ 1.6	1.6~ 3.2	热装法	孔	1.6~3.2								

（注："经常装拆的配合表面"与"过盈配合的配合表面"之间有"装配按机械压入法"列跨 IT5、IT6~IT7、IT8 行。）

【学后测评】

1. 表面粗糙度的含义是什么？它对零件的使用性能有哪些影响？

2. 评定表面粗糙度时，为什么要规定取样长度？有了取样长度，为什么还要规定评定长度？

3. 表面粗糙度的评定参数有哪些？

4. 选择表面粗糙度参数值时应考虑哪些因素？

5. 将表面粗糙度符号标注在图 4-15 上，要求：

（1）用任何方法加工圆柱面 ϕd_3，Ra 最大允许值为 3.2μm。

（2）用去除材料的方法获得孔 ϕd_2，要求 Ra 最大允许值为 3.2μm。

（3）用去除材料的方法获得表面 A，要求 Rz 最大允许值为 3.2μm。

（4）用去除材料的方法获得其余表面，要求 Ra 允许值均为 25μm。

6. 指出图 4-16 中导向套中表面粗糙度代号标注的错误，并改正。

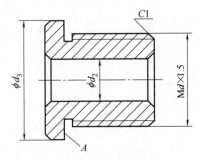

图 4-15　题 5 图

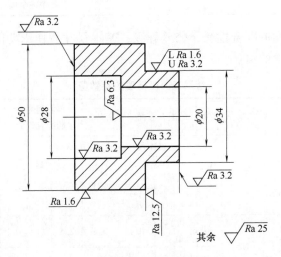

图 4-16　题 6 图

5 工程材料

配套课件

第 5 章　工程材料

【知识目标】

- 了解常用工程材料的种类、基本牌号、性能及用途。
- 掌握常用的力学性能指标，熟悉各性能指标的测试方法及应用场合。
- 掌握硬度的测量方法、表示方法及适用范围。
- 了解钢的常规热处理工艺，掌握普通热处理的原理及基本操作。
- 了解钢及铸铁的性能特点及热处理特点。
- 了解铸造、锻造、焊接基础方法和基本操作技能。

【能力目标】

- 初步具备正确选择机械工程材料的能力。
- 具有对材料选择热处理技术和进行简单热处理的能力。
- 具有对材料力学性能进行正确检测分析的能力。
- 具有查阅相关标准、手册、图册等技术资料的能力。

5.1　工程材料的分类

【引言】

　　材料是人类赖以生存和发展的物质基础，与国民经济、国防建设和人民生活密切相关，因此人们把信息、材料和能源称为当代文明的三大支柱。材料及其加工工艺是人类文明的基础，没有钢铁材料，就没有高楼大厦；没有专门为喷气发动机设计的材料，就没有喷气式飞机；没有耐高温复合涂层材料，就没有探索外太空的飞船。航天飞机应用了成千上万种材料，特别是一些新型材料，其主体结构使用的是合成材料。航天飞机返回地球时，机身温度超过 1000℃，其外壳用 Ni-Cr-Fe 合金制造，外层的隔热板由一层 TiAl 合金与一层绝热材料组成，这些合金材料经过热处理，性能得到充分发挥，使航天飞机高速穿越大气层时来去自如（图 5-1）。

　　工程材料按其性能特点分为结构材料和功能材料两大类。结构材料具有适当的力学性能，兼有一定的物理、化学性能，用于制造承受各种力的工程构件和装备零件，还用于制造加工工具。功能材料具有特殊的物理、化学性能，用于制造要求具有电、光、声、磁、热等功能和效应的元器件。本书所述的机械工程材料属于结构材料。

　　机械工程材料有多种不同的分类方法。一般按化学成分的不同，通常将机械工程材料分成金属材料、非金属材料两大类，如表 5-1 所示。

图 5-1　航天飞机

表 5-1　　　　　　　　　　　　　机械工程材料的分类

机械工程材料	金属材料	黑色金属材料	如铁、钢等	灰口铸铁、球墨铸铁、碳素钢、合金钢等
		有色金属材料	如铜、铝等	纯铜、黄铜、青铜、纯铝、铝合金、纯钛、钛合金等
	非金属材料	高分子材料	如塑料、橡胶等	热塑性塑料、热固性塑料、天然橡胶或合成橡胶等
		陶瓷材料	如普通陶瓷、特种陶瓷等	黏土陶瓷、氧化物陶瓷、氮化物陶瓷等
		复合材料	如粒子增强复合材料、纤维增强复合材料等	纤维树脂复合材料、纤维金属复合材料等

　　金属材料是最重要的机械工程材料，包括金属和以金属为基的合金，是目前用量最大、使用范围最广的材料。金属材料具有许多优良的使用性能（如力学性能、物理性能、化学性能等）和加工工艺性能（如铸造性能、锻造性能、焊接性能、热处理性能、机械加工性能等）。金属材料还可以通过不同成分的配制和不同工艺方法（如热处理）来改变其内部组织结构，从而改善其性能，满足各类使用要求。自然界中大约有 70 种金属元素，常见的有铁、铝、铜、锌、铅等。合金是指由两种以上元素组成（金属为主要元素）的具有金属性质的材料。常见的合金如铁与碳所形成的碳钢、铜与锌所形成的黄铜等。

　　金属材料包括两大类：黑色金属材料（又称为钢铁材料）和有色金属材料（又称为非铁金属材料）。有色金属主要包括铝合金、铜合金、钛合金、镍合金等。在机械制造业（如农业机械、电工设备、化工和纺织机械等）中，钢铁材料占 90% 左右，有色金属材料约占 5%。因此，金属材料特别是钢铁材料是机械制造业使用最多的材料。

　　钢铁材料是铁和碳等其他元素形成的以铁为基的合金。钢铁材料的使用性能和工艺性能优越，价格便宜，是最重要的机械工程材料，如图5-2所示的机械零件所用的钢铁材料。

图5-2 钢铁材料零件

有色金属材料是除钢铁材料以外的所有纯金属和合金，如图5-3所示的铜及铜合金零件。

图5-3 铜及铜合金零件

通常将除金属材料以外的材料统称为非金属材料，由非金属元素或化合物构成，具有非金属性质，导电性和导热性较差。自19世纪以来，随着科学技术的进步，尤其是无机化学工业和有机化学工业的发展，非金属材料得到了迅速的发展。人类以天然的矿物、植物、石油等为原料，制造和合成了许多新型非金属材料，如水泥、人造石墨、特种陶瓷、合成橡胶、合成树脂（塑料）、合成纤维等。非金属材料具有一些金属所不具备的性能和特点，如耐腐蚀、绝缘性好、消声、质轻、加工成形容易、生产率高、成本低等。所以非金属材料在工业中的应用日益广泛。常用的非金属材料包括高分子材料、陶瓷材料和不具有金属性质的复合材料。

高分子材料指以高分子化合物为主要组分的材料，其单个分子的相对分子质量通常在5000以上。高分子材料具有良好的塑性、优良的弹性、较强的耐腐蚀性能、良好的绝缘性和密度小等优良性能，是近年来发展最快的工程材料，在机械制造各个领域得到了广泛应用。通常根据力学性能和使用状态不同将其分为三大类：塑料、橡胶和合成纤维。

陶瓷材料属于无机非金属材料，其不可燃，不老化，硬度高，耐压性能良好，耐热性和化学稳定性高，且原料丰富，在电力、建筑、机械等行业有广泛的应用。

复合材料是由两种或两种以上不同材料组合而成的材料。其组成包括基体和增强材料两部分，主要使用性能通常是基体材料所不具备的。复合材料能够使材料性能实现大的飞跃，可设计性大大增强。复合材料性能优异，品种多，应用范围广，发展前景广阔。

5.2　金属材料的力学性能

【引言】

有一些工程材料，如钢、铝、塑料等，常用来制作一些结构件，如图 5-4 所示的发动机缸体、齿轮等机械零件。在实际应用过程中，它们要承受一定的载荷，因此我们不得不关注零件材料的各种力学性能，如强度、塑性、冲击韧性和疲劳强度等。

图 5-4　机械零件

工程材料的性能可分为使用性能和工艺性能。材料的使用性能是指材料在服役条件下，为保证零件安全可靠地工作，材料必须具备的性能，包括力学性能、物理性能和化学性能等方面。工程材料使用性能的好坏，决定了零件使用寿命和材料应用范围。在机械设备及工具的设计、制造中选用金属材料时，大多以力学性能为主要依据，因此熟悉和掌握金属材料的力学性能是非常重要的。

材料的工艺性能是指材料适应某种成形加工的能力，包括铸造性能、锻造性能、焊接性能、切削加工性能、热处理工艺性能等。材料工艺性能的好坏，直接影响零件的制造方法和制造成本。

5.2.1　力学性能

金属材料在外力作用下所显示与弹性和非弹性反应相关或涉及应力-应变关系的性能称为力学性能。所有金属材料在力的作用下，都会发生由变形到破坏的过程。金属材料在进行各种加工时，以及制成零件或工具后

配套视频

低碳钢拉伸试验　　冲击试验

的使用过程中，都要受到各种力的作用。把金属材料所受的外力称作载荷，根据载荷对金属材料作用的方式、速度、持续性等作用性质的不同，可将载荷分为静载荷和动载荷两类。

静载荷：大小不变或变化过程缓慢的载荷，如静拉力、静压力等。

动载荷：大小和方向随时间而发生改变的载荷，如冲击载荷、交变载荷等。冲击载荷是指突然增加的载荷。交变载荷是指大小和方向随时间作周期性变化的载荷。

金属材料的力学性能是多数机械设备或工具设计与制造的重要参数，主要包括强度、硬度、塑性、韧性、疲劳强度等。强度反映材料在受到多大的力的情况下会破坏；塑性反映材料能承受多大的变形程度。满足强度和塑性条件是零件正常使用的必备要求。

（1）强度

金属抵抗永久变形和断裂的能力称为强度。常用的强度判据有屈服点和抗拉强度，其大小通常用应力来表示。根据载荷作用的方式不同，强度可分为抗拉强度（σ_b）、抗压强度（σ_{bc}）、抗弯强度（σ_{bb}）、抗剪强度（τ_b）和抗扭强度（τ_t）五种。一般情况下多以抗拉强度作为判断金属材料强度高低的依据。

抗拉强度是通过拉伸试验测定的。

① 拉伸试验及试样。拉伸试验是最常用的力学性能测定方法。在室温环境中，将标准拉伸试样安装在拉伸试验机上，如图 5-5 所示，沿两端缓慢施力，进行轴向拉伸使之变形，直至拉断。拉伸试样的形状有圆形和矩形两类。在国家标准 GB/T 228.1—2021《金属材料拉伸试验　第 1 部分：室温试验方法》中，对试样的形状、尺寸及加工要求均有明确的规定。如图 5-6 所示为圆形拉伸试样，图中 d_0 是试样的直径，l_0 为标距长度。根据标距长度与直径的关系，试样可分为长试样（$l_0=10d_0$）和短试样（$l_0=5d_0$）两种。

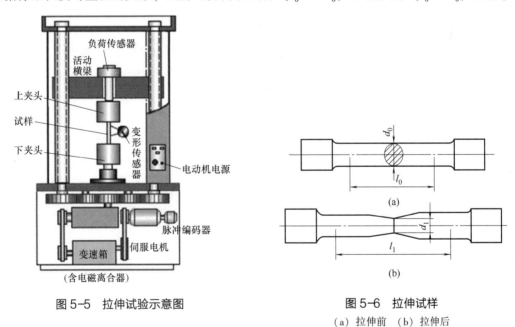

图 5-5　拉伸试验示意图

图 5-6　拉伸试样
（a）拉伸前　（b）拉伸后

② 力-拉伸曲线。拉伸试验中得出的拉伸力与伸长量的关系曲线称作力-拉伸曲线。低碳钢的力-拉伸曲线如图 5-7 所示。图中：纵坐标表示力 F，单位是 N；横坐标表示伸长量 Δl，单位是 mm。由力-拉伸曲线可以看出，随着拉伸力的不断增加，试样经历了以下几个变形阶段：

a. Oe——弹性变形阶段。线段 Oe 是直线，说明在这一阶段试样的变形量（伸长量）与外力成正比关系，如果此时卸除载荷，试样即恢复原状。这种随着载荷的存在而产生、随着载荷的卸除而消失的变形称为弹性变形。F_e 为试样能恢复到原始尺寸的最大拉伸力。

b. es——微量塑性变形阶段。当载荷超过 F_e 再卸载时，试样的伸长只能部分地恢复，

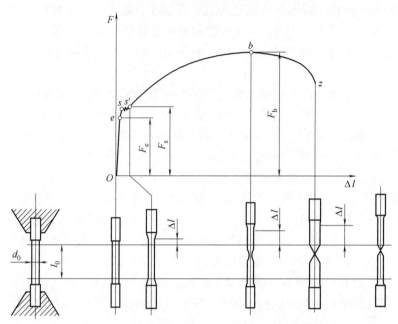

图 5-7　低碳钢的力-拉伸曲线

而保留一部分残余变形。这种不能随着载荷的卸除而消失的变形称为塑性变形。

c. ss'——屈服阶段。当载荷增加到 F_s 时，图上出现平台或锯齿状，这种在载荷不增加或略有减少的情况下，试样还继续伸长的现象称为屈服。F_s 称为屈服载荷。屈服后，材料开始出现明显的塑性变形。

d. $s'b$——强化阶段。屈服阶段以后，欲使试样继续伸长，必须不断加载。随着塑性变形的增大，试样变形抗力也逐渐增加，这种现象称为形变强化（或称加工硬化）。由于此阶段试样的变形是均匀发生的，所以此阶段又称为均匀塑性变形阶段。F_b 为试样拉伸试验时的最大载荷。

e. bz——缩颈阶段。当载荷达到最大值 F_b 后，试样的直径发生局部收缩，称为"缩颈"。随着试样缩颈处横截面积的减小，试样变形所需载荷也随之降低，由于此时伸长主要集中在缩颈部位，所以此一阶段也称为局部塑性变形阶段。最后试样于缩颈处完全断裂。

凡在拉伸试验中具有屈服现象的金属材料称为塑性材料，而工程上使用的金属材料，大多数没有明显的屈服现象，这类金属材料称为脆性材料。有些脆性材料不仅没有屈服现象，而且不产生"缩颈"。铸铁的力-拉伸曲线如图 5-8 所示。

③ 强度指标。主要包括屈服强度和抗拉强度。

a. 屈服强度。试样在拉伸过程中力不增加（保持恒定）仍能继续伸长（变形）时的应力称为屈服强度，也称为屈服极限，用符号 σ_s 表示，单位是 Pa 或 MPa，计算公式为：

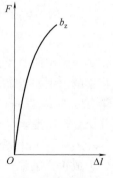

图 5-8　铸铁的力-拉伸曲线

$$\sigma_s = \frac{F_s}{S_0} \tag{5-1}$$

式中 σ_s——屈服强度（MPa）；

  F_s——试样屈服时的载荷（N）；

  S_0——试样原始横截面积（mm^2）。

对于无明显屈服现象的金属材料，按国标 GB/T 228.1—2021 规定可用规定残余伸长应力 $\sigma_{0.2}$ 表示。$\sigma_{0.2}$ 表示卸除拉伸力后，试样标距部分的残余伸长率达到 0.2% 时的应力，也称屈服强度。计算公式如下：

$$\sigma_{0.2} = \frac{F_{0.2}}{S_0} \tag{5-2}$$

式中 $\sigma_{0.2}$——屈服强度（MPa）；

  $F_{0.2}$——残余伸长率达到 0.2% 时的载荷（N）；

  S_0——试样原始横截面积（mm^2）。

材料的屈服点 σ_s 和规定残余伸长应力 $\sigma_{0.2}$ 都是衡量金属材料塑性变形抗力的指标。它们分别表示塑性材料和脆性材料所能允许的最大工作应力，是机械设计的主要依据，也是评定材料优劣的重要指标。

b. 抗拉强度。试样拉断前承受的最大标称拉应力称为抗拉强度，用符号 σ_b 表示，可按式（5-3）计算：

$$\sigma_b = \frac{F_b}{S_0} \tag{5-3}$$

式中 σ_b——抗拉强度（MPa）；

  F_b——试样承受的最大载荷（N）；

  S_0——试样原始横截面积（mm^2）。

抗拉强度表示材料在拉伸载荷作用下的最大均匀变形的抗力。零件在工作中所承受的应力，不允许超过抗拉强度，否则会产生断裂。抗拉强度 σ_b 和屈服强度 σ_s 一样，也是机械零件设计和选材的主要依据。在工程上把 σ_s/σ_b 的值称为屈强比。其值高，则材料的有效利用率高，但过高也不好，一般约为 0.75 为宜。而用于拉伸的零件，屈强比要求越小越好，即要有好的变形能力，容易拉伸成形，但不至于拉伸时破坏。

（2）塑性

材料断裂前发生不可逆永久变形的能力称为塑性。常用的塑性判据有断后伸长率和断面收缩率，它们也是由拉伸试验测得的。

① 断后伸长率。试样拉断后标距的伸长量与原始标距的百分比称为断后伸长率，用符号 δ 表示，其计算公式如下：

$$\delta = \frac{l_1 - l_0}{l_0} \times 100\% \tag{5-4}$$

式中 l_0——试样原始标距长度（mm）；

  l_1——试样拉断后的标距长度（mm）；

  δ——断后伸长率（%）。

② 断面收缩率。试样拉断后，缩颈处横截面积的最大缩减量与原始横截面积的百分比称为断面收缩率，用符号 ψ 表示，其计算公式如下：

$$\psi = \frac{S_0 - S_1}{S_0} \times 100\% \tag{5-5}$$

式中　S_0——试样原始横截面积（mm^2）；

　　　S_1——试样拉断后缩颈处的横截面积（mm^2）；

　　　ψ——断面收缩率（%）。

金属材料的断后伸长率（δ）和断面收缩率（ψ）数值越大，表示材料的塑性越好。塑性好的材料可以发生大的塑性变形而不破坏，便于通过塑性变形加工成复杂形状的零件。另外，塑性好的材料在受力过大时，首先产生塑性变形而不至于发生突然断裂，因而安全性好。如用于冲压、弯曲、拉伸的零件，为了变形容易，材料的塑性要好。当 $\delta < 2\% \sim 5\%$ 时，属于脆性材料；当 $\delta = 5\% \sim 10\%$ 时，属于韧性材料；当 $\delta > 10\%$ 时，属于塑性材料。

（3）硬度

材料抵抗局部变形，特别是塑性变形、压痕或划痕的能力称为硬度。硬度是各种零件和工具必备的性能指标，硬度试验设备简单，操作方便，并不破坏被测试工件，因此广泛用于产品质量的检验。工程上常用的硬度指标有布氏硬度、洛氏硬度和维氏硬度。

① 布氏硬度。

a. 布氏硬度测试的基本原理。布氏硬度试验是施加一定大小的载荷试验力 F，将直径为 D 的钢球或硬质合金球压入被测金属表面，如图5-9所示。保持规定时间，然后卸除载荷，测量试样表面的压痕直径 d。

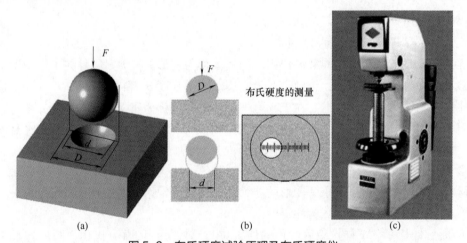

图5-9　布氏硬度试验原理及布氏硬度仪

布氏硬度值等于试验力 F 除以钢球压痕球的表面积所得的商，用符号 HB 表示。当载荷单位用 kgf 时，布氏硬度值可按式（5-6）计算：

$$HB = \frac{2F}{\pi D \left(D - \sqrt{D^2 - d^2} \right)} \tag{5-6}$$

当载荷单位用 N 时，转换成式（5-7）：

$$HB = 0.102 \frac{2F}{\pi D \left(D - \sqrt{D^2 - d^2} \right)} \tag{5-7}$$

式中　HB——用钢球或硬质合金球试验时的布氏硬度值；

　　　　F——试验载荷（N）；

　　　　D——球体直径（mm）；

　　　　d——压痕平均直径（mm）。

由式（5-7）可以看出，当外载荷（F）及压头球体直径（D）均一定时，压痕直径（d）越小，布氏硬度值越大，也就是材料的硬度越高。不同种类材料的布氏硬度值与 F/D^2 的关系如表 5-2 所示。在实际应用中，布氏硬度一般不用计算，而是用专用的刻度放大镜量出压痕直径（d），根据压痕直径的大小，从专门的硬度表中查出相应的布氏硬度值。

b. 布氏硬度的表示方法。布氏硬度的表示方法规定为：当试验的压头为淬硬钢球时，其硬度符号用 HBS 表示；当试验压头为硬质合金球时，其硬度符号用 HBW 表示。符号 HBS 或 HBW 之前的数字为硬度值，符号后面按"球体直径/试验载荷/试验载荷保持时间（10~15s 不标注）"的顺序用数值表示试验条件。

例如：170HBS10/1000/30 表示用直径 10mm 的淬硬钢球，在 9807N（1000kgf）的试验载荷作用下，保持 30s 时测得的布氏硬度值为 170。

530HBW5/750 表示用直径 5mm 的硬质合金球，在 7355N（750kgf）的试验载荷作用下保持 10~15s 时测得的布氏硬度值为 530。

表 5-2　　　　　　　　　　不同种类材料的布氏硬度值与 F/D^2 的关系

材料	布氏硬度（HBS）	F/D^2
钢及铸铁	<140	10
	140~450	30
有色金属及其合金	<35	5
	35~130	10
	>130	30

c. 布氏硬度的特点和应用。布氏硬度试验由于压痕较大，故测得的值比较精确。并且 HB 与 σ_b 之间有一定的近似关系，因此，可按布氏硬度值近似确定金属材料的抗拉强度：

$$\sigma_b = k\text{HBS} \tag{5-8}$$

式中，k 是一个常数，如低碳钢 $k=0.36$、高碳钢 $k=0.34$ 等。

但由于布氏硬度（HBS）试验是采用淬硬钢球作压头的，如被试金属硬度过高，将会使钢球本身变形，影响硬度值的准确性并损坏压头。所以布氏硬度只适用于测定小于 450HBS 的金属材料，如铸铁、非铁金属及其合金、各种退火及调质的钢材，特别对软金属，如铝、铅、锡等更为适宜。另外，也正因为其试验压痕较大，故它不适用于测定成品及薄片。

值得注意的是，当布氏硬度超过 350HBS 时，用淬硬钢球和硬质合金球压头所测得的结果有很大出入。目前使用较普遍的仍然为淬硬钢球，即 HBS。

② 洛氏硬度。

a. 洛氏硬度测试的基本原理。洛氏硬度同布氏硬度一样也属于压入法，但它不是测定压痕面积，而是根据压痕变形深度来确定硬度值指标的，如图 5-10 所示。

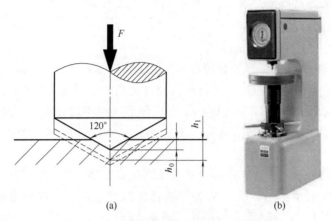

图 5-10　洛氏硬度测量原理及洛氏硬度计

洛氏硬度值用符号 HR 表示，符号后面的字母表示所使用的标尺，字母前面的数字表示硬度值，如 50HRC 表示用 C 标尺测定的洛氏硬度值是 50。

洛氏硬度试验所用的压头有两种：一种是顶角为 120° 的金刚石圆锥体（用于 A 标尺和 C 标尺），另一种是直径为 1/16in（1.588mm）或 1/8in（3.176mm）的淬硬钢球（用于 B 标尺）。前者多用于测定淬火钢等较硬的金属材料硬度，如对凸、凹模的硬度测量；后者多用于退火钢、非铁金属等较软的金属材料的硬度测定。

为了能用同一台硬度计测定从极软到极硬材料的硬度，可采用不同的压头和总试验载荷。生产上常用的是 A、B 和 C 三种标尺的洛氏硬度，如表 5-3 所示。分别用 HRA、HRB 和 HRC 表示，其中 HRC 应用最广泛，主要用于淬火钢等材料硬度的测量。

表 5-3　　　　　　　　　　　常用洛氏硬度的试验条件和应用范围

硬度符号	压头类型	总试验力 $F/N(\text{kgf})$	硬度范围	应用举例
HRA	120°金刚石圆锥	588.4(60)	20~88	硬质合金、碳化物、浅层表面硬化钢等
HRB	ϕ1.588mm 淬火钢球	980.7(100)	20~100	退火钢、正火钢、铝合金、铜合金、铸铁
HRC	120°金刚石圆锥	1471(150)	20~70	淬火钢、调质钢、深层表面硬化钢

b. 洛氏硬度的特点和应用。洛氏硬度操作简便迅速，可直接从刻度盘上读出硬度值，由于压痕小，可测定成品及薄工件，并且测试的硬度值范围大。但当材料内部组织不均匀时，硬度数据波动大，测量不够准确，故需在被测工件表面上的不同部位测试数次，按规定第一次不计，从第二次开始读出数值，并取其算术平均值，作为所测洛氏硬度值。

③ 维氏硬度。

a. 维氏硬度测试的基本原理。维氏硬度试验采用了与布氏硬度法相同的原理，但压头改用相对面夹角为 136° 的金刚石正四棱锥体，如图 5-11 所示。因此维氏硬度值也是用棱锥形压痕单位面积上所承受的平均压力来表示，用符号 HV 来表示。

在实际应用中，维氏硬度一般不进行计算，可直接从硬度计上读出对角线长度 d，再通过查表得到相应的硬度值。

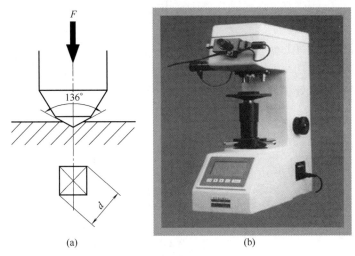

图 5-11 维氏硬度测量原理及维氏硬度计

b. 维氏硬度的表示方法。维氏硬度的表示方法规定为：HV 前面为硬度值，HV 后面按"试验载荷/载荷保持时间（10～15s 不标注）"的顺序用数值表示试验条件。

例如：640HV30/20 表示用 294. 21N（30kgf）试验载荷保持 20s 测定的维氏硬度值为 640。

c. 维氏硬度的特点和应用。维氏硬度试验是一种较为精确的硬度试验方法，广泛用于研究工作。在热处理工件的质量检验中，主要利用其低载荷来测定不适合用布氏法和洛氏法来测定的薄工件和工件上薄硬化层的硬度。

（4）韧性

金属在断裂前吸收变形能量的能力称为韧性。金属的韧性通常随加载速度的提高、温度降低、应力集中程度加剧而减小。目前常用夏比冲击试验（即一次摆锤冲击试验）来测定金属材料的韧性。

冲击试验是利用能量守恒原理：试样被冲断过程中吸收的能量等于摆锤冲击试样前后的势能差。

冲击试验：将待测的金属材料加工成标准试样，然后放在试验机的支座上，放置时试样缺口应背向摆锤的冲击方向，如图 5-12（a）所示。再将具有一定重量 G 的摆锤升至一定的高度 H_1，如图 5-12（b）所示，使其获得一定的势能（GH_1），然后使摆锤落下，将试样冲断。摆锤剩余的势能为 GH_2。试样被冲断时所吸收的能量即是摆锤冲击试样所作的功，称为冲击吸收功，用符号 A_K 表示。其计算公式如下：

$$A_K = GH_1 - GH_2 = G(H_1 - H_2) \tag{5-9}$$

式中　A_K——冲击吸收功（J）；

　　G——摆锤重量（N）；

　　H_1——摆锤初始高度（m）；

　　H_2——冲断试样后，摆锤回升高度（m）。

冲击韧度是指冲击试样缺口处单位横截面积上的冲击吸收功，用符号 α_k 表示，其值按式（5-10）计算：

$$\alpha_{k} = \frac{A_{k}}{S_0} \tag{5-10}$$

式中　　α_{k}——冲击韧度（J/cm^2）；

　　　　A_{k}——冲击吸收功（J）；

　　　　S_0——试样缺口处横截面积（cm^2）。

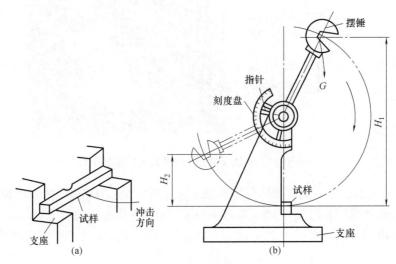

图 5-12　冲击试验示意图

冲击韧度越大，表示材料的韧性越好。实践表明，承受冲击载荷的机械零件，很少因一次大能量冲击而遭破坏，绝大多数是在一次冲击不足以使零件破坏的小能量多次冲击作用下而破坏的，如凿岩机风镐上的活塞、冲模的冲头等。它们的破坏是由于多次冲击损伤的积累导致裂纹的产生与扩展，根本不同于一次冲击的破坏过程。对于这样的零件，用冲击韧度来设计显然是不合理的。研究结果表明：材料的多次冲击抗力取决于材料的强度和塑性的综合性能判据。冲击能量小时，材料的多次冲击抗力主要取决于材料的强度；冲击能量大时，则主要取决于材料的塑性。

（5）疲劳强度

许多机械零件，如轴、齿轮、弹簧等，它们在工作过程中各点所受的应力往往随时间作周期性的变化，这种随时间作周期性变化的应力称为循环应力或交变应力。在循环应力作用下，虽然零件所承受的应力低于材料的屈服点，但经过较长时间的工作而产生裂纹或突然发生完全断裂的过程称为金属的疲劳破坏。统计表明，在机械零件失效中有 80% 以上属于疲劳破坏，因此疲劳破坏是机械零件失效的主要原因之一。机械零件之所以产生疲劳破坏，是由于材料表面或内部有缺陷（夹杂、划痕、尖角等）。这些地方的局部应力大于屈服强度，从而产生局部裂纹。这些微裂纹随应力循环次数的增加而逐渐增展，使承载的截面面积大大减少，从而不能承受所加载荷而断裂。由于疲劳破坏前并没有明显的塑性变形，往往具有突发性，容易造成重大损失。

如图 5-13 所示，金属材料的疲劳曲线描述了交变应力与循环次数之间的关系。由图中可以看出，当应力低于一定值时，试样可以经受无限次周期循环而不被破坏，此应力值称为疲劳极限。金属的疲劳强度受很多因素的影响，归纳起来有工作条件、表面状态、材

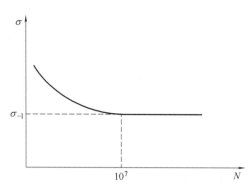

图 5-13　金属材料的疲劳曲线

料本质及残余应力等。改善零件的结构形状、提高零件表面粗糙度以及采取各种表面强化的方法，都能提高零件的疲劳强度。

实际上金属材料不可能作无数次交变载荷试验。对于钢铁材料，一般规定 10^7 周次而不断裂的最大应力为疲劳极限；非铁金属取 10^8 周次。

5.2.2　工艺性能

材料与零件的差异在于：零件是具有所需形状和尺寸的材料，材料为零件提供所需要的各种性能。由材料到零件还需要一个成形过程，它就是零件的生产制造过程。为了能顺利地进行成形加工，材料应具备适应某种加工工艺的能力，称为材料的工艺性能。工艺性能的好坏，决定了材料能否进行加工和如何进行加工，还会影响零件性能和零件制造成本。工艺性能直接影响零件加工后的工艺质量，是选材和制订零件加工工艺路线时必须考虑的因素之一，它包括铸造性能、压力加工性能、焊接性能、切削加工性能和热处理性能等。

（1）铸造性能

金属及合金铸造成形获得优良铸件的能力，称为铸造性能。衡量铸造性能的判据有流动性、收缩性和偏析等。

① 流动性。液体金属充满铸型型腔的能力称为流动性。它主要受金属化学成分和浇注温度的影响。流动性好的金属容易充满整个铸型，获得尺寸精确、轮廓清晰的铸件。

② 收缩性。铸件在凝固和冷却过程中，其体积和尺寸减小的现象称为收缩性。铸件收缩不仅影响尺寸，还会使铸件产生缩孔、疏松、内应力、变形和开裂等缺陷。

③ 偏析。合金中合金元素、夹杂物或气孔等分布不均匀的现象称为偏析。偏析严重时可能使铸件各部分的力学性能产生很大差异，降低铸件的质量。

合金钢由于偏析倾向大，因此铸造后要用热处理（扩散退火）工艺消除偏析。

（2）压力加工性能

金属材料在压力加工（可锻性、冷冲压性）下成形的难易程度称为压力加工性能。它与材料的塑性有关，塑性越好，变形抗力越小，金属的压力加工性能就越好。

低碳钢的可锻性和冷冲压性比中碳钢、高碳钢好；碳钢则比合金钢好；非铁金属如铝合金等也都有良好的压力加工性能；各种铸铁则不能承受任何形式的压力加工。

（3）焊接性

焊接性是指金属材料对焊接加工的适应性。也就是在一定的焊接工艺条件下，获得优良焊接接头的难易程度。一般低碳钢的焊接性好于高碳钢和铸铁。

（4）切削加工性能

金属材料接受切削加工的难易程度称为切削加工性能。当金属材料具有适当的硬度和足够的脆性时较易切削。所以铸铁比钢切削加工性能好，一般碳钢比高合金钢切削加工性能好。

（5）热处理性能

热处理性能是指金属材料通过热处理后改变或改善其性能的能力。热处理性能包括可淬性、氧化脱碳、变形开裂等。

钢制零件通过热处理，可改善其切削加工性能，提高力学性能，延长使用寿命。

5.3　常用钢铁材料

【引言】

我们知道工业生产和日常生活中应用最广泛的是钢铁材料，它是钢和铸铁的总称，其主要成分为铁碳合金。如图 5-14 所示是一台数控车床示意图，根据使用要求，对其各组成部分，如防护罩、控制面板、排屑机、冷却液箱、床身、主轴、主轴电动机、回转刀架和尾座等材料的性能要求不同，如床身材料为 HT200，主轴材料为 35CrMo，需选定不同性能的钢铁材料进行制造。钢铁材料具有多种多样的性能，能适应各种不同的应用要求，而且钢铁材料冶炼便利、加工制造方便，价格低廉，是工业上使用量最大、应用范围最广的金属材料。本节主要介绍工业用钢和铸铁的分类、牌号、性能及应用等方面的知识。

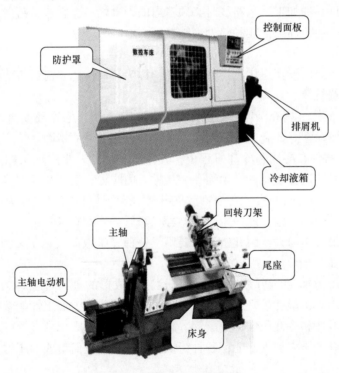

图 5-14　数控车床示意图

5.3.1　碳素钢

碳素钢是碳质量分数 w_c 小于 2.11% 而不含有特意加入合金元素的钢，简称碳钢。工业上应用的碳钢其碳质量分数 w_c 一般不超过 1.4%。这是因为碳含量超过此量后，钢将表现出很大的硬脆性，并

配套视频

铁碳合金相图

且加工困难，失去生产和使用价值。

碳钢的冶炼通常在转炉、平炉中进行。转炉一般冶炼普通碳素钢，而平炉可以冶炼各种优质钢。近年来氧气顶吹转炉炼钢技术发展很快，有趋势可代替平炉炼钢。将炼好的钢液注入钢锭模，就得到各种钢锭。钢锭经过锻压或轧制后便加工成各种形状的钢材和锻件。钢锭经过压力加工后，能够改善钢的内部组织和夹杂物分布，所以同样成分的钢材要比钢锭的性能优越一些。

我国的钢年产量已经超过 4 亿吨，接近 5 亿吨，居世界第一，其中碳钢的产量保持在 80% 左右，不仅广泛应用于建筑、桥梁、铁道、车辆、船舶和各种机械制造工业，而且在石油化学工业、海洋开发等方面也得到大量应用。

碳钢的性能和其化学成分密切相关，而且和它的冶炼加工方式有关。因此作为工程技术人员，在设计和选用钢材时，不但应清楚了解钢的性能、化学成分，还应知道其冶炼及毛坯的加工方法。如何才能用简单明了的表达方式将这么多重要的信息概括出来呢？我国国家标准 GB/T 221—2008《钢铁产品牌号表示方法》中规定用一组字母和数字的组合来表示钢的牌号，简称钢号，它能表达钢的种类、性能、化学成分及冶炼和加工方法。我们首先来了解钢中常存元素的作用及碳钢的分类。

（1）碳素钢的分类

根据不同的分类标准和方法可以将碳素钢分成不同的种类。

① 按钢的碳质量分数分类。按钢中的碳质量分数，碳钢可分为低碳钢、中碳钢和高碳钢三种。具体划分标准是：

低碳钢——$0.0218\% \leqslant w_C \leqslant 0.25\%$

中碳钢——$0.25\% < w_C \leqslant 0.60\%$

高碳钢——$w_C > 0.60\%$

② 按钢的质量分类。钢的质量好坏一般是以钢中的有害杂质 S、P 含量的多少来确定的。通常分为三个级别：

普通碳素钢——$w_S \leqslant 0.055\%$；$w_P \leqslant 0.045\%$

优质碳素钢——$w_S \leqslant 0.040\%$；$w_P \leqslant 0.040\%$

高级优质碳素钢——$w_S \leqslant 0.030\%$；$w_P \leqslant 0.035\%$

③ 按钢的用途分类。碳素钢按用途可分为两大类：

构件用钢是用来制造各类工程构件（如桥梁、船舶、建筑构件等）；

零件用钢是用来制造各种机械零件（如齿轮、轴、螺栓等）。

（2）碳素钢的牌号及用途

我国国家标准规定钢材的牌号用汉语拼音字母化学元素符号和阿拉伯数字相结合的方法来表示。碳素钢一般分为四类：碳素结构钢、优质碳素结构钢、碳素工具钢和铸造碳钢。

① 碳素结构钢。价格便宜，产量较大，广泛用于型材金属构件及要求不高的一般机

械零件，通常在供应状态下直接使用。这类钢都属于普通钢。

碳素结构钢的牌号由代表屈服点的字母 Q、屈服点的数值、质量等级符号和脱氧方法符号四个部分顺序组成。

例如：Q235AF 表示屈服点为 235MPa 的 A 级沸腾钢。其中，质量等级分为 A、B、C、D 四个等级，它们质量水平逐级升高。脱氧方法符号为：F——沸腾钢；b——半镇静钢；Z——镇静钢；TZ——特殊镇静钢。通常牌号中的 Z 和 TZ 可以省略。

碳素结构钢的牌号、化学成分及力学性能如表 5-4 所示。

表 5-4　　　　　　　　　　　碳素结构钢的牌号、化学成分及力学性能

牌号	等级	化学成分/(%,质量分数)					脱氧方法	力学性能		
		C	Mn	Si	S	P		σ_s /MPa	σ_b /MPa	δ_5 /%
				不大于						
Q195	—	0.06~0.12	0.25~0.50	0.30	0.050	0.045	F,b,Z	195	315~390	33
Q215	A	0.090~0.15	0.25~0.55	0.30	0.050	0.045	F,b,Z	215	335~450	31
	B				0.050					
Q235	A	0.14~0.22	0.30~0.65	0.30	0.050	0.045	F,b,Z	235	375~460	26
	B	0.12~0.20	0.30~0.70		0.045					
	C	≤0.18	0.35~0.80		0.040	0.040	Z,TZ			
	D	≤0.17			0.035	0.035				
Q255	A	0.18~0.28	0.40~0.70	0.30	0.050	0.045	Z	255	410~550	24
	B				0.045					
Q275	—	0.28~0.38	0.50~0.80	0.35	0.050	0.045	Z	275	490~630	20

② 优质碳素结构钢。主要用来制造各种重要的机器零件，使用前要经过热处理来改善其力学性能。

优质碳素结构钢的牌号用两位数字表示，这两位数字表示该钢的平均碳质量分数 w_C 的万分之几。若钢中锰质量分数较高（$w_{Mn} = 0.70\% \sim 1.20\%$），则在钢牌号后面标出元素符号 "Mn"。

例如：45 表示碳质量分数 w_C 为 0.45% 的优质碳素结构钢；而 65Mn 则表示碳质量分数 w_C 为 0.65% 的较高含锰量优质碳素结构钢。

优质碳素结构钢的牌号有以下几个特点：其一，都是一组两位数字；其二，除了 08 以外，其他钢号数都能被 "5" 整除；其三，钢号后可能有 "Mn"，而不会有其他元素符号，且 "Mn" 后面不再会带有数字。和碳素结构钢相同，优质碳素结构钢的钢号后面也常附有表示脱氧方法及冶炼特征的字母，如 "F" "b" 等。例如：08F 为碳质量分数 w_C 为 0.08% 的沸腾钢；20g 为碳质量分数 w_C 为 0.20% 的锅炉用钢。

优质碳素结构钢的牌号、化学成分和力学性能，如表 5-5 所示。

08~25 钢的碳质量分数低，属于低碳钢。这类钢的强度、硬度较低，塑性、韧性及焊接性良好，主要用于制作冲压件、焊结构件及强度要求不高的机械零件及渗碳件，如深冲器件、压力容器、小轴、销子、法兰盘、螺钉和垫圈等。

表 5-5　　　　　　　优质碳素结构钢的代号、牌号、化学成分和力学性能

统一数字代号	牌号	化学成分/（%，质量分数）			力学性能						
		C	Si	Mn	R_m	R_{eL}	A	Z	KU_2	HBW	
					MPa		%		J	未热处理钢	退火钢
					不小于					不大于	
U20082	08	0.05~0.11	0.17~0.37	0.35~0.65	325	195	33	60	—	131	—
U20102	10	0.12~0.18	0.17~0.37	0.35~0.65	335	205	31	55	—	137	—
U20152	15	0.12~0.18	0.17~0.37	0.35~0.65	375	225	27	55	—	143	—
U20352	35	0.32~0.39	0.17~0.37	0.50~0.80	530	315	20	45	55	197	
U20402	40	0.37~0.44	0.17~0.37	0.50~0.80	570	335	19	45	47	217	187
U20452	45	0.42~0.50	0.17~0.37	0.50~0.80	600	355	16	40	39	229	197
U20602	60	0.57~0.65	0.17~0.37	0.50~0.80	675	400	12	35	—	255	229
U20652	65	0.62~0.70	0.17~0.37	0.50~0.80	695	410	10	30	—	255	229
U21152	15Mn	0.12~0.18	0.17~0.37	0.70~1.00	410	245	26	55		163	
U21452	45Mn	0.42~0.50	0.17~0.37	0.70~1.00	620	375	15	40	39	241	217
U21652	65Mn	0.62~0.70	0.17~0.37	0.90~1.20	735	430	9	30		285	229

注：表中数据均摘自国家标准 GB/T 699—2015。

30~55 钢属中碳钢。这类钢具有较高的强度和硬度，其塑性和韧性随碳质量分数的增加而逐渐降低，切削性能良好。这类钢经调质后，能获得较好的综合力学性能。主要用来制作受力较大的机械零件，如连杆、曲轴、齿轮和联轴节等。

60 钢以上的属高碳钢。这类钢具有较高的强度、硬度和弹性，但焊接性不好，切削性稍差，冷变形塑性低，主要用来制造具有较高强度、耐磨性和弹性的零件，如汽车弹簧、弹簧垫圈、板簧和螺旋弹簧等弹性元件及耐磨件。

锰质量分数较高的优质碳素钢，其用途和以上牌号的钢基本相同，但淬透性要好些，可制作截面稍大或力学性能稍高的零件。

③ 碳素工具钢。用于制造刀具、模具和量具的钢。由于大多数工具都要求高硬度和高耐磨性，故工具钢的碳质量分数 w_C 都在 0.70% 以上，都是优质钢或高级优质钢。

碳素工具钢的牌号用"碳"的汉语拼音字头"T"和表示碳的平均千分含量的数字组成。

若质量等级是高级优质钢，则在牌号后面标以字母"A"，否则质量等级为优质钢。

例如：T8 表示碳质量分数 w_C 为 0.8% 的优质碳素工具钢；而 T12A 则表示碳质量分数 w_C 为 1.2% 的高级优质碳素工具钢。

各种牌号的碳素工具钢经淬火后的硬度相差不大，但随着碳质量分数的增加，未溶的二次渗碳体增多，钢的硬度、耐磨性增加，而韧性则降低。因此不同牌号的工具钢用于制造不同情况下使用的工具。

表 5-6 列出了碳素工具钢的牌号、化学成分、力学性能和用途。

④ 铸造碳钢。冶炼后直接铸造成形的钢材称铸钢。它广泛用于制造重型机械的某些零件，如轧钢机架、水压机横梁和锻锤砧座等。

表 5-6　　　　　　　　　碳素工具钢的牌号、化学成分、力学性能和用途

牌号	化学成分/(%,质量分数)					热处理		应用举例
	C	Mn	Si	S	P	淬火温度/℃	HRC（不小于）	
T7	0.65~0.74	≤0.40	≤0.35	≤0.03	≤0.035	800~820 水淬	62	受冲击而要求较高硬度和耐磨性的工具,如锤子、钻头、模具等
T8	0.75~0.84					780~800 水淬		
T8Mn	0.80~0.90	0.40~0.60						
T9	0.85~0.94	≤0.40				760~780 水淬		受中等冲击的工具和耐磨机件,如刨刀、冲模、丝锥、板牙、手工锯条、卡尺等
T10	0.95~1.04							
T11	1.05~1.14							
T12	1.15~1.24							不受冲击而要求极高硬度的工具和耐磨机件,如钻头、锉刀、刮刀、量具等
T13	1.25~1.35							

　　铸钢的牌号用汉语拼音字头"ZG"再加用短杠分隔的两组数字表示,第一组数字代表屈服点,第二组数字代表其抗拉强度,单位都是 MPa。

　　例如：ZG200-400 表示屈服点为 200MPa、抗拉强度为 400MPa 的铸造碳钢。

　　不同牌号的铸钢用于不同使用要求的零件。ZG200-400 具有良好的塑性、韧性和焊接性,用于受力不大、要求具有一定韧性的零件,如机座、变速箱体等。ZG230-450 有一定的强度和较好的塑性、韧性,焊接性良好,切削性能一般,用于受力不大、要求具有一定韧性的零件,如砧座、轴承盖、外壳、阀体、底板等。ZG270-500 有较高强度和较好塑性,铸造性能良好,焊接性能较差,切削性能良好,是用途较广的铸造碳钢,用作轧钢机机架、连杆、箱体、曲轴、轴承座等。ZG310-570 强度和切削性能良好,塑性、韧性较差,用于负荷较高的零件,如大齿轮、制动轮、辊子等。ZG340-640 有高的强度、硬度和耐磨性,切削性能中等,焊接性差,裂纹敏感性大,用作齿轮、棘轮等。

　　如表 5-7 所示为铸造碳钢的牌号、化学成分和力学性能。

表 5-7　　　　　　　　铸造碳钢的牌号、化学成分和力学性能

牌号	化学成分/(%,质量分数)				室温下力学性能				
	C	Si	Mn	P、S	σ_s/MPa	σ_b/MPa	δ_5/%	ψ/%	α_k/(J/cm^2)
	不大于				不小于				
ZG200-400	0.20	0.50	0.80	0.04	200	400	25	40	60
ZG230-450	0.30	0.50	0.90	0.04	230	450	22	32	45
ZG270-500	0.40	0.50	0.90	0.04	270	500	18	25	35
ZG310-570	0.50	0.60	0.90	0.04	310	570	15	21	30
ZG340-640	0.60	0.60	0.90	0.04	340	640	12	18	20

　　（3）钢的热处理

　　热处理的目的就是要改变材料的组织状态,进而改变材料的性能。具体来说,热处理

就是将材料在固态下加热到预定的温度，并在该温度下保温一段时间，然后以一定的速度冷却下来的一种热加工工艺。热处理工艺很简单，就是控制加热温度、保温时间和冷却速度三个因素，热处理的作用可以强化金属材料，充分挖掘材料的潜力，消除铸、锻、焊等热加工工艺带来的各种缺陷，节省材料及提高机械零件的使用寿命。

① 退火。是将金属或合金加热到适当温度，保温一定时间，然后缓慢冷却（随炉冷却或埋在沙中冷却）的热处理工艺。

配套视频
退火

退火的目的主要有以下几点：

a. 降低钢的硬度，提高塑性，以利于切削加工及冷变形加工。

b. 细化晶粒，消除因铸、锻、焊引起的组织缺陷，均匀钢的组织及成分，改善钢的性能或为以后的热处理作准备。

c. 消除钢中的内应力，以防止变形和开裂。

② 正火。将钢材或钢件加热到适当温度，保温适当时间后，在静止的空气中冷却的热处理工艺称为正火。由于正火将钢材加热到完全奥氏体化状态，使钢材中原始组织的缺陷基本消除，然后再控制以适当的冷却速度。

配套视频
正火

正火与退火目的基本相同，但正火的冷却速度比退火稍快，故正火组织比较细，正火钢的强度、硬度比退火钢高。从经济上考虑，正火比退火的生产周期短、成本低，且操作方便，故在可能的条件下优先采用正火。

③ 淬火。就是将钢加热到某一温度以上，保持一定时间，然后在淬火介质中快速冷却，获得高硬度和高强度的马氏体组织的热处理工艺。淬火的目的是提高钢的硬度和强度，它是强化钢材最重要的热处理方法。淬火后的零件塑性、韧性很低，不具有良好的综合力学性能；零件内部存在很大的淬火残余应力，会使零件变形，影响使用性能。因此，针对上述问题，零件淬火后配合以不同温度的回火，可获得所需的力学性能。

配套视频
淬火

常用的淬火介质有水、水溶液（常用盐水和碱水）、矿物油、熔盐（盐浴）、熔炉碱（碱浴）等。

水：水是冷却能力较强的急冷淬火介质。它来源广、价格低、成分稳定不易变质。缺点是在冷速快，易产生很大的内应力，致使工件变形甚至开裂。另外水温升高、水中含有较多气体或水中混入不溶杂质（如油、肥皂、泥浆等）均会显著降低其冷却能力。因此水适用于截面尺寸不大、形状简单的碳素钢工件的淬火冷却。

盐水和碱水：在水中加入适量的食盐和碱，使得高温工件浸入后在其表面形成蒸汽膜的同时，析出盐和碱的晶体并立即爆裂，将蒸汽膜破坏，工件表面的氧化皮也被炸碎，这样可以提高介质在高温区的冷却能力。其缺点是介质的腐蚀性大。一般情况下，盐水的质量浓度为 100g/L，苛性钠水溶液的质量浓度是 300~500g/L。它们可用作碳钢及低合金结构钢工件的淬火介质，使用温度应不超过 60℃。淬火后应及时清洗并进行防锈处理。

矿物油：一般采用各种矿物油作为淬火介质，如机油、变压器油和柴油等。作为淬火介质的矿物油，要求具有较高的闪点（指油表面的蒸气和空气自然混合时，与火接触而出现火苗的温度）和较低的黏度，但两者难以兼得。常用淬火用油通常采用 $5^{\#}$、$10^{\#}$、

$20^{\#}$、$30^{\#}$、$40^{\#}$机油，油的序号越大，黏度越大，闪点越高。一般说来，油的黏度越大，闪点越高，冷却能力越低，但使用温度可相应提高；油的闪点低，冷却速度可以提高，工件上的附着油损耗也小，但使用时着火的危险较大，故安全性能差。

盐浴和碱浴：一般在加热到 100~150℃ 使用，能够减小淬火应力。

④ 回火。就是钢件淬硬后，再加热到某一温度，保温一定的时间，然后冷却到室温的热处理工艺。回火的目的是：合理的调整力学性能，使工件满足使用要求；稳定组织，使工件在使用过程中不发生组织转变，从而保证工件的形状、尺寸不变；降低或消除内应力，以减少工件的变形并防止开裂。

淬火钢回火时力学性能总的变化趋势是：随着回火温度的上升，硬度、强度降低，塑性、韧性升高。另外淬火钢回火时的力学性能也与它内应力消除的程度有关，回火温度越高，淬火内应力消除越彻底，只有当回火温度高于 500℃，并保持足够的回火时间才能使淬火内应力基本消除。值得注意的是淬火钢在 250~350℃ 回火时，其冲击韧度明显下降，出现脆性，这种现象称为低温回火脆性，所以一般应避免在此温度段回火。

按加热温度的不同，回火可分为低温回火、中温回火和高温回火三类。

a. 低温回火。回火温度在 250℃ 以下，回火后其硬度一般为 55~64HRC（低碳钢除外），同时能适当降低淬火应力，减小脆性，因此低温回火主要用于高碳钢制工件（如刀具、量具、冷变形模具、滚动轴承件）以及渗碳件和高频淬火件等。

b. 中温回火。回火温度在 300~500℃，回火后其硬度一般为 40~50HRC。淬火钢经中温回火后除了保持较高的硬度和强度以及足够的韧性外，其弹性极限也达到了极大值。因此中温回火广泛应用于各类弹簧件，也可用于某些模具（如塑料模等）以及要求较高强度的轴、轴套和刀杆等。

c. 高温回火。回火温度在 500~600℃，回火后其硬度一般为 25~35HRC。回火后组织既具有一定的硬度、强度，也具有良好的塑性和韧性，即有好的综合力学性能。习惯上将钢件淬火及高温回火的复合热处理工艺称为调质。调质处理广泛用于各种重要的结构零件，尤其是在交变载荷下工作的零件，如汽车、拖拉机、机床上的连杆、连杆螺钉、齿轮和轴类零件等。

5.3.2　合金钢

由于虽然碳钢成本低、应用广，但是由于现代工业发展对材料性能要求越来越高，而碳钢往往无法满足其主要要求。主要表现在：淬透性差，不宜做成大截面或形状复杂的工件；回火稳定性差；综合力学性能较低，如提高强度、硬度则韧性下降，反之则强度、硬度下降；高温下强度、硬度低，不适用于工作在高温下的工件；不具备某些场合所要求的特殊物理、化学性能，如耐腐蚀、无磁性等。合金钢正是为了弥补碳钢的缺点而发展起来的。在碳钢的基础上有目的地加入各种合金元素所冶炼成的钢称为合金钢。

目前，合金钢在钢的总产量约占 20%，但是应当指出，合金钢并不是一切性能都优于碳钢，还有很多工艺性能不如碳钢，如铸造、焊接以及某些钢的热处理、切削加工性能比碳钢要差，成本也较高。所以，当碳钢能满足要求时，应尽量选用碳钢，以符合节省原则。

在合金钢中，常加入的合金元素有锰、硅、铬、镍、钒、钨、钼、钛、铝、硼及稀土元素等。钢中加入合金元素后不仅改善了钢的热处理性能，而且提高了钢的强度和韧性。

（1）合金钢的分类及牌号

① 合金钢的分类。合金钢常用的分类方法有：

a. 按合金钢中合金元素的总含量分为：低合金钢（含合金元素总量≤5%），中合金钢（含合金元素总量为5%~10%），高合金钢（含合金元素总量>10%）。

b. 按合金钢中所含主要合金元素的种类分为锰钢、硅钢、铬钢、铬镍钢、铬锰钢、铬钼钢、硼钢等。

c. 按主要用途可分为合金结构钢、合金工具钢和特殊性能钢。

合金结构钢。主要有建筑及工程用结构钢和机械制造用结构钢。前者主要用于建筑、桥梁、船舶、锅炉等。后者主要用于制造机械设备上的结构零件。它包括低合金结构钢、合金渗碳钢、合金调质钢、合金弹簧钢和滚动轴承钢等。

合金工具钢。主要用于制造各种工具。

特殊性能钢。指具有特殊物理、化学性能或力学性能的钢，包括不锈钢、耐热钢、耐磨钢和磁钢等。

② 合金钢牌号的表示方法。我国合金钢的牌号是以钢的含碳量、合金元素的种类和含量来表示的。当钢中合金元素平均含量小于1.5%时，牌号中仅标明元素，一般不标含量。当合金元素平均含量为大于1.5%、2.5%、3.5%……时，分别标注为2、3、4……（滚动轴承钢和低铬合金工具钢除外）。

a. 合金结构钢。其牌号的表示方法是"两位数字+元素符号+数字"。前面两位数字表示钢中平均含碳量的万分数；元素符号表示钢中所含的合金元素；元素符号后面的数字表示该合金元素平均含量的百分数。例如：60Si2Mn 是表示平均含碳量为0.60%、含 Si 量为2%、含 Mn 量小于1.5%的合金弹簧钢。

对含磷、硫较少的高级优质钢，在其牌号后加"A"表示。对合金结构钢中所含的钼、钒、钛和硼等元素，如是有意加入的，虽含量很少，但在钢中的作用显著，仍应在牌号中标出。

b. 合金工具钢。合金工具钢的平均合金元素含量表示方法与上述相同，平均含碳量小于1.0%时用一位数字表示其平均含碳量的千分数，当平均含碳量大于或等于1.0%时，为了避免与结构钢混淆，一般不标注含碳量。例如：9SiCr 表示平均含碳量为0.9%、含硅量和含铬量小于1.5%的合金工具钢；CrWMn 表示平均含碳量大于或等于1.0%，铬、钨、锰都小于1.5%的合金工具钢。但对低铬（平均含铬量小于1.0%时）合金工具钢，含铬量用千分数表示，但在含量数值前加"0"，例如 Cr06。

c. 特殊性能钢。其牌号中用一位数字表示其平均含碳量的千分数，其他表示方法同合金工具钢。但当平均含碳量小于0.10%时用"0"表示，小于或等于0.03%时用"00"表示。例如 2Cr13、0Cr13、00Cr18Ni10 其平均含碳量分别为0.2%、<0.1%、≤0.03%。

对滚动轴承钢的牌号表示方法有其特殊性，在牌号前加字母"G"（"滚"字汉语拼音字首）字，平均含碳量不标注，合金元素（Cr）后面的数字表示平均含铬量的千分数。如 GCr15 钢表示平均含铬量为1.5%的滚动轴承钢。

（2）合金结构钢

① 低合金结构钢。低合金结构钢是根据我国资源特点发展起来的钢种。它是在含碳

量较低（<0.2%）的碳素结构钢的基础上加入少量（≤3%）合金元素制成的，通常在正火状态下使用。

a. 成分特点。低合金结构钢含碳量很低，多数<0.2%。锰为主加元素，并附加钛、钒、铌、铜、磷等合金元素。

b. 性能特点。低合金结构钢具有良好的综合力学性能。这类钢有较高的强度，比同规格的低碳钢强度要高 20%~150%。其塑性、韧性、焊接性和耐蚀性也比碳钢要好。由于冷脆温度较低，宜制作严寒地区使用的构件，而成本不相上下，但其冷冲压性能较差。

c. 常用的低合金结构钢及用途。常用的低合金结构钢按屈服强度分为 300MPa、350MPa、400MPa、450MPa 四个强度级别。常用的低合金结构钢的牌号是 16Mn。

低合金结构钢广泛应用于桥梁、车辆、船舶、建筑、压力容器等。

② 合金渗碳钢。这类钢合金渗碳钢主要采用渗碳热处理工艺，所以称为合金渗碳钢。碳钢作渗碳钢时，只能用于表层要求高硬度、高耐磨性，而强度要求不高的小型零件。对于芯部要求高韧性及较高强度的耐磨零件，除含碳量仍应很低（<0.25%）外，为提高钢的芯部强度，应加入合金元素，采用合金渗碳钢。

在低碳钢基础上加入铬、锰、钛、钒等元素后，使合金渗碳钢的晶粒得到了细化并提高了淬透性。这类钢的合金元素的含量一般不大于 3%，属于低合金渗碳钢。只有少数合金元素为 5%~7% 的中合金渗碳钢。

合金渗碳钢的热处理方式，一般都是渗碳+淬火+低温回火。

常用的低合金渗碳钢有 20Cr、20CrMnTi、20MnVB、20MnTiB 等。一般用于制造直径为 30mm 以下较为重要的中小型渗碳件。

常用的中合金渗碳钢有 20Cr2Ni4、18Cr2Ni4WA 等。主要用于制造截面较大、重载荷和受力复杂的渗碳件。

合金渗碳钢主要用于表面要求高硬度、耐磨并能承受冲击性载荷的零件，如凸轮、离合器、活塞销等。

③ 合金调质钢。合金调质钢以往多采用调质处理工艺（调质处理），所以又称合金调质钢。

a. 成分特点。合金调质钢中含碳量一般为 0.3%~0.5%，主加元素有铬、锰、镍、硅、硼等元素，以提高钢的淬透性。铬、锰、镍、硅等元素，除提高钢的淬透性外，还能溶于铁素体中，起固溶强化作用。加入钒、钛等附加元素，主要是细化晶粒。加入钨、钼等附加元素，则可以防止或减轻回火脆性，并提高回火稳定性。由于合金元素的加入，使大截面零件也能淬透，改善了热处理工艺性能，提高了热处理后零件的综合力学性能。

b. 热处理特点。由于合金调质钢调质处理后，其综合力学性能较正火处理好，所以以往多采用调质处理。随着热处理工艺的不断发展，目前，合金调质钢的热处理工艺已不局限于调质处理。根据不同的性能要求，还可采用等温淬火、淬火+低温回火、淬火+中温回火等热处理工艺。热处理后的零件，还可以进行表面强化处理，如表面淬火、软氮化等，以提高疲劳强度和耐磨性。

c. 常用的合金调质钢及用途。常用的合金调质钢的牌号有 40Cr 等。主要用来制作负载重而且受冲击的重要零件、要求有较好的综合力学性能的零件和一些要求表面高硬度、高耐磨的零件，如发动机曲轴、传动齿轮、汽车后桥半轴和连杆等。

④ 合金弹簧钢。弹簧是缓和冲击或振动，以弹性变形储存能量的零件。要求有高的屈服强度、疲劳强度和高的屈强比 σ_s / σ_b，足够的韧性、塑性，以防止塑性变形，又不致脆断。有些弹簧还要求具有耐热和耐腐蚀等性能。

a. 成分特点。合金弹簧钢的含碳量一般为 0.45% ~ 0.70%，经常加入的有硅、锰、铬、钒、钨和微量的硼等合金元素，以提高钢的淬透性和强化铁素体。钒还可以细化晶粒。铬、钒可显著提高回火稳定性，使钢具有一定的高温强度。硅能显著提高钢的弹性极限。

b. 热处理特点。合金弹簧钢的热处理方法一般为淬火+中温回火。目前，还可利用形变热处理以进一步提高弹簧的强度和弹性，即将钢板或棒料热轧变形后，立即成形并随即淬火及回火，可使弹性剧增。为了提高弹簧的疲劳强度，弹簧热处理后，还要用喷丸处理来进行表面强化，使表层产生残余压应力，以提高弹簧的使用寿命。

c. 常用的合金弹簧钢及用途。合金弹簧钢中应用最广泛的是 55Si2Mn、60Si2Mn。这两种合金弹簧钢广泛应用于制作机车、车辆、汽车、拖拉机的板弹簧或圆弹簧。另外合金弹簧钢 50CrVA 因热处理后具有更好的力学性能和耐热作用，可用于制作重要弹簧及气阀、安全阀等耐热弹簧。

⑤ 滚动轴承钢。滚动轴承钢是用来制造滚动轴承中的滚柱、滚珠、滚针和套圈的钢材。滚动轴承钢要求有高而均匀的硬度和耐磨性、高的弹性极限、接触疲劳强度和耐压性，还要有足够的韧性和淬透性，同时具有一定的抗腐蚀能力。

a. 成分及性能特点。为了保证滚动轴承钢的高硬度和高耐磨性，一般其含碳量都较高（0.95% ~ 1.1%），并主加铬（0.5% ~ 1.65%）和适量的锰、硅以提高钢的淬透性及耐磨性，但若含碳量或含铬量过高，反而会降低硬度及尺寸稳定性。

b. 热处理特点。滚动轴承钢的锻件，要经过球化处理，以降低硬度，改善切削加工性能。如有网状碳化物，还应先进行正火处理。

淬火加热温度应严格控制，过高过低均影响热处理质量。淬火后进行低温回火，回火后硬度为 62 ~ 64HRC。但对一些精密轴承和含铬量高的轴承还应进行冷处理（-70 ~ -60℃），以稳定尺寸。

c. 常用的滚动轴承钢及用途。滚动轴承钢中应用最广泛的是 GCr15，主要用来制造滚动轴承中的滚柱、滚珠、滚针、套圈以及柴油机的精密偶件等。

常用合金结构钢的牌号、性能及用途，如表 5-8 所示。

表 5-8 常用合金结构钢的牌号、性能及用途

钢号	抗拉强度 σ_b/MPa	布氏硬度 (HB)	工艺性	淬火硬度 (HRC)	应用举例
20MnB	980	185	切削加工性尚好	56~62 （渗碳）	芯部强度高、耐磨、尺寸大的渗碳零件，如齿轮
20Cr	833	179			
40Cr	980	207		48~55	较重要的调质零件，如齿轮、凸轮、轴、曲轴
20CrMnTi	1078	217	切削加工性好，强度、韧性均高	32~62 （渗碳）	重要齿轮
38CrMoAlA	980	229		62~63 （渗氮）	高压阀门、阀门、橡胶压模等

续表

钢号	抗拉强度 σ_b/MPa	布氏硬度 (HB)	工艺性	淬火硬度 (HRC)	应用举例
65Mn	980	229	淬透性高,有过热敏感及回火脆性	55~60	弹性零件
60Si2MnA	1568	321		40~48	大型弹簧
50CrVA 钢丝Ⅱ	1274 1618~2206	321		40~48	负荷大、耐疲劳或耐热的大弹簧
					小弹簧
GCr15		170~207	切削加工性和焊接性差	58~65	滚柱、滚针、套圈及受力大摩擦严重的零件

（3）合金工具钢

合金工具钢是在碳素工具钢的基础上，为了改善性能，再加入适量合金元素发展起来的。这种钢比碳素工具钢具有更高的硬度、耐磨性和韧性，特别是具有更好的淬透性、淬硬性和热硬性，因而可以制造截面大、形状复杂、性能要求较高的工具。

合金工具钢按用途不同，一般可以分为刃具钢、量具钢、高速工具钢和模具钢。

① 低合金刃具、量具钢。刃具钢主要要求具有高硬度、高耐磨性、一定的强度和韧性，还要求有高的热硬性。在切削速度较低、热硬性要求不太高时，使用低合金刃具钢。量具钢要求具有高硬度、高耐磨性和尺寸稳定性。

在低合金刃具、量具钢中，含碳量为 0.8%~1.5%，以保证淬硬性及形成碳化物的需要。主加合金元素有钼、铬、钒、钨，能形成合金碳化物、增加淬透性、提高回火稳定性和热硬性，还可进一步提高耐磨性。有的钢中还加入锰、硅，锰的主要作用是增加淬透性，硅能增加钢的回火稳定性、提高钢的弹性极限。因此，低合金刃具钢比碳素工具钢有较高的淬透性、较小的变形、较高的热硬性（达290℃）及较高的耐磨性，可制作尺寸较大、形状较复杂、受力较大的低速切削的刃具。但热硬性、耐磨性还不能满足要求较高的刃具的制作需要。

常用的低合金刃具、量具钢有 9SiCr、8MnSi、Cr06 等钢号。

低合金刃具钢的热处理一般是：球化退火→机加工→淬火+低温回火。低合金量具钢作精密量具时，为提高尺寸稳定性，淬火后应进行冷处理。

② 高速工具钢。简称高速钢或风钢（因淬火时空冷淬硬得名）。它的特点是：其热硬性可达600℃，具有很高的强度、硬度、耐磨性及淬透性。由于这类钢在切削时长期保持刃口锋利，所以又称为锋钢。常用的高速钢有 W18Cr4V、W6Mo5Cr4V2 等，主要用来制作各类机用高速切削刀具。

高速钢主要组成成分有碳、钨、钼、铬、钒、钴等。各元素主要作用大致如下：

碳——形成足够的合金碳化物及高硬度的马氏体。

钨——提高热硬性及回火稳定性的主要元素。

钼——作用与钨相似。

铬——提高淬透性，也可提高回火稳定性及抗蚀能力，但如含量过高将增加残余奥氏体量，一般为4%左右。

钒——提高热硬性，细化碳化物颗粒，显著提高耐磨性。

钴——显著增加硬度及热硬性。但价格过高，不适合我国资源情况，使用受到限制。

高速钢的热处理工艺是：淬火+多次高温回火。高速钢的导热性差，淬火加热时，大型或形状复杂的刃具要经过预热。高速钢的淬火温度很高，目的是使难熔的合金碳化物尽可能多地融进奥氏体中去，从而使淬火冷却后马氏体中碳和合金元素含量增加，以阻止马氏体的分解，提高热硬性。高速钢的淬火介质一般用油。

③ 模具钢。根据工作条件的不同，模具钢常分为冷作模具钢和热作模具钢。

a. 冷作模具钢。冷作模具是指常温下工作的模具。要求高硬度、高耐磨性、良好的韧性和淬透性，热处理变形小。这类钢热处理过程是球化退火→淬火→低温回火。我国现有 10 个钢号，常用的冷作模具钢有 Cr12、CrWMn、9Mn2V 等。

b. 热作模具钢。热作模具在工作时，受到冲击性的压应力和交变性的热应力作用，所以要求热作模具钢具有高强度、高耐磨性、良好的韧性和抗热疲劳损坏能力。我国现有 12 个钢号，常用的热作模具钢有 5CrNiMo、5CrMnMo、3Cr2W8V 等。

（4）特殊性能钢

特殊性能钢是指具有特殊使用性能的钢。特殊性能钢包括不锈钢、耐热钢、耐磨钢和磁钢等。

① 不锈钢。不锈钢是指能抵抗大气腐蚀或能抵抗酸、碱化学介质腐蚀的钢。

不锈钢获得抗腐蚀性能的主要是因为其中加入了大量的铬（>12%）。不锈钢中的铬可在氧化性介质中很快形成一层 Cr_2O_3 氧化膜保护层，以保护内部不被进一步氧化和腐蚀。当含铬量达到12%时，钢的电极电位跃增，有效地提高了钢的抗电化学腐蚀性。不锈钢中的含铬量越高，其抗腐蚀性越好。

碳是不锈钢中降低耐蚀性的元素。因为碳在钢中会形成铬的碳化物，降低了基体金属中的含铬量。这些碳化物会破坏氧化膜的耐蚀性。因此，从提高钢的抗腐蚀性能来看，希望含碳量越低越好。但含碳量关系到钢的力学性能。还应根据不同情况，保留一定的含碳量。

不锈钢按金相组织的不同，常用的有铁素体型不锈钢、马氏体型不锈钢和奥氏体型不锈钢三类。

铁素体型不锈钢是一种含碳量较低（≤0.25%）、以铬为主加合金元素的不锈钢，常见的有 1Cr17、1Cr17Mo 等，一般用于制作工作应力不大的化工设备、容器及管道。

马氏体型不锈钢的含碳量稍高（0.08%～1.0%），是不锈钢中力学性能最好的钢类，但其耐蚀性稍低、可焊接性差，常见的有 1Cr13、2Cr13、3Cr13 等，主要用于制造力学性能要求较高而耐蚀性要求较低的零件。

奥氏体型不锈钢是一种典型的铬镍不锈钢，主要钢号有 0Cr19Ni9、0CrNi10NbN 等。这类钢主要用于制作耐蚀性要求较高及冷变形成形需要焊接的低载荷零件，也可用于仪表、发电等工业制作无磁性零件。这类钢热处理不能强化，可通过冷加工提高其强度。

② 耐热钢。耐热钢是指在高温条件下仍能保持足够的强度和能抵抗氧化而不起皮的钢。

为了能提高抗氧化的能力，在耐热钢主要加入了铬、硅、铝等元素。这些元素的氧化能力比铁强，能在表面形成致密的氧化膜，有效地阻止金属元素向外扩散和氧、氮、硫等元素向里扩散，保护金属免受侵蚀。这些抗氧化的元素越多，抗氧化的温度就越高。

　　为了能提高钢的高温强度，在耐热钢加入了高熔点元素钨、钼，增加钢的抗蠕变能力。此外，还加入钒和钛，提高钢的高温强度。常用的耐热钢有 1Cr11MoV 等。

　　③ 耐磨钢。耐磨钢中最典型的钢种是高锰钢 ZGMn13。其主要化学成分是碳含量 1.0%～1.4% 及锰含量 11.0%～14.0%。这种钢由于含锰量较高，使钢的马氏体点 Ms 降低，属于奥氏体钢。

　　高锰钢不易切削加工，但铸造性能较好，所以高锰钢制品多通过铸造成形。

　　高锰钢常用来制造铁路道岔、坦克和拖拉机履带板、挖掘机铲齿、推土机挡板等。

　　④ 磁钢。磁钢是由铝、镍、钴等硬金属合成的超硬度永磁合金，常用于各种传感器、仪表、电子等领域。

5.3.3　铸铁

　　铸铁是碳质量分数大于 2.11% 的铁碳合金。它是以铁、碳、硅为主要组成元素，其中锰、硫、磷等杂质元素的含量比碳钢高。有时为了提高铸铁的力学性能或物理、化学性能，在普通铸铁中加入一定量的合金元素，这种铸铁称为合金铸铁。

　　铸铁化学成分中的碳可以化合态的渗碳体存在，也可以游离态的石墨存在。在机械制造工业用的铸铁中，碳主要以游离态的石墨存在。

　　铸铁虽然由于碳质量分数较高，接近于共晶合金成分，而具有良好的铸造性能，并且其易切削加工及生产工艺简单，成本低廉。但其硬度和脆性比钢大得多，且塑性、韧性、抗疲劳性比钢要小得多。也就是说使用性能远不及钢。但实际上铸铁被广泛应用于机械制造、冶金、矿山、石油化工、交通运输、建筑和国防等工业部门。在各类机械中铸铁件占机械总重量的 45%～90%，在机床和重型机械中，则要占机械总重量的 85%～90%。那么为什么铸铁在工业生产上能得到如此广泛的应用？为什么高强度铸铁和特殊性能铸铁甚至还可以代替部分昂贵的合金钢和非铁金属？这就要归功于我们根据铸铁内部不同组织形态，采取不同的热处理方法加以调控。

　　(1) 铸铁的分类及石墨化

　　铸铁的分类和编号。根据碳在结晶过程中的析出状态以及凝固后的断口颜色的差异，可将铸铁分为三大类：

　　白口铸铁——碳绝大多数以渗碳体的形式存在，断口呈银白色。

　　灰铸铁——碳全部或大部分以游离状态的石墨析出，断口呈暗灰色。

　　麻口铸铁——碳既以化合态的渗碳体析出，又以游离状态的石墨析出，断口呈黑白相间的麻点。

　　白口铸铁和麻口铸铁脆而硬，故工业上很少使用。工业上大量使用的是灰铸铁。

　　(2) 灰铸铁

　　① 灰铸铁的性能。

　　a. 力学性能。由于 Si、Mn 元素可溶于铁素体使其得到强化，所以，灰铸铁的基体强度和硬度不低于相应钢的强度和硬度。但是片状石墨的强度、塑性、韧性几乎为零，硬度也非常低。石墨不仅割裂基体的连续性，而且尖端处导致应力集中，使材料产生脆性断裂。因此，灰铸铁的抗拉强度、塑性、韧性均比相应的钢低得多，但其抗压强度显著高于抗拉强度。

b. 铸造性能好。

c. 减摩性好。石墨本身具有润滑作用，而且脱落的石墨孔隙具有储油功能，可减缓摩擦面油膜的破损。从而起到减摩作用。

d. 减振性好。由于铸铁在受振动时石墨起缓冲作用，它把振动转变为热能，故常用铸铁制作承受振动的机床底座。

e. 切削加工性能好。石墨割裂了基体的连续性，铸铁的切屑容易脆断，且石墨对刀具有一定的润滑作用，刀具在使用时磨损较小。

f. 缺口敏感性低。由于灰铸铁含有大量的片状石墨，它相当于许多原始的缺口，这使得铸件对后来人为制作缺口不那么敏感。所以，铸铁的缺口敏感性比钢小得多。

② 灰铸铁的牌号和用途。灰铸铁的牌号是由"HT"（"灰铁"二字汉语拼音字母）和其后一组数字组成，数字表示的是最小抗拉强度值（MPa）。例如：HT200 表示 $\sigma_b >$ 200MPa 的灰铸铁。灰铸铁的牌号、性能及用途如表 5-9 所示。

表 5-9　　　　灰铸铁牌号、不同壁厚铸铁的力学性能和用途

铸铁的类别	牌号	铸件壁厚 /mm	力学性能		用途举例
			σ_b/MPa	HBS	
铁素体灰铸铁	HT100	2.5~10	130	110~166	适用于载荷小、对摩擦和磨损无特殊要求的不重要零件,如防护罩、盖、油盘、手轮、支架、底板、重锤、小手柄等
		10~20	100	93~140	
		20~30	90	87~131	
		30~50	80	82~122	
铁素体-珠光体灰铸铁	HT150	2.5~10	175	137~205	承受中等载荷的零件,如机座、支架、箱体、刀架、床身、轴承座、工作台、带轮、端盖、泵体、阀体、管路、飞轮、电机座等
		10~20	145	119~179	
		20~30	130	110~166	
		30~50	120	105~157	
珠光体灰铸铁	HT200	2.5~10	220	157~236	承受较大载荷和要求一定的气密性或耐蚀性等较重要零件,如汽缸、齿轮、机座、飞轮、床身、气缸体、气缸套、活塞、齿轮箱、刹车轮、联轴器盘、中等压力阀体等
		10~20	195	148~222	
		20~30	170	134~200	
		30~50	160	129~192	
	HT250	4.0~10	270	175~262	
		10~20	240	164~247	
		20~30	220	157~236	
		30~50	200	150~225	
孕育灰铸铁	HT300	10~20	290	182~272	承受高载荷、耐磨和高气密性重要零件,如重型机床、剪床、压力机、自动车床的床身、机座、机架、高压液压件,活塞环,受力较大的齿轮、凸轮、衬套,大型发动机的曲轴、气缸体、缸套、气缸盖等
		20~30	250	168~251	
		30~50	230	161~241	
	HT350	10~20	340	199~298	
		20~30	290	182~272	
		30~50	260	171~257	

（3）可锻铸铁

可锻铸铁又称马铁。它是由白口铸铁通过退火获得的具有团絮状石墨的铸铁，它具有较高的强度，特别是塑性得到改善，故此得名。但是必须指出，可锻铸铁并不能锻造。

① 可锻铸铁的性能及应用。目前我国以生产铁素体可锻铸铁为主，同时也生产少量

的珠光体可锻铸铁。铁素体可锻铸铁具有一定的强度和较高的塑性与韧性。珠光体可锻铸铁具有较高的强度、硬度和耐磨性，但是塑性与韧性较差。生产中常用可锻铸铁制作一些截面较薄、形状复杂、工作时受振动而强度、韧性要求高的零件。

由于可锻铸铁的力学性能远高于灰口铸铁，不再是脆性材料，所以可以用于承受冲击和振动的零件。例如：汽车、拖拉机的后桥壳、轮壳、转向机构，曲轴、连杆、凸轮、齿轮、活塞、扳手等。但是，中、大性零件不宜采用。可锻铸铁生产周期长、成本高。目前，球墨铸铁已经代替了部分可锻铸铁。

② 可锻铸铁的牌号和用途。可锻铸铁的牌号是由 "KTZ（H、B）"［"可铁珠（黑、白）" 等字汉语拼音字母］和其后一组数字组成，数字表示的是最小抗拉强度值（MPa）和最小延伸率。例如：KTH350-10 表示 $\sigma_b \geqslant 350MPa$、$\delta > 10\%$ 的黑心可锻铸铁。可锻铸铁的牌号、性能及用途，如表 5-10 所示。

表 5-10　　　　　　　　　　　可锻铸铁的牌号、力学性能和用途

种类	牌号	试样直径/mm	力学性能(不小于)				用途举例
			σ_b/MPa	$\sigma_{0.2}$/MPa	δ/%	HBS	
黑心可锻铸铁	KTH300-06	12 或 15	300		6	不大于 150	适用于管道配件、中低阀门、汽车后桥外壳、机床用的扳手、弹簧钢板支座、农具等
	KTH330-08		330		8		
	KTH350-10		350	200	10		
	KTH370-12		370		12		
珠光体可锻铸铁	KTZ450-06	12 或 15	450	270	6	150~200	适用于支承较高载荷、耐磨损，并要求具有一定韧性的零件，如连杆、摇臂、活塞环等
	KTZ550-04		550	340	4	180~250	
	KTZ650-02		650	430	2	210~260	
	KTZ700-02		700	530	2	240~290	

（4）球墨铸铁

石墨呈球状分布的灰铸铁称为球墨铸铁。灰铸铁成分的铁液，在浇注前加入少量的球化剂和孕育剂，即可获得球状石墨的铸铁。由于球状石墨对基体的割裂作用减到最小，从而大大提高了铸件的力学性能和加工性能。通过热处理和合金化，还可进一步提高其性能，因此，在铸铁中球墨铸铁具有最高的力学性能。

① 球墨铸铁的性能和应用。球墨铸铁的抗拉强度、塑性、韧性高于其他铸铁，疲劳极限接近中碳钢，而小能量多次冲击抗力则高于中碳钢。同时由于球墨铸铁中石墨的存在，使它具有与灰铸铁相似的优良性能，如铸造性能好、减摩性和减振性强，易于切削加工等。但球墨铸铁的过冷倾向大，易产生白口现象。球墨铸铁的力学性能主要取决于基体组织，通过热处理可以改变基体组织，达到改善性能的目的。与钢一样，球墨铸铁也可以进行各种热处理，如退火、正火、调质、淬火等。由于这种铸铁热处理工艺性较好，凡是钢可以进行的热处理，一般都适合于球墨铸铁。

由于球墨铸铁具有优良的力学性能和铸造性能，所以它的应用范围十分广泛，主要用

来制造载荷较大，受力复杂的机器零件。例如，铁素体球铁多用于制造受压阀门、机器底座、汽车后桥壳、加速器壳等，珠光体球铁多用于制造汽车、拖拉机中的曲轴、连杆、齿轮、凸轮轴、缸套、活塞等，贝氏体球铁多用于制造汽车、拖拉机的蜗轮、伞齿轮等。球铁管已经广泛用作自来水上水管，引水工程的大型水管。

② 球墨铸铁的牌号和用途。球墨铸铁的牌号是由"QT"（"球铁"二字汉语拼音字母）和其后一组数字组成，数字表示的是最小抗拉强度值（MPa）和最小延伸率。例如：QT400-17 表示 $\sigma_b \geqslant 400MPa$、$\delta \geqslant 17\%$ 的球墨铸铁。球墨铸铁的牌号、性能及用途如表 5-11 所示。

表 5-11   球墨铸铁的牌号、力学性能和用途

牌号	基体组织	力学性能(不小于)				用途举例
		σ_b /MPa	$\sigma_{0.2}$ /MPa	$\delta/\%$	HBS	
QT400-18	铁素体	400	250	18	130~180	适用承受冲击、振动的零件，如汽车、拖拉机的轮毂、驱动桥壳，中低阀门，农具等
QT400-15	铁素体	400	250	15	130~180	
QT450-10	铁素体	450	310	10	160~210	
QT500-7	铁素体+珠光体	500	320	7	240~290	机器座架、传动轴、飞机、电动机架、内燃机的机油泵齿轮等
QT600-3	铁素体+珠光体	600	370	3	150~200	适用于支承较高载荷、复杂的零件，如连杆、曲轴、凸轮轴、气缸套等
QT700-2	珠光体	700	420	2	180~250	
QT800-2	珠光体或回火组织	800	480	2	210~260	
QT900-2	贝氏体或回火马氏体	900	600	2	240~290	高强度的齿轮，如汽车后桥螺旋锥齿轮、大减速齿轮器、内燃机曲轴等

（5）蠕墨铸铁

石墨呈蠕虫状分布的灰铸铁称为蠕墨铸铁。灰铸铁成分的铁液，在浇注前加入少量的蠕化剂和孕育剂，即可获得蠕虫状石墨的铸铁。蠕墨铸铁具有独特的组织和性能，强度和韧性比灰铸铁高，接近于球墨铸铁，导热性、减振性、铸造性和切削加工性比球墨铸铁好，更接近于灰铸铁。

① 蠕墨铸铁的性能。蠕墨铸铁的基体组织上分布着蠕虫状的石墨，蠕虫状的石墨长宽比一般在 2~10 范围内，石墨的结构介于片状和球状之间，呈弯曲的厚片状，两头圆钝，且具有球状石墨类似的结构。

蠕墨铸铁的性能介于灰铸铁和球墨铸铁之间，其强度接近于球墨铸铁，并具有一定的塑性和韧性，而耐热疲劳性、减振性和铸造性能优于球墨铸铁，与灰铸铁相近，切削加工性能和球墨铸铁相似，比灰铸铁稍差。

② 蠕墨铸铁的牌号和用途。蠕墨铸铁的牌号是由"RuT"（"蠕铁"二字汉语拼音字母）和其后一组数字组成，数字表示的是最小抗拉强度值（MPa）。例如：RuT300 表示 $\sigma_b \geqslant 300MPa$ 的蠕墨铸铁。蠕墨铸铁的牌号、性能及用途，如表 5-12 所示。

表 5-12　　　　　　　　　　　　蠕墨铸铁的牌号、力学性能和用途

牌号	力学性能(不小于)				用途举例
	σ_b/MPa	$\sigma_{0.2}$/MPa	δ/%	HBS	
RuT260	260	195	3	121~197	增压器废进气壳体、汽车底盘零件等
RuT300	300	240	1.5	140~217	排气管、变速箱体、气缸盖、液压件、纺织机零件、钢锭模等
RuT340	340	270	1	170~249	重型机床件、大型齿轮箱体、超重机卷筒等
RuT380	380	300	0.75	193~274	活塞销、气缸套、制动盘、钢珠研磨盘、吸淤泵体等
RuT420	420	335	0.75	200~280	

5.4　非铁金属及其合金

【引言】

通常将除钢、铁以外的金属及其合金统称为有色金属，也称为非铁金属。它们具有一些特殊的物理化学性能，如钛、镁、铝及其合金相对密度小，铜、银导电性好，钨、钼及其合金耐高温等，是现代工业产品中不可缺少的材料。例如在国产 C919 客机（图 5-15）上有色金属材料的零部件占总重的 60% 以上。

图 5-15　国产 C919 客机

5.4.1　铝及铝合金

配套视频

铝和铝合金

纯铝是银白色的金属，为面心立方晶格，无同素异晶转变，熔点为 657℃。纯铝具有密度小、良好的导电性、良好的导热性、良好的耐蚀性、塑性好等优点，但因纯铝的强度很低，所以纯铝一般不作承受载荷的机械零件。冷变形硬化后，强度可得到提高，但塑性又会下降。

纯铝分为工业高纯铝和工业纯铝两大类。工业高纯铝的纯度可达 99.99%，主要用于科研及其他特殊用途。工业纯铝通常用于制成管、棒和型材等，还可用来配置合金。

因纯铝的强度很低，不适宜制作结构性零件。为此，一般在纯铝中加入铜、镁、锰、硅等合金元素，形成铝合金。铝合金的相对密度仍小，但具有很高的比强度（即强度极限与相对密度的比值），耐蚀及导热性好的特点。

（1）铝合金的分类

铝合金根据其成分和加工成形特点分为变形铝合金和铸造铝合金。

① 变形铝合金。变形铝合金具有塑性好和可通过压力加工成形的特点，通过适当地热处理可以达到合金强化的目的。变形铝合金又可分为防锈铝、硬铝、超硬铝及锻铝四种。

a. 防锈铝。这类合金的耐蚀性好，故称防锈铝。它属于 Al-Mn 或 Al-Mg 系合金，其塑性和焊接性较好；不能热处理强化，只能通过压力加工硬化，主要用于制作负荷不大的压延、焊接或耐蚀结构件，如油箱、各种生活器具等。

b. 硬铝。这类合金的强度、硬度高，故称硬铝，又称为杜拉铝。硬铝通过淬火时效处理后，其强度、硬度显著提高。但硬铝的耐蚀性较差，主要用于航空工业，如飞机上的大梁等。

c. 超硬铝。这类合金是在硬铝的基础上加入锌制成的，通过淬火时效处理后，其强度、硬度比硬铝还高，故称超硬铝，多用于制造飞机上的主要受力部件，如大梁桁架等。

d. 锻铝。这类合金的特点是除强度比较高之外，还有良好的锻造性能，故称锻铝。淬火时效处理后可提高其强度。主要用于制造飞机上承受高负载的锻件或模锻件。

常用变形铝合金的主要成分及力学性能，如表 5-13 所示。

表 5-13　　　　　　　　　常用变形铝合金的主要成分及力学性能

类别		牌号	化学成分/%					材料状态	力学性能		
			Cu	Mg	Mn	Zn(Si)	其他		σ_b/MPa	δ_{10}/%	HBS
热处理不能强化	防锈铝	LF5	0.10	4.8~5.5	0.3~0.6	0.20		M	280	20	70
		LF11	0.10	4.8~5.5	0.3~0.6	0.20	Ti 或 V	M	280	20	70
		LF21	0.02	0.05	1.0~1.6	0.10	Ti	M	130	20	30
热处理能强化	硬铝	LY1	2.2~3.0	0.2~0.5	0.20	0.10	Ti	CZ	300	24	70
		LY11	3.8~4.8	0.4~0.8	0.4~0.8	0.30	Ti 和 Ni	CZ	420	15	100
	超硬铝	LC4	1.4~2.0	1.8~2.8	0.2~0.6	5.0~7.0	Cr	CS	600	12	150
	锻铝	LD5	1.8~2.6	0.4~0.8	0.4~0.8	(0.7~1.2)	Ti 和 Ni	CS	420	13	105
		LD6	1.8~2.6	0.4~0.8	0.4~0.8	(0.7~1.2)	Ti、Cr 和 Ni	CS	390	10	100
		LD7	1.9~2.5	1.4~1.8	0.02	(0.35)	Ti 和 Ni	CS	440	12	120

注：材料状态：M——退火，CZ——淬火+自然时效，CS——淬火+人工时效。

② 铸造铝合金。铸造铝合金具有良好的铸造性能，按其基本元素不同分为四类，即 Al-Si，Al-Cu，Al-Mg，Al-Zn。应用最广泛的是 Al-Si 合金。它的特点是具有良好的铸造性能，在浇注前经变质处理后，具有较好的机械强度和塑性。Al-Cu 系由于铸造性不好，已逐步为其他铝合金代替，Al-Mg 系的特点是密度约 2.55g/cm³，比纯铝还轻，且强

度高，耐蚀性好，但铸造性不好，耐热性差。Al-Zn 系耐热性差，但铸造性、切削加工性好，价格便宜。铸造铝合金一般用于制作质轻、耐蚀、形状复杂及有一定力学性能的零件，如铝合金活塞、仪表外壳、水冷发动机缸体等。

（2）铝合金的热处理特点

铝合金的热处理与钢不同：含碳量较高的钢，淬火后硬度、强度立即提高，塑性则急剧降低；而把热处理可强化的铝合金加热到固溶体相区，保温后在水中快速冷却，其强度、硬度并没有明显提高，而塑性却得到了改善，这种热处理称为固溶处理（固溶淬火）。淬火后的铝合金，如在室温下停留一段时间，其强度、硬度会显著提高，同时塑性明显降低。这种淬火后合金的性能随时间而发生显著变化的现象称为时效或时效强化。室温下发生的时效称为自然时效；加热条件下进行的时效称为人工时效。淬火时效是铝合金强化的主要途径。

铝合金的时效过程，实质上是淬火后所获得的过饱和的固溶体组织由于其不稳定而分解并形成强化相的过程。铝合金的时效过程必须通过溶质原子的扩散来进行。因此，时效过程与温度和时间有关。时效温度越高，则时效过程越快，但强化效果越差。若人工时效时间过长，加热温度过高，反而使合金软化，这种现象称为过时效。

铝合金的牌号很多，有的不能热处理强化；有的以自然时效强化效果较好；有的只能采用自然时效强化；有的则必须采用人工时效。强化方法视具体牌号而定。

5.4.2　铜及铜合金

纯铜因其为紫红色，故又称其为紫铜。它具有良好的导电性、导热性、耐蚀性和塑性，但力学性能低，纯铜具有面心立方晶格，无同素异构转变现象。主要用于制造电线、电缆、电器零件及配置铜合金。

由于纯铜的强度很低，不宜制作结构性零件，所以在机械制造中多采用铜合金。铜合金既有纯铜的优点，如塑性、耐蚀性好，有优良的导电性和导热性，又弥补了纯铜强度低的缺点。铜合金常分为黄铜、青铜和白铜三类。

（1）白铜

白铜是铜镍合金，呈白色，为了改善性能有目的地加入一些元素，如锰、铁、锌、铝等，按其性能与用途分为结构铜镍合金和电工铜镍合金。

结构铜镍合金力学性能较高，耐蚀性好，能在冷、热状态下压力加工，用于制造精密机械、仪表中的耐蚀零件、化工机械、医疗卫生器械及船用零件等；电工铜镍合金用于制造电工机械等。由于白铜的成本高，一般机械零件很少使用，工业上最常用的是黄铜和青铜。

（2）黄铜

铜和锌的合金称为黄铜。黄铜有较好的抗腐蚀性，塑性和强度较好并随其含 Zn 量而变化。黄铜可分为普通黄铜和特殊黄铜两类。

① 普通黄铜。铜锌二元合金称为普通黄铜。普通黄铜牌号用"H+数字"表示，其中 H 为"黄"字的汉语拼音字首，数字表示铜的百分含量。常用的普通黄铜有 H62、H68 等，它们都具有较高的强度和冷热加工变形的能力。

普通黄铜主要适宜于冲压制造形状复杂的零件，如冷凝器、散热片等。

② 特殊黄铜。在普通黄铜的基础上再加入其他合金元素，即组成特殊黄铜。在普通黄铜中加入铅（铅黄铜）可改善切削加工性能，加入铝（铝黄铜）能提高耐蚀性，加入硅（硅黄铜）能提高强度和耐蚀性。特殊黄铜有压力加工和铸造两类。

压力加工黄铜牌号用"H+主加元素符号+铜的百分含量-主加合金元素的百分含量"表示。如常用的压力加工黄铜牌号 HPb59-1，表示含铜量为 59%、含铅量为 1%、余量为锌的特殊黄铜。HPb59-1 通常用于制作各种结构性零件，如销、螺钉、螺母等。

铸造黄铜牌号用"ZCu+主要添加元素的符号及其百分含量"表示。如常用的铸造黄铜 ZCuZn16Si4，表示含锌量为 16%、含硅量为 4%、余量为铜的特殊黄铜。ZCuZn16Si4 通常用于制作在海水、淡水条件下工作的零件，如支座、法兰盘等。

（3）青铜

青铜是除黄铜和白铜之外的铜合金的统称。青铜按其成分分为普通青铜（锡青铜）与特殊青铜（无锡青铜）两类。

① 锡青铜。即铜锡二元合金。它具有高的减磨性、耐腐蚀性及良好的力学性能和铸造性能。锡青铜是有色金属中收缩率最小的合金，能浇铸形状复杂及壁厚较大的零件，但不适宜制造致密性高、密封性好的铸件。

在锡青铜中，当含锡量小于 5% 时，适用于冷加工；含锡量 5%~10% 时，适用于热加工；含锡量大于 10% 时，只适用于铸造。

锡青铜按其成分与性能分为压力加工锡青铜和铸造锡青铜两类。其中压力加工锡青铜牌号用"Q（'青'字汉语拼音字首）+主加元素符号及其百分含量+其他元素百分含量"表示，如 QSn4-3 表示含锡量为 4%、其他元素含量（含锌量）为 3%、余量为铜的锡青铜；铸造锡青铜的牌号表示方法与铸造黄铜相似。

② 无锡青铜。为了进一步提高青铜的某些性能，常在铜中加入铝、硅、铅、铍等合金元素组成无锡青铜，分别称为铝青铜、硅青铜、铅青铜和铍青铜等。

铝青铜化学稳定性高，比锡青铜有更高的强度、硬度、耐蚀性和塑性，可锻可铸，但收缩率大，常用于制作船舶零件及抗蚀耐磨的重要零件。

硅青铜具有比锡青铜高的力学性能和低的价格，而且铸造和冷、热加工性能良好，主要用于航空工业和长距离架空的输电线等。

铅青铜是应用很广的减磨合金，它有良好导热性，常用于制造高速、高负荷的轴瓦零件。

铍青铜具有很好的抗蚀性、导热性、导电性、耐寒性、抗磁性和受冲击时不产生火花等特殊性能。此外，铍青铜进行固溶处理、时效强化处理后，具有很高的强度、硬度和弹性。但铍青铜的价格较高、工艺也较为复杂。铍青铜主要用于制作各种精密仪器仪表中的各种重要的弹性元件，如钟表中的齿轮、防爆工具等。

5.4.3 滑动轴承合金

所谓滑动轴承合金是指滑动轴承中用于制造轴瓦及其内衬的合金。虽然滚动轴承具有摩擦因数小等很多优点，但相对于滚动轴承，滑动轴承具有承受面积大、工作平稳无噪声及检修方便等优点，因此滑动轴承在机械工业中仍占有相当重要的地位。轴承是支承轴进行工作的零件，当轴转动时，在轴与轴瓦之间会产生剧烈的摩擦。而轴是一个重要零件，其制造工艺复杂，成本较高，所以在不可避免产生磨损的情况下，首先应确保轴受到最小磨损。

（1）对滑动轴承合金性能的要求

① 应有良好的力学性能，尤其是抗压和抗疲劳性能要好。

② 耐磨性要好，但硬度又不能太高，避免对轴产生拉伤。

③ 磨合性要好，使负荷能均匀作用在工作面上，避免局部磨损（所谓磨合性是指在不长的工作时间后，轴承与轴能自动吻合的性能）。

④ 应有微孔储存润滑油，使接触表面形成油膜。

⑤ 应有良好的抗蚀性、导热性和较小的膨胀系数。

⑥ 加工性能好，材料来源方便，成本低。

为满足上述要求，轴承合金的理想组织应是软基体加硬质点或硬基体加软质点，如图 5-16 所示。

若轴承采用软基体加硬质点组织的轴承合金，当轴工作后，轴承合金软基体很快被磨凹，使硬质点凸出于表面以承受负荷，并抵抗自身的磨损。凹下去的地方可储存润滑油，保证小的摩擦因数。同时，软基体又有较好的磨合性与抗冲击、抗振动的能力。这类组织承受负荷的能力较差，属于这类组织的有锡基及铅基轴承合金。

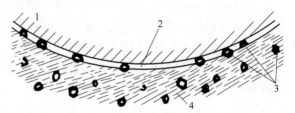

图 5-16　滑动轴承合金理想组织示意图
1—轴；2—润滑油空间；3—硬质夹杂物；4—软基体

当需要承受较高负荷时，一般应采用硬基体（低于轴颈硬度）和软质点的组织，属于这类组织的有铜基及铝基轴承合金。

（2）锡基、铅基轴承合金

轴承合金牌号用"ZCh（'轴承'汉语拼音字首）+基本元素与主加元素的化学符号+主加元素与辅加元素的质量分数"表示。例如 ZChSnSb11-6 表示基本元素为锡、主加元素为锑、锑的含量为 11%、辅加元素的含量为 6%、余量为锡的锡基轴承合金。

锡基轴承合金又称锡基巴氏合金、白合金。具有良好的减磨性、耐蚀性、导热性及韧性，但抗疲劳的能力比铜基及铝基轴承合金要低、成本也高。这类合金通常用于制作重要轴承。

铅基轴承合金又称铅基巴氏合金。其硬度、韧性均较锡基轴承合金低，摩擦因数大，但成本低、抗压能力较强。这类合金一般用于制作中等负荷、冲击不大、速度较低的轴承。

（3）铜基及铝基轴承合金

铜基轴承合金有锡青铜、铅青铜等。主要用于制作高速、高压工作下的轴承，如航空发动机及其他高速机器的主要轴承。

铝基轴承合金具有导热性好、抗疲劳能力强、高温强度高、抗压能力强等特点，宜于制造高速、重载的发动机轴承。

5.4.4 粉末冶金材料

粉末冶金就是用金属粉末和其他金属或非金属粉末压制成形后进行烧结制造零件的方法。粉末冶金既是制作特殊性能金属材料的方法，也是一种精密的无切屑或少切屑的加工方法。具有节省材料与工时、减少设备和降低成本等优点。

粉末冶金的工艺过程一般包括粉末制备、压制成形、烧结以及后处理等几个工序。

（1）粉末冶金减摩材料

在机械零件中，粉末冶金减摩材料应用最多的是粉末冶金含油轴承材料，可用于制造滑动轴承。这种材料不仅耐磨性好，而且由于制品多孔性，静止时，借毛细管作用可将油吸入轴承内；转动时，轴与轴承摩擦生热，油体积膨胀系数大于轴承膨胀系数，于是油被压到轴承表面，起到很好的润滑作用。含油轴承耗油量少，一次吸油后不必经常加油，有自动润滑作用。

粉末冶金减摩材料由于有自动润滑作用，并具有改善摩擦条件、减少磨损和减振等优点。近来已逐步发展到其他机械零件，如齿轮、摩擦片、凸轮等。

（2）硬质合金

硬质合金是常用的一种粉末冶金工具材料，它是以难熔的高硬度的金属碳化物（如碳化钨、碳化钛）的粉末与作为黏结剂的钴、镍、铜等粉末按适当的比例混合后，经加压成形及高温烧结而得到的合金。硬质合金硬度高（可达 86～93HRA，相当于 69～81HRC），热硬性好（900～1100℃），耐磨性好。硬质合金刀具切削速度比高速钢刀具可提高 4～7 倍，寿命长好几倍，用它制造的量具、模具寿命可大大提高，还可以加工硬度达 50HRC 的硬质材料。但硬质合金由于硬度高、脆性大，很难进行机械加工，所以常将其做成刀片安装在活动刀杆或焊在刀体上使用。常用的硬质合金有以下三类：

① YG（钨钴）类硬质合金。钨钴类硬质合金是由碳化钨和钴组成的，常用的牌号有 YG3、YG6、YG8，数字表示含钴的百分数。含钴量越高，硬质合金的强度越高、韧性也越好，但耐磨性和硬度降低。YG 类硬质合金刀具适宜加工铸铁、有色金属及其合金。其中 YG3 适用于精加工，YG8 适用于粗加工，YG6 适用于半精加工。

② YT（钨钛钴）类硬质合金。钨钛钴类硬质合金是由碳化钨、碳化钛和钴组成的。常用的牌号有 YT5、YT15、YT30，数字表示含碳化钛的质量分数。由于碳化钛比碳化钨熔点更高，其热硬性比 YG 类好，但强度比 YG 类差。YT 类硬质合金刀具适宜加工各类钢件，YT5 适用于粗加工，YT30 适用于精加工，YT15 适用于半精加工。

③ YW（万能）类硬质合金。万能硬质合金是在 YT 类合金中加入部分碳化钽或碳化铌而制成的。碳化钽或碳化铌的加入，改善了合金的切削性能，提高了抗弯强度，可用于制作加工耐热钢、高锰钢及高合金钢等难加工材料的刀具。常用牌号为 YW1 和 YW2。

【学后测评】

1. 选择题

（1）拉伸试验时，试样在拉断前所能承受的最大应力称为材料的（　　）。

A. 弹性极限　　　　B. 抗拉强度　　　　C. 屈服强度　　　　D. 抗弯强度

（2）影响金属材料可加工性能的主要因素是（　　）。

A. 韧性   B. 塑性   C. 强度   D. 硬度

（3）金属材料在外力作用下，对变形和断裂的抵抗能力称为（　　）。

A. 强度   B. 塑性   C. 韧性   D. 硬度

（4）布氏硬度的符号用（　　）表示。

A. HRA 或 HRB   B. HBS 或 HBW   C. HBS 或 HV   D. HRC 或 HV

（5）在刀具材料中，制造各种结构复杂的刀具应选用（　　）。

A. 碳素工具钢   B. 合金工具钢   C. 高速工具钢   D. 硬质合金

（6）40Cr 经适当热处理后既有很高的强度，又有很好的塑性、韧性，可用来制造一些受力复杂和重要零件，它是典型的（　　）。

A. 轴承钢   B. 弹簧钢   C. 耐候钢   D. 调质钢

（7）20CrMnTi 是最常用的（　　）。

A. 耐候钢   B. 合金渗碳钢   C. 合金调质钢   D. 合金弹簧钢

（8）铜、铝、镁以及它们的合金等称为（　　）。

A. 铁碳合金   B. 钢铁材料   C. 非铁金属   D. 复合材料

（9）工业用的金属材料可分为（　　）两大类。

A. 铁和铁碳合金   B. 钢和铸铁

C. 铁碳合金和非铁金属   D. 铁和钢

（10）为了改善 20 钢的切削加工性能，一般应采用（　　）。

A. 退火   B. 正火   C. 淬火   D. 渗碳

2. 填空题

（1）铜和锌的合金称为_____。

（2）GCr15 中的 "G" 是表示_____的牌号。

（3）16Mn 属于_____，屈强比高，耐蚀性好，焊接性能好，一般用于船舶、车辆等结构件。

（4）退火和正火作为预备热处理，一般说来低碳钢_____优于_____，而高碳钢正火后硬度太高，必须采用退火。

（5）碳素钢是碳质量分数小于_____而不含有特意加入合金元素的钢，简称碳钢。

（6）按钢中的碳质量分数，碳钢可分为_____、_____和_____三种。

（7）热处理的三要素是_____、_____和_____。

（8）常用的常规热处理方法有_____、_____、_____和_____"四把火"。

（9）习惯上将钢件淬火及高温回火的复合热处理工艺称为_____。

（10）20CrMnTi 表示含碳量为_____，含铬、锰、钛量各为_____的_____钢。

3. 简答题

（1）热处理的目的是什么？热处理有哪些基本类型？

（2）什么叫退火？其主要目的是什么？

（3）什么叫回火？淬火钢为什么要进行回火处理？

（4）什么叫淬火？其主要目的是什么？

（5）将加工工件所用材料的正确序号填在相应的表格中。

①Q460E　　　　②GCr15　　　　③60Si2Mn　　　　④H68

⑤20CrMnTi　　　⑥HT200　　　⑦ZChSnPb11-6　　　⑧9SiCr

零件名称	所选钢号	零件名称	所选钢号
麻花钻头		大型弹簧	
齿轮		滚动轴承	
滑动轴承		机床底座	
鸟巢		子弹弹壳	

（6）指出下表所列牌号是哪类钢，其含碳量约为多少。

牌号	类型	含碳量/%
T9A		
GCr15		
30		
20Cr		

4. 计算题

（1）有一低碳钢试样，其直径为 $\phi10mm$，在试验力为 21000N 时屈服，试样断裂前的最大实验力为 30000N，拉断后长度为 133mm，断裂处最小直径为 $\phi6mm$，试计算屈服强度、抗拉强度、断面收缩率和断后伸长率（$L_0 = 10d_0$）。

（2）有一直径为 20mm 的碳钢短试样（长径比为 5:1），在拉伸试验时，其拉断后的标距为 120mm，缩颈处直径为 11.6mm，试求此钢的伸长率和断面收缩率。

（3）有一直径为 10mm 的碳钢短试样（长径比为 5:1），在拉伸试验时，当载荷增加到 27475N 时，出现屈服现象，载荷达到 45137N 时产生缩颈，随后试样被拉断，断后的标距为 70mm，缩颈处直径为 8.76mm，试求此钢的屈服强度和抗拉强度、伸长率和断面收缩率。

6 金属切削加工基础

配套课件

第6章 金属切削
加工基础

【知识目标】

- 了解切削过程中零件表面的形成方法和切削运动。
- 理解切削用量基本概念，掌握切削用量选择的一般原则。
- 了解常用刀具材料，掌握刀具几何角度的标注方法。
- 了解金属切削过程的基本规律，掌握积屑瘤的形成及控制方法，理解刀具的磨损形式、磨损原因及磨损过程。

【能力目标】

- 初步具备正确选择刀具和切削用量的能力。
- 理解控制切屑、改善切削加工性、合理选用切削用量及切削液等的工艺方法。

【引言】

切削加工的历史可追溯到原始人创造石劈、骨钻等劳动工具的旧石器时代。在中国，早在商代中期（公元前13世纪），人们就已能用研磨的方法加工铜镜；商代晚期（公元前12世纪），曾用青铜钻头在卜骨上钻孔；西汉时期（公元前206~公元25），就已使用杆钻和管钻，用加砂研磨的方法在金缕玉衣的4000多块坚硬的玉片上钻了18000多个直径1~2mm的孔。17世纪中叶，中国古代先民开始利用畜力代替人力驱动刀具进行切削加工。如1668年，曾在畜力驱动的装置上，用多齿刀具铣削天文仪上直径达2丈（约6.67m）的大铜环，然后再用磨石进行精加工。18世纪后期的英国工业革命开始后，由于蒸汽机和近代机床的发明，切削加工开始用蒸汽机作为动力。到19世纪70年代，切削加工中又开始使用电力。对金属切削原理的研究始于19世纪50年代，对磨削原理的研究

(a)   (b)

图6-1 高性能材料刀具

（a）硬质合金刀具 （b）金属陶瓷和超硬材料刀具

始于19世纪80年代。此后各种新的刀具材料相继出现。19世纪末出现的高速钢刀具，使刀具许用的切削速度比碳素工具钢和合金工具钢刀具提高2倍以上，达到25m/min左右。1923年出现的硬质合金刀具，使切削速度比高速钢刀具又提高2倍左右，如图6-1（a）所示。20世纪30年代以后出现的金属陶瓷和超硬材料（人造金刚石和立方氮化硼），进一步提高了切削速度和加工精度，如图6-1（b）所示。随着机床和刀具不断发展，切削加工的精度、效率和自动化程度不断提高，应用范围也日益扩大，从而促进了现代机械制造业的发展。

6.1 切削加工的运动分析及切削要素

6.1.1 零件表面的形成方法

构成机械产品的零件形状虽然多种多样，但其几何表面都是由回转体表面［含外圆面、内圆面（孔）、圆锥面等］平面和曲面等组成。回转体表面是以一直线为母线，作旋转运动所形成的表面，如图6-2中的（a）圆柱面和（b）圆锥面。平面是以一直线为母线，作直线平移运动所形成的表面。曲面是以一曲线为母线，作旋转、平移或曲线运动所形成的表面，如图6-2中：（d）直齿圆柱齿轮的齿形面是渐开线母线沿直线导线运动而形成的；（e）回转曲面是一条曲线为母线，作旋转运动而形成的；（f）普通螺纹的螺旋面是由"Λ"形母线沿螺旋导线运动而形成的。总之，机械零件的任何表面都可以看作一条母线（直线、折线或曲线）沿导线（直线、圆或曲线）运动而形成。

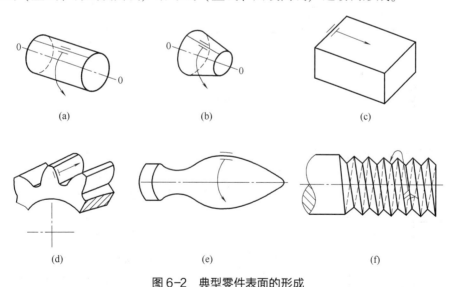

图6-2 典型零件表面的形成

（a）圆柱面 （b）圆锥面 （c）平面 （d）齿形面 （e）回转曲面 （f）螺旋面

切削加工零件的过程，就是通过刀具和工件之间的相对运动，切除工件上的多余金属，形成具有一定形状、尺寸和表面质量的工件表面，实质就是形成零件上各个工作表面的过程。零件的表面形状是通过刀具和工件的相对运动，用刀具的切削刃切削出来的，其实质就是借助于一定形状的切削刃以及切削刃与被加工表面之间按一定规律的相对运动，形成所需的母线和导线。由于加工方法和使用的刀具结构及其切削刃形状的不同，机床上形成母线和导线的方法与所需运动也不同，概括起来主要有三种，如图6-3所示。

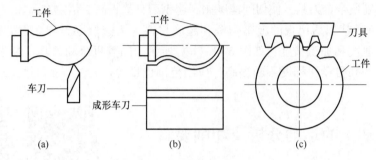

图6-3　表面的形成方法
（a）轨迹法　　（b）成形法　　（c）展成法

（1）轨迹法

轨迹法是利用非成形刀具按一定的规律作轨迹运动来对工件进行加工的方法，切削刃与被加工表面为点接触，因此切削刃可看作一个点。为了获得所需表面，切削刃必须沿着生线作轨迹运动。因此采用轨迹法时刀具需要有一个独立的成形运动。一般的车削、铣削、刨削等，大多是采用轨迹法，如图6-4所示。

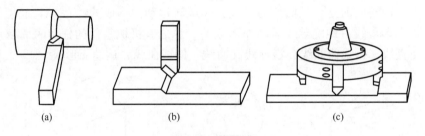

图6-4　轨迹法
（a）车外圆　　（b）刨平面　　（c）铣平面

（2）成形法

成形法是利用成形刀具，在一定的切削运动下，由刀刃形状获得零件所需表面的方法，如图6-5所示。用成形法形成发生线，不需要专门的成形运动。用成形法加工可提高生产率，但刀具的制造和安装误差对被加工表面的形状精度影响较大。

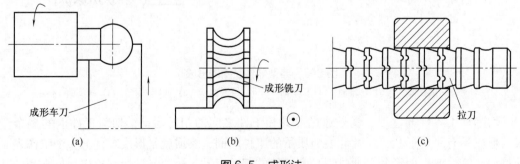

图6-5　成形法
（a）车球面　　（b）铣凸圆弧面　　（c）拉孔

（3）展成法

展成法是在一定的切削运动下，利用刀具依次连续切出的若干微小面积而包络出所需表面的方法。用展成法形成工件表面时，刀具和工件之间的相对运动（旋转+旋转或旋转+平移）组合而成，这两个运动之间必须保持严格的运动关系，彼此不能独立，它们共同组成一个复合的运动。如图6-6所示的手工外圆弧和插齿是展成法加工的两个典型例子。

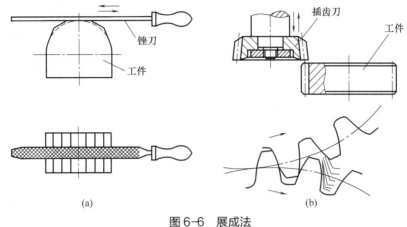

图6-6　展成法

（a）锉削外圆弧面　　（b）插齿

6.1.2　切削运动

（1）切削运动的基本概念

切削加工是在各种机床上通过刀具、工件和刀具间的相对运动来实现的各种表面的切削成形加工。如图6-7所示是常用刀具和工件作不同的相对运动来完成各种表面加工的方法。在切削加工过程中，刀具和工件按一定的规律作相对运动，通过刀具对工件毛坯的切削作用，切除毛坯上的多余金属，从而得到符合技术要求的零件表面形状。这种切削加工时刀具和工件之间的相对运动就是切削运动。车削外圆时，工件的旋转运动是切除多余金属的基本运动，车刀沿工件轴线的直线运动，保证了切削的连续进行。

（2）切削运动分类

通常在加工中由两个或两个以上的运动组成的切削运动，完成工件外表面的加工。切削运动按运动在切削加工中所起作用不同分为主运动、进给运动和其他运动。

① 主运动。主运动是使刀具和工件之间产生相对运动，从而切下切屑所必需的最基本的运动。其特点是：主运动是切削加工中速度最高、消耗功率最大的运动，通常主运动只有一个。如图6-7所示，车削时工件的旋转运动、磨削时砂轮的旋转运动、钻削时钻头的旋转运动、镗孔时镗刀的旋转运动、刨削时刀具的往复直线运动、铣削时刀具的旋转运动

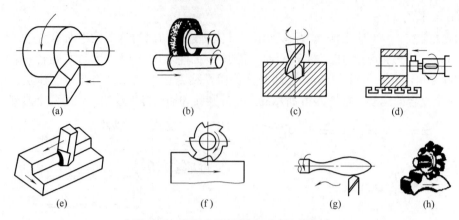

图6-7　典型表面切削成形及切削运动

(a) 车削外圆　(b) 磨削外圆　(c) 钻孔　(d) 镗孔　(e) 　刨削平面
(f) 铣削平面　(g) 车削型面　(h) 铣齿

等都是主运动。

② 进给运动。进给运动是使刀具与工件之间产生附加的相对运动，不断地将多余金属层投入切削，使金属层连续被切下形成切屑，从而加工出完整表面所需的运动。其特点是：一般进给运动是切削加工中速度较低、消耗功率较小的运动，可有一个或几个。如图6-7中，车削时刀具沿轴线的直线运动，磨削外圆时工件的旋转运动及往复直线运动，钻孔时钻头的轴向运动，镗孔时镗刀的轴向移动，刨削时工件的间歇直线运动，铣削时工件的直线运动等都是进给运动。

③ 其他运动。在切削加工中除了主运动和进给运动，有时还包括吃刀运动、分度运动等其他运动，这些运动通常不是切削加工必需的运动。

吃刀运动是用来调整刀具切入切削层的厚度的运动。如车削外圆时通过刀具相对工件径向的吃刀运动来调整一次切除量的大小，从而保证外圆尺寸的大小。

分度运动通常指圆周角度等分运动。如在铣齿加工中每铣完一个齿，工件需按齿数多少转过一定角度铣下一齿形，以此类推，完成所有齿形的加工。

各种切削加工都具有特定的切削运动，主运动和进给运动通常是切削加工必需的切削运动。切削运动的形式有旋转、直线移动、连续的、间歇的等。主运动与进给运动可由刀具和工件分别完成，也可由刀具单独完成。常用机床的切削运动，如表6-1所示。

表6-1　　　　　　　　　常用机床的切削运动

切削机床	主运动	进给运动	切削机床	主运动	进给运动
卧式车床	工件旋转	刀具纵向、横向移动	牛头刨床	刨刀往复移动	工件横向、垂直间歇移动或刨刀垂直间歇移动
钻床	钻头旋转	钻头轴向移动	龙门刨床	工件往复移动	刨刀横向、垂直间歇移动
铣床	铣刀旋转	工件横向、纵向或垂直移动	外圆磨床	砂轮旋转	工件旋转时工件轴向往复移动
卧式镗床	镗刀旋转	镗刀或工件轴向移动	外圆磨床	砂轮旋转	工件往复移动时砂轮间歇轴向移动

6.1.3 切削要素

在切削过程中，工件表面多余材料不断被切除形成新的表面，在此过程中工件上形成3个不断变化的表面：待加工表面、加工表面、已加工表面。以车外圆为例（图6-8）：

配套视频

进给量　背吃刀量

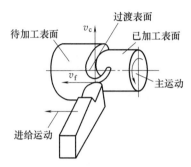

图6-8　车外圆加工表面

① 待加工表面，指工件上即将被切去金属层的表面。

② 已加工表面，指工件上切去一层金属后形成的新的表面。

③ 加工表面，又称过渡表面，指工件正在被切削的表面。

（1）切削用量三要素

切削用量三要素是指切削速度、进给量和背吃刀量是金属切削过程中的3个重要参数，总称为切削用量，如图6-9所示。切削用量三要素体现了刀具与工件之间的相互作用条件和相互关系，切削用量的大小不仅关系到刀具的寿命，而且直接影响到加工质量和生产率，所以，在生产中应正确合理地选用。

① 切削速度 v_c。主运动的线速度称为切削速度，即单位时间内工件和刀具沿主运动方向相对移动的距离。

若主运动为旋转运动（如车、镗、钻、铣、内外圆磨削）时，其切削速度按下式计算：

$$v_c = \pi dn/1000 \ (\text{m/min})$$

式中　d——主运动工件待加工表面的直径或主运动刀具、砂轮的直径（mm）；

　　　n——工件或刀具的主运动转速（r/min）。

若主运动为往复直线运动（如刨、插、拉削）时则以平均速度为切削速度，其计算公式为：

$$v_c = 2Ln_r/1000 \ (\text{m/min})$$

式中　L——主运动往复运动行程长度（mm）；

　　　n_r——主运动每分钟的往复次数（str/min）。

② 进给量 f。主运动1个周期，刀具和工件之间沿着进给运动方向的相对位移，用 f 表示。如车、钻、镗削的进给量 f，都为工件或刀具每转1转，刀具相对于工件沿进给运动方向移动的距离（mm/r）；刨、插削的进给量 f，为刀具每往复1次，工件沿进给运动方向移动的距离（mm/str）。

有些切削加工中还用进给速度 v_f（mm/min）、每齿进给量 f_z（mm/z）来表示进给量的大小。一般主运动与进给运动采用独立驱动方式的机床进给控制采用进给速度，多齿刀具进给通常使用每齿进给量。如铣削常用每齿进给量 f_z 和进给速度 v_f 计算控制进给量的大小，在铣削操作调整进给量时，一般以进给速度作为调整的主要切削参数。若铣刀转速为 n（r/min）、铣刀齿数为 z，则以上三者的关系是：

$$v_f = fn = f_z zn \quad (\text{mm/min})$$

③ 背吃刀量 a_p。待加工表面和已加工表面之间的垂直距离即为背吃刀量，用 a_p 表示，单位为 mm。在切削原理中，通用的背吃刀量定义为：在垂直与主切削速度的平面内测量的主切削刃在垂直于进给方向切入工件的长度。

车削外圆面的 a_p 为该次切除余量的一半；刨削平面的 a_p 为该次的刨削余量；钻孔的 a_p 为钻头直径的一半；切槽（包括车削槽、切断、刨槽、铣槽等）加工 a_p 为所切槽的宽度。

各种切削方法的切削运动、进给运动和切削用量三要素的标注方法如图 6-9 所示。

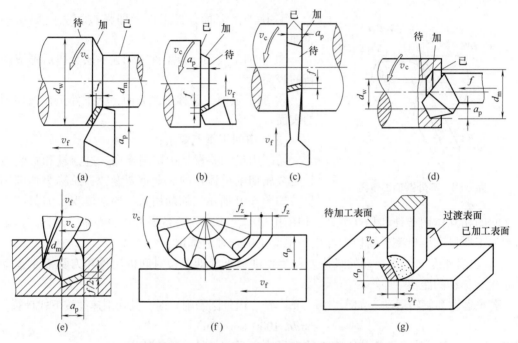

图 6-9　常见切削方法切削运动与切削三要素

（a）车削外圆　　（b）车削端面　　（c）切断（切槽）　　（d）镗孔　　（e）钻孔　　（f）铣削平面　　（g）刨削平面

（2）切削用量的选择原则

选择切削用量是要选择切削用量三要素的最佳组合，以便在保持刀具的合理寿命的前提下，保证加工精度和表面质量的要求，并获得最高的生产率。

选择切削用量的原则是：首先保证加工精度要求的条件下选取尽可能大的背吃刀量；其次根据机床动力和刚性限制条件或加工表面粗糙度的要求，选取尽可能大的进给量；最后利用切削用量手册选取或者用公式计算确定切削速度。

选择合理的切削用量是切削加工中十分重要的环节，选择合理的切削用量必须联系合理的刀具寿命。所谓合理切削用量是指使刀具的切削性能和机床的动力性能得到充分发挥，并在保证加工质量的前提下，获得高生产率和低加工成本的切削用量。

外圆纵车时，按切削工时 t_m 计算的生产率为：$P = 1/t_m$

而切削工时：
$$t_m = \frac{L_w \Delta}{n_w a_p f} = \frac{\pi d_w L_w \Delta}{10^3 v a_p f}$$

式中　d_w——车削前的毛坯直径（mm）；

　　　L_w——工件切削部分长度（mm）；

Δ——加工余量（mm）；

n_w——工件转速（r/min）。

由于 d_w、L_w、Δ 均为常数，令 $1000/(\pi d_w L_w \Delta)=A_0$，则 $P=A_0 v a_p f$。

切削用量三要素同生产率均保持线性关系，即提高切削速度、增大进给量和背吃刀量，都能"同样地"提高劳动生产率。

（3）切削用量的选定

切削加工一般分为粗加工、半精加工和精加工，以下以车削为例简要说明一般切削类加工切削用量的选定方法。

① 背吃刀量 a_p 的选定。粗加工精度要求低时，一次走刀应尽可能切除全部粗加工余量。在中等功率机床上，背吃刀量可达 8~10mm。半精加工（表面粗糙度 Ra10~3μm，精度 IT9~IT10）时，背吃刀量取 0.5~2mm。精加工（表面粗糙度 Ra2.5~1.5μm，精度 IT7~IT8）时，背吃刀量取 0.1~0.4mm。

切削表层有硬皮的铸锻件或切削不锈钢等加工硬化严重的材料时，应尽量使背吃刀量超过硬皮或冷硬层厚度，以防止刀尖过早磨损。

② 进给量 f 的选定。粗加工时，工件表面质量要求不高，但切削力往往很大，合理进给量的大小主要受机床进给机构强度、刀具的强度与刚性、工件的装夹刚度等因素的限制。精加工时，合理进给量的大小则主要受加工精度和表面粗糙度的限制。

实际生产中多采用查表法确定合理的进给量。粗加工时，根据工件材料、车刀刀杆的尺寸、工件直径及已确定的背吃刀量来选择进给量。在半精加工和精加工时，则按加工表面粗糙度要求，根据工件材料、刀尖圆弧半径、切削速度来选择进给量（具体数值可查阅《机械加工工艺手册》）。

③ 切削速度的选定。在 a_p、f 值选定后，根据合理的刀具寿命，利用刀具寿命的经验公式进行计算获得切削速度，或通过查切削用量参数表来选定切削速度。

在生产中选择切削速度的一般原则是：

a. 粗车时，a_p、f 较大，选择较低的 v_c；精车时，a_p、f 均较小，选择较高的 v_c。

b. 工件材料强度、硬度高时，应选择较低的 v_c。

c. 切削合金钢的切削速度应比切削中碳钢降低 20%~30%，切削调质状态的钢的切削速度比切削正火、退火状态钢要降低 20%~30%，切削有色金属的切削速度比切削中碳钢可提高 100%~300%。

d. 刀具材料的切削性能越好，切削速度也选得越高。

e. 精加工时，应尽量避开积屑瘤和鳞刺产生的区域。

f. 断续切削及加工大件、细长件和薄壁工件时，应适当降低切削速度。

g. 在易发生振动的情况下，切削速度应避开自激振动的临界速度。

尺寸是指用特定单位表示线性尺寸值的数值（在国标规定的尺寸标注中，以 mm 为通用单位）。

下面通过例题加深对切削三要素的理解。

[例6-1]　用直径为 120mm 棒料作毛坯，加工成直径为 98mm 的外圆，主轴转速为 900r/min，进给量 6mm/r，工件长度为 300mm，若不计切入切出时间，求加工此工件需要多少时间（取 a_p=5.5mm）。

　　分析：如图 6-10 所示，把毛坯加工成符合尺寸要求的零件，需切削掉的金属层厚度为 11mm，而每一次走刀的背吃刀量为 5.5mm，所以要把 11mm 厚的金属层切削下去，需要走刀次数为：$(d_w - d_m)/2/a_p = (120 - 98)/2/5.5 = 2$（次）

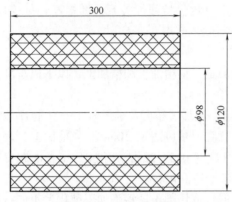

图 6-10　加工示意图

　　一次走刀所用的时间为刀具行程除以刀具的进给运动速度，加工此工件的总时间就为一次走刀时间的 2 倍，具体计算如下：

进给速度 $v_f = nf = 900 \times 6 = 5400$（mm/min）

$$t = 2 \times (l/v_f) = 2 \times (300/5400) = 0.111 \text{（min）}$$

6.2　金属切削刀具

　　在金属切削加工中，刀具虽然种类繁多，形状各不相同，如车刀、刨刀、铣刀和钻头等，但它们切削部分、结构、几何形状与要素都具有许多共同的特征，其中车刀是最常用、最基本、最简单的切削刀具，因而最具代表性，其他刀具无论刀具结构如何复杂，都可以看作由普通外圆车刀切削部分演变或组合而成的，如图 6-11 所示。

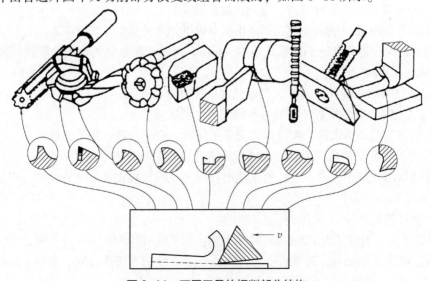

图 6-11　不同刀具的切削部分结构

在刀具结构的分析和研究中，通常以普通外圆车刀为范例进行研究，掌握外圆车刀分析方法之后，就可将这种方法推广到其他复杂刀具。所以本节将以外圆车刀切削部分为例，介绍刀具结构及几何参数的相关定义。

6.2.1　常用刀具类型及刀具结构

（1）刀具的分类

刀具的种类很多，常见刀具的结构形式如图6-12所示。

刀具按工种和功能加工方式分为车刀、铣刀、镗刀、刨刀、钻头、铰刀、螺纹刀具、齿轮刀具等。车刀又分为外圆车刀、偏刀、切断刀、镗孔刀等；铣刀又分为圆柱铣刀、盘铣刀、三面刃铣刀、立铣刀等。

刀具按结构形式分为整体式刀具、焊接式刀具、机夹式刀具等，如图6-12所示。一般整体式刀具采用同一种材料制成，焊接式刀具和机夹式刀具的刀头部分与刀柄（刀体）部分采用不同的材料制造而成。

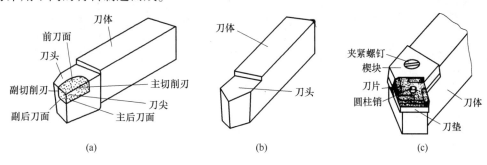

图6-12　车刀的结构形式

（a）焊接式车刀　　（b）整体式车刀　　（c）机夹式车刀

刀具按刃形和数量分为单刃刀具、多刃刀具和成形刀具等。

刀具按国家标准分为标准刀具（如标准螺距的螺纹丝锥、板牙，标准模数的齿轮滚刀、插齿刀等）和非标准刀具（如非标准螺距的螺纹丝锥，非标尺寸及精度的铰刀等）。

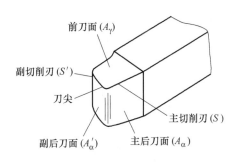

图6-13　外圆车刀的切削部分结构组成

（2）刀具切削部分的组成

外圆车刀是最基本、最典型的刀具，其结构由切削部分和刀柄组成。刀具中起切削作用的部分称切削部分（刀头），夹持部分称刀柄（刀体）。

如图6-13所示为外圆车刀的切削部分结构组成，即常说的"三面两刃一尖"。

切削部分组成如下：

① 前刀面 A_γ。直接作用于被切金属层，并控制切屑经过时流出方向的刀面，简称前面。

② 主后刀面 A_α。同工件的加工表面相互作用和相对着的刀面，简称后面。

③ 副后刀面 A_α'。同工件的已加工表面相互作用和相对着的刀面，简称副后面。

④ 主切削刃 S。前刀面与主后刀面的交线，简称主刃，它担负着主要切削工作。

⑤ 副切削刃 S'。前刀面与副后刀面的交线，简称副刃。它配合主刃完成切削工作，并最终形成已加工表面。

⑥ 刀尖。主切削刃与副切削刃的连接部位，或者是切削刃（刃段）之间转折的尖角过渡部分。它是切削负荷最重、条件最恶劣的位置，为了增加刀尖的强度与耐磨性，多数刀具都在刀尖处磨出直线或圆弧形的过渡刃。

上述定义也适用于其他刀具，需要说明的是，每个切削刃都可以有自己的前刀面和后刀面。为了设计、制造和刃磨简便，常常设计成多段切削刃在同一个公共前刀面上。

6.2.2 刀具标注角度

为了确定刀具切削部分各表面和切削刃的空间位置，需要建立平面参考系，以组成坐标系的基准。

配　套　视　频

辅助平面　　　　前角　　　　　后角　　　　　主偏角　　　　副偏角　　　　刃倾角

（1）刀具静止参考系

在设计、制造、刃磨和测量时，用于定义刀具几何角度的参考系称为刀具静止参考系。它是刀具工作图上标注几何参数的基准，所以也称为标注参考系，在该参考系中定义的角度称为刀具标注角度。

静止参考系的建立有两个前提（假定）条件：

① 假定运动条件。各类刀具的标注角度均暂不考虑进给运动的影响，这时合成切削运动方向就是主运动方向。用主运动向量近似地代替切削刃同工件之间相对运动的合成速度向量。因此，刀具的标注角度是在假设走刀量 f 等于零时静止状态下的刀具角度，又称静止角度。

② 假定安装条件。规定刀具安装定位基准与进给运动方向垂直，且刀尖与工件回转轴线等高。

静止参考系可分为正交平面（旧国标称为主剖面）参考系（P_r-P_s-P_o 系）、法平面参考系（P_n）、背平面（P_p）及假定工作参考平面（P_f）参考系，最常用的是正交平面参考系，如图 6-14 所示。

正交平面参考系（P_r-P_s-P_o 系）由以下三个在空间互相垂直的平面构成。

① 切削平面 P_s。通过切削刃

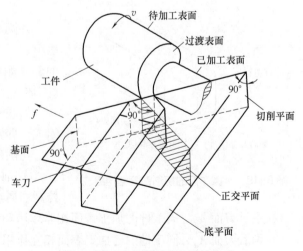

图 6-14　正交平面参考系的构成

上某一选定点，切于工件加工表面的平面，即这点的主运动速度与该点的切削刃的切线构成的平面。

② 基面 P_r。通过切削刃上的同一点，并与该点主运动方向相垂直的平面。

③ 正交平面 P_o。通过切削刃上的同一点，并与切削刃在基面上的投影相垂直的平面。

由基面、切削平面、正交平面这三个辅助平面构成的刀具静止参考系（P_r-P_s-P_o 系）（图6-14）用于确定刀具构造的几何要素面与面、面与刃和刃与刃之间的夹角。车刀的标注角度就是在这个坐标系上进行定义的。

（2）刀具标注角度的定义

① 在正交平面 P_o 内标注（测量）的角度。

a. 前角 γ_o。在正交平面 P_o 内测量的前刀面 A_r 与基面 P_r 之间的夹角。根据前刀面与基面相对位置的不同，可分为正前角、零度前角和负前角（图6-15）。γ_o 越大则刀刃越锋利，切削变形和切削力越小，刃口强度越低，导热面积越小，故应当在满足刀刃强度要求的前提下选用大 γ_o。用硬质合金刀具加工一般钢时，γ_o 取 $10° \sim 20°$；加工灰铸铁时，γ_o 取 $8° \sim 12°$。

具体选择考虑以下几方面：

工件材料——加工塑性材料时，在保证强度的前提下 γ_o 尽可能大些；加工脆性材料时，由于切屑呈崩碎切屑，γ_o 作用不显著，应选用较小的前角；加工高硬度、高强度材料时，为提高刃口强度，应选用负前角。

刀具材料——强度和韧性高的刀具材料应选择较大的 γ_o。

加工性质——粗加工时，a_p、f 大，切削力大，应选用较小的 γ_o；精加工时

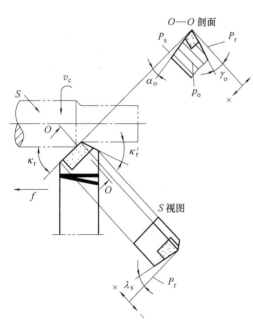

图6-15　车刀标注角度标注方法

a_p、f 较小，γ_o 可取大值。

切削条件——当机床功率不足，工艺系统刚度差、断续切削或有冲击时应选用较小的 γ_o，以提高刀刃强度。

b. 后角 α_o。在正交平面 P_o 内测量的后刀面 A_a 与切削平面 P_s 之间的夹角 α_o，一般为正值。后角 α_o 影响后刀面 A_a 与工件切削表面之间的摩擦、刀刃强度及锋利程度、散热面积等，粗加工或切削较硬材料，取小 α_o；精加工或切削塑性好的材料时，取大 α_o。为保证刃口强度，实际选用时还与前角相对应，即大前角时选小后角，小前角时选大后角。车削一般钢和铸铁时，车刀后角通常取 $6° \sim 8°$。

② 在基面 P_r 上标注（测量）的角度。

a. 主偏角 κ_r。主切削刃在基面上的投影与进给方向之间所夹的角度。κ_r 的大小决定了切削层截面形状、切削分力的比例、刀尖强度和散热条件，从而影响刀具的寿命。如

κ_r 取大值，背向力 F_p 减小，进给力 F_f 增大，刀尖强度削弱，参与切削的刃口长度减小，散热条件恶化，寿命下降，主偏角对切削过程的影响如图 6-16（a）和（b）所示。κ_r 的选取主要依据系统刚度。在系统刚度较好时，减小 κ_r 可提高刀具寿命；刚度差，一般选用 $60° \sim 75°$，为避免振动，也可选用 $90°$。

b. 副偏角 κ'_r。副切削刃在基面上的投影与进给运动反方向之间的夹角。κ'_r 越小，已加工表面残留面积的最大高度 H 越小，降低表面粗糙度，副偏角对切削过程的影响如图 6-16（c）所示。κ'_r 太小，会增大副切削刃参与切削的长度，使副后刀面 A'_a 与已加工表面摩擦磨损和背向力增大，使刀具寿命下降；κ'_r 太大，会使刀尖强度下降。因此，当系统刚度较好时，κ'_r 宜小不宜大。一般精车时选取 $5° \sim 10°$，粗车时选取 $10° \sim 15°$，切断和切槽刀取 $1° \sim 3°$。

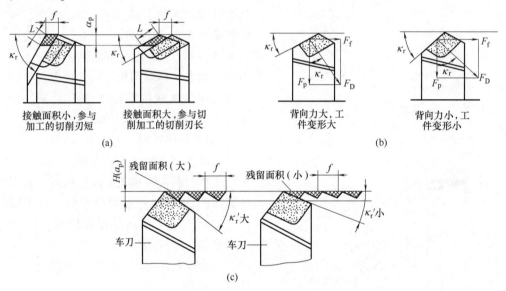

接触面积小，参与 加工的切削刃短   接触面积大，参与切削加工的切削刃长

(a)

背向力大，工件变形大   背向力小，工件变形小

(b)

残留面积（大）   残留面积（小）

车刀   车刀

(c)

图 6-16   主偏角、副偏角对切削过程的影响

（a）主偏角对切削宽度、厚度的影响   （b）主偏角对背向力的影响   （c）副偏角对残留面积的影响

③ 在切削平面 P_s 内测量的角度。

刃倾角 λ_s 是在切削平面 P_s 内测量的主切削刃 s 与基因 P_r 之间的夹角。根据主切削刃与基面相对位置的不同，可分为正刃倾角、零度刃倾角和负刃倾角（图 6-17）。λ_s 主要作用为：

a. 控制切屑的流向。当 $\lambda_s = 0°$ 时，切屑垂直于 s 流出；当 λ_s 为负时，切屑流向已加工表面会刮伤已加工表面；当 λ_s 为正时，切屑流向待加工表面。因此，精加工时应选用正的 λ_s（图 6-17）。

b. 控制切削刃切入时首先与工件接触的位置。λ_s 为正时，刀尖首先与工件接触，可能引起崩刃或打刀；$\lambda_s = 0°$ 时，整个主刀刃 s 与工件同时接触会引起较大冲击力；λ_s 为负时，s 上远离刀尖的点先与工件接触而保护刀尖免受冲击。因此，在断续切削或有冲击切削时应选用负的 λ_s。

c. 控制切削刃在切入和切出时的平稳性。具有正的或负的 λ_s 在切入或切出时，s 上各点对工件是依次接触或离开，使切削力增大或减小逐渐变化。因此，切削过程平稳。

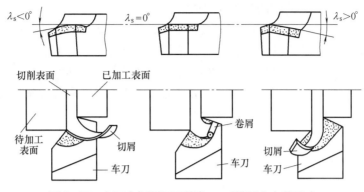

图6-17　车刀主切削刃刃倾角 λ_s 对排屑方向的影响

d. 控制背向力 F_p 和进给力 F_f 的比值。正的 λ_s 使 F_p 减小，F_f 增大。因此，工艺系统刚度差（如车削细长轴）的精加工应选用正的 λ_s。

除上述以外，λ_s 尚能增大刀具的实际工作前角。详述可参阅有关资料。

6.2.3　刀具材料

在切削过程中，刀具能否胜任切削工作，不仅直接与刀具切削部分的合理几何参数、刀具结构有关，而且还取决于刀具切削部分的材料性能。因为刀具在切削过程中要承受很大的载荷，较高的切削温度和摩擦而磨损。生产实践证明，刀具材料的切削性能直接影响刀具的寿命和生产率；刀具材料的工艺性，将影响刀具本身的制造与刃磨质量。

（1）刀具材料的基本性能

刀具材料通常是指刀具切削部分的材料。刀具在加工过程中要承受很大的压力，同时由于切削时产生金属塑性变形以及在刀具、切屑、工件间相互接触表面产生剧烈的摩擦和冲击等，使刀具切削刃上产生很高的温度，受到很大的应力，为了适应这样恶劣的工作条件，刀具材料必须具备相应的性能。

① 高的硬度。刀具材料的硬度必须高于工件材料的硬度（室温硬度应在 HRC60 以上），以便切下工件的切削层，所以硬度是刀具材料应具备的基本特征。

② 足够的强度和韧性。指刀具材料承受切削力而不变形和承受冲击载荷或振动而不断裂及崩刃的能力，分别用抗弯强度（σ_b）和冲击值（a_k）来衡量它们的高低或大小。

③ 高的耐磨性。指刀具材料抵抗摩擦和磨损的能力，是决定刀具寿命的主要因素。这是反映刀具材料力学性能和组织结构等因素的综合指标。一般来说，硬度越高耐磨性越好。同时耐磨性的好坏还取决于材料的强度、化学成分和组织结构。材料组织中硬质点（碳化物、氮化物等）的硬度越高、数量越多、晶粒越细、分布越均匀则耐磨性就越好。

④ 高的耐热性和化学稳定性。耐热性指刀具材料在高温下仍能保持刀具正常切削的性能（即在高温状态下保持硬度、耐磨性、强度和韧性的性能）。高温力学性能好，则刀具耐热性好，刀具材料耐热性越好，允许的切削速度也就越高，抵抗塑性变形的能力也越强。它是评定刀具切削部分材料性能好坏的最重要标志。化学稳定性是指刀具材料在高温下不易和工件材料和周围介质发生化学反应的能力。化学稳定性越好，刀具磨损就越慢。

⑤ 工艺性。指刀具材料应具有良好的高温可塑性、可加工性、可磨性、可焊接性和

热处理的性能，方便刀具的制造和角度刃磨。

上述性能是作为刀具材料不可缺少的基本性能。它们之间不是孤立的，而是相互联系和制约的。往往硬度高、耐磨性好的材料，韧性与工艺性差；而韧性与工艺性好的材料，耐热性和耐磨性差，应根据具体加工条件，抓主要性能，兼顾其他。实际应用时还必须考虑刀具材料的经济性，取材资源要丰富、价格低廉，最大限度降低刀具制造和使用成本。

（2）常用刀具材料的种类、特点及应用

目前，我国常用的刀具材料有三大类：工具钢类、硬质合金类和高性能刀具材料。常用刀具材料性能如表 6-2 所示。

表 6-2　　　　　　　　　　　　　　常用刀具材料性能

类型		性能					应用
		硬度	抗弯强度 /GPa	冲击韧性 /(kJ/m²)	热导率 [W/(m·K)]	耐热性 /℃	
工具钢类	碳素工具钢	HRC60~64	2.45~2.74		67.2	200~250	手工刀具
	合金工具钢	HRC61~65	2.4		41.8	350~400	低速刀具
	高速钢	HRC62~70	1.96~5.88	98~588	1.67~25	550~700	复杂刀具
硬质合金	钨钴类 YG	HRA89~90	1.45	25~35	79.6	800~850	加工短切屑的黑金属、有色金属和非金属材料
	钨钛钴类 YT	HRA90~93	1.2	5~10	33.5	900~1000	切削塑性材料,不宜加工脆性材料
	通用类 YW	HRA90~92	1.18~1.32	15~20	52	900~1000	加工黑金属、有色金属和非金属材料
高性能刀具材料	陶瓷	HRA91~93	0.45~0.85	4~5	19.2~38.2	1200~1450	连续切削塑性材料
	立方氮化硼 CBN	HV7300~9000	1~1.5		41.8	1300~1500	连续切削塑性材料,常用于精密加工
	人造金刚石 PCD	HV6500~10000	0.28		100~108	700~800	连续切削有色金属及非金属材料,不宜加工铁族元素金属
	天然金刚石	HV10000	0.21~0.49		146.5	700~800	

① 工具钢类。包括碳素工具钢、低合金工具钢、高合金工具钢。

a. 碳素工具钢是含碳量较高（一般为 0.75%~1.3%）的优质碳素钢。淬火硬度为 HRC61~64，但耐热性差，在 200~250℃时即开始失去原来的硬度，丧失切削性能，并且淬火后易生裂纹和变形，常用于制造低速（$v<0.12\text{m/s}$），简单的手工工具（如锉刀、刮刀、手用锯条等）。常用的牌号有 T10、T10A、T12A 等。

b. 合金工具钢（又称低合金钢）是在碳素工具钢中加入适量的合金元素 Cr、W、Mn 等的合金钢。这些合金元素明显地提高了耐磨性、耐热性（350~400℃）和韧性，同时减少了热处理变形。淬火后硬度为 HRC61~65。一般用来制造丝锥、板牙和机用铰刀等形状较为复杂、切削速度不高（$v<0.15\text{m/s}$）的刀具。常用牌号有 9CrSi、CrWMn 等。

c. 高速钢（又称高合金工具钢）是一种含 Cr、W、Mo、V 等合金元素较多的高合金工具钢，又称白钢或锋钢。热处理后的硬度为 HRC62~66，在 550~600℃仍能保持其切削性能，有较高的抗弯强度和冲击韧性。具有较好的可加工性及热处理性能，并易刃磨出锋利刃口。因此，特别适宜制造形状复杂、切削速度较高（$v<0.5\mathrm{m/s}$）的刀具，如钻头、丝锥、铣刀、拉刀和齿轮加工刀具等。常用的牌号有 W18Cr4V、W9Cr4V2 等。

为了满足高强度钢、高温合金及钛合金等难加工材料的需要，通过调整化学成分和添加适量其他合金元素，并改进冶炼技术及热处理工艺，而出现了适合于加工难加工材料的高性能高速钢，如钴高速钢、钒高速钢和铝高速钢等。

低钴超硬高速钢（W12Mo3Cr4V3Co5Si），代号 Co5SiO，淬火硬度为 HRC69~70，耐热性与耐磨性较高，缺点是韧性与刃磨性差。它适用于加工超硬高强度钢及高温合金等。

高碳高钒特种高速钢（W6Mo5Cr4V5SiNbA1），代号 B201，淬火硬度为 HRC66~68。解决了我国钴少钒多的资源问题，耐磨性有了显著提高，而韧性是高性能高速钢中较好的一种。它适用于制造钻头、铣刀和丝锥等复杂刀具。

超硬铝高速钢（W6Mo5Cr4V2A1），代号 501。淬火硬度为 HRC68~69。寿命比普通高速钢高 2~10 倍，性能优越，价格便宜。为我国独创以铝代钴的高性能高速钢的应用开端。它适用制造各种拉刀、铣刀、齿轮刀具和钻头等复杂刀具。

② 硬质合金类（又称钨钢）。硬质合金是采用粉末冶金技术，将高硬度难熔金属碳化物（WC、TiC 等）微米数量级的粉末作为基体，以钴作黏结剂，经高压成形后置于真空或氢气还原炉中高温（1300~1500℃）焙烧而成的非铁合金。

它的性能特点是硬度与耐热性高，常温硬度为 HRA89~93，即使在 800~1000℃ 高温下仍能保持良好的切削性能。切削速度比普通高速钢高 4~10 倍（可达 $v=1.65~5\mathrm{m/s}$）。其缺点是"性脆怕振、工艺性差"，因而复杂刀具尚不能大量用它。当前常用的硬质合金有两大类。

a. 钨钴类硬质合金（YG）。对应于国标 K 类，它由 WC 和 Co 组成。其硬度与耐热性不如 YT 类好（一般为 800~850℃），但韧性与抗冲击性能比 YT 类好。因此，它适合于加工短切屑的黑金属即脆性合金材料（如铸铁、有色金属合金等）或冲击性大的工件和淬硬钢、有色金属和非金属材料等。

根据含钴量不同，YG 类硬质合金牌号有 YG8、YG6、YG3 等，依次分别用于粗加工、半精加工和精加工。还有用于加工奥氏体不锈钢、耐热合金和冷硬铸铁等的 YG6X，以及脆性、塑性合金（铁与钢）和有色金属及淬硬钢等都能加工的硬质合金 YA6（相当 ISO 中的 K10）。

b. 钨钛钴类硬质合金（YT）。对应于国标 P 类，它是由 WC、TiC 作基体，以 Co 作黏结剂组成的机械混合物。硬度与耐热性比 YG 类高（一般在 1000℃），但韧性与抗冲击性能不好。由于它抗黏附性较好，能耐高温切削，适合加工长切屑的黑金属即塑性金属（如钢及合金钢等）、不宜加工铸铁等脆性材料。

根据含碳化钛的百分比不同，YT 类硬质合金有以下牌号：YT5、YT15 和 YT30。它们依次分别适用于粗加工、半精加工和精加工。

c. 通用类硬质合金（YW）。对应于国标 M 类，在硬质合金中添加少量 TaC（NbC），可明显改善其性能。在 YG 类中添加 TaC（NbC）可显著提高其高温强度与硬度以及耐磨性，抗弯强度略有下降，总地看利多弊少，如 YA6；在 YT 类中添加 TaC（NbC），可提高韧性和抗黏附性，而耐磨性也比 YT 类好，既可加工铸铁、有色金属，又可加工碳钢、合金钢，也适合加工高温合金、不锈钢等难加工钢材，从而有"通用合金"之称，YW1、YW2 属于这种合金。

③ 高性能刀具材料。包括陶瓷材料、立方氮化硼（CBN）、金刚石。

a. 陶瓷材料。作为刀具的陶瓷材料主要是金属陶瓷复合材料，是在氧化铝（Al_2O_3）、氮化硅（Si_3N_4）基体中加入耐高温的金属碳化物（如 TiC、WC）和金属添加剂（如 Ni、Fe）制成的。硬度可达 HRA93~94，有足够的抗弯强度，耐热温度高达 1200~1450℃。但其抗弯强度低、冲击韧性差，不如硬质合金。主要牌号有 T2、AMF 等。目前主要用于半精加工和精加工高硬度、高强度钢及冷硬铸铁等材料。

b. 立方氮化硼（CBN）。立方氮化硼是人工合成的又一种高硬度材料，硬度为 HV7300~9000，耐热性可达 1300~1500℃ 的高温，并且与铁族亲和力小。由于它耐热性和化学稳定性好，不仅适用于非铁族金属难加工材料的加工，也适用于高强度淬火钢和耐热合金的半精加工、精加工（精度可达 IT5、粗糙度为 $Ra = 0.4 \sim 0.2\mu m$），还可以加工有色金属及其合金。但要求加工设备刚性要好，且要连续切削。

c. 金刚石。包括人造聚晶金刚石、复合聚晶金刚石和天然金刚石。人造金刚石是在高压、高温气氛和其他条件配合下由石墨转化而成的，是目前人工制成的硬度最高的刀具材料（其硬度接近 HV10000，硬质合金仅为 HV1000~2000）。它不但可以加工硬度高的硬质合金、陶瓷、玻璃等材料，还可以加工有色金属及其合金和不锈钢，但不适宜加工铁族材料。这是由于铁和碳原子亲和力强，易产生黏结作用而加速刀具磨损。由于金刚石高温条件下易氧化，故其耐热温度只有 700~800℃。它是磨削硬质合金的特效工具，用金刚石进行高速精车有色金属时，表面粗糙度可达 $Ra = 0.1 \sim 0.025\mu m$。

由于高性能刀具材料均为硬度高、韧性差的材料，因此要求加工设备要刚性好、精度高、速度高，且加工工艺系统刚性要高、振动要小，常用于连续精密切削。

④ 涂层刀具。涂层刀具是在硬质合金或高速钢基体刀具涂一层或多层高硬度、高耐磨性的金属化合物（TiC、TiN、Al_2O_3 等）而构成的，以提高其表层的耐磨性和硬度。涂层厚度一般为 $2 \sim 12\mu m$。涂层刀具的制造，主要是通过现代化学气相沉积法（CVD）或物理气相沉积法（PVD）在刀片上涂敷一层材料。如今 CVD 已经是一个成熟的自动化过程，涂层是均匀一致的，而且在涂层和基体之间的附着力也非常好，所以涂后硬质合金刀具的寿命比不涂层的至少可提高 1~3 倍，涂层高速钢刀具的寿命比不涂层的可提高 2~20 倍。

6.3　切削过程中的物理现象

金属切削过程是机械制造过程的一个重要组成部分。金属切削过程是指将工件上多余的金属层，通过切削加工被刀具切除而形成切屑并获得几何形状、尺寸精度和表面粗糙度都符合要求的零件的过程。在这一过程中，始终存在着刀具切削工件和工件材料抵抗切削的矛盾，从而产生一系列现象，如切削变形、切削力、切削热与切削温度以及有关刀具的磨损与刀具寿命、卷屑与断屑等。对这些现象进行研究，揭示其内在的机理，探索和掌握金属切削过程的基本规律，从而主动地加以有效控制，对保证加工精度和表面质量、提高切削效率、降低生产成本和劳动强度具有十分重大的意义。总之，金属切削过程中产生的各种物理现象，直接影响机械加工的质量、生产率与生产成本。

配　套　视　频
带状切屑　　节状切屑　　崩碎切屑　　积屑瘤　　积屑瘤微观

6.3.1 切削过程

（1）切屑的形成

金属切削过程就是利用刀具从工件上切下切屑的过程，也就是切屑形成的过程，其实质是一种挤压变形过程。切削过程中切屑实际形成过程，如图6-18所示。

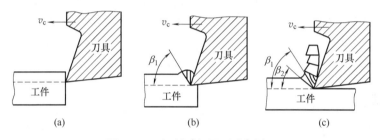

图6-18　切削（切屑形成）过程
（a）弹性变形　（b）塑性变形　（c）切屑分离

切削加工时，当刀具接触工件后，工件上被切层受到挤压而产生弹性变形；随着刀具继续切入，应力不断增大，当应力达到工件材料的屈服点时，切削层开始塑性变形，沿滑移角 β_1 的方向滑移；刀具再继续切入，应力达到材料的断裂强度，被切层就沿着挤裂角 β_2 的方向产生裂纹，形成切屑。当刀具继续前进时，新的循环又重新开始，直到整个被切层切完为止。所以切削过程就是切削层材料在刀具切削刃和前刀面的作用下，经挤压产生弹性变形、塑性变形、挤裂和切离而成为切屑的过程。由于工件材料、刀具的几何角度、切削用量等不同，将会形成不同形态的切屑。

（2）切屑的种类

切屑的类型是由应力-应变特性和塑性变形程度决定的。金属加工中切屑种类多种多样，若不考虑刀具断屑槽的影响，切屑有四种基本形态，如图6-19所示。

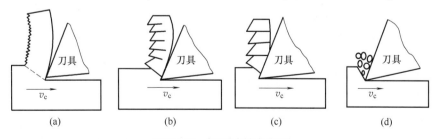

图6-19　切屑的基本类型
（a）带状切屑　（b）节状切屑　（c）粒状切屑　（d）崩碎切屑

① 带状切屑。内表面光滑，外表面毛茸。用较大的 γ_0 和较高的 v_c、较小的 f 和 a_p，加工塑性好的金属（如碳素钢、合金钢、铜和铝合金）时易获得这类切屑。带状切屑的变形小，切削力较平稳，已加工表面粗糙度低，但切屑会连绵不断地缠在工件上，应采取断屑措施。

② 节状切屑。又称挤裂切屑，外表面可见明显裂纹的连续带状切屑。切屑所受剪应力在局部超过了工件材料的屈服强度，使切屑外表面产生了明显的裂纹。用较低的 v_c、较大的 f 和 a_p，刀具前角较小时加工中等硬度的金属材料时易得到这类切屑，切削过程有轻微振动，切削力波动较大，工件表面较粗糙。

③ 粒状切屑。又称单元切屑，切屑呈规则的颗粒状，用很低的速度切削高硬度钢时易得到。切屑所受剪应力超过了工件材料的屈服强度，裂纹贯穿了整个切屑，振动较大，工件表面可见明显波纹。

④ 崩碎切屑。加工铸铁、青铜等脆性材料，切削层几乎不经过塑性变形就产生脆性崩裂，从而形成不规则的屑片。此时，切削过程具有较大的冲击振动，已加工表面粗糙。

认识各类切屑形成的规律，生产中就可以通过改变切削条件主动控制切屑的形成，使其向着有利于生产的方向转化。如在加工塑性材料时，容易形成带状切屑，切屑连绵不断地缠绕在零件或刀具上，使零件已加工的表面拉伤，甚至危及操作者的安全，这时改变刀具前角、切削速度、切屑厚度就可以改变切屑状态。因此，在切削加工中，控制切屑的形状、流向、卷曲和折断，对于保证正常生产秩序和操作者的安全都有十分重要的意义。

（3）切削变形

切削过程也是金属不断变形的过程。通常将切削刃作用部位的切削层划分为三个变形区，如图 6-20 所示。

① 第 I 变形区（剪切区）。从 OA 线（称始剪切线）开始发生塑性变形，到 OE 线（称终剪切线）晶粒的剪切滑移基本完成，这一区域称为第一变形区。切削层金属在第一变形区内发生晶粒伸长、剪切滑移转变成为切屑。随切削层金属变形程度的不同，形成不同类型的切屑。该区域是切削层金属产生剪切滑移和大量塑性变形的区域，这是形成切削力和切削热的主

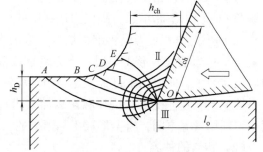

图 6-20　切削变形区

要区域，机床提供的大部分能量主要消耗在这个区域。

生产中根据具体情况，可采用增大前角、提高切削速度或通过热处理降低工件材料的塑性等措施，控制切削变形，以保证切削加工顺利进行。

② 第 II 变形区（摩擦区）。切屑沿前刀面排出时进一步受到前刀面的挤压和摩擦，使靠近前刀面处的金属纤维化，纤维化方向基本上和前刀面平行，这一区域称为第二变形区。切削塑性金属材料时，由于切屑底面与刀具前刀面间的挤压和剧烈摩擦，使切屑底层金属流速减缓，形成滞流层。当滞流层金属与前刀面之间的摩擦力超过切屑本身分子间结合力时，滞流层部分金属就黏附在刀具前刀面接近切削刃的地方，形成积屑瘤（图 6-21）。

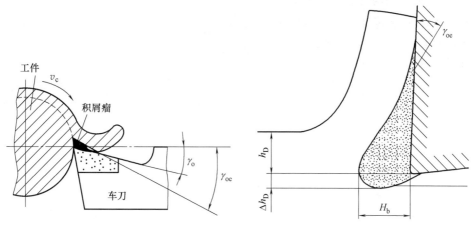

图6-21 车削积屑瘤形成过程及其对切削过程的影响

产生原因：中等切削速度切削塑性金属时，切屑底面的滞留层金属与前刀面摩擦带除杂质，使切屑与前刀面间分子亲和力及摩擦力之和大于切屑内部的分子结合力，造成金属从切屑底部撕裂粘接在前刀面上，产生"冷焊"现象，形成积屑瘤。

由于强烈的塑性变形，积屑瘤硬度很高，为工件材料硬度的2~3倍，可以代替切削刃切削，起到保护刀刃的作用；积屑瘤的存在增大了刀具的实际工作前角，使切屑变形减小，切削力减小。因此，粗加工时可利用它。

但积屑瘤长到一定高度后会破裂而突然脱落，影响加工过程的平稳性和切削层金属厚度，降低加工精度；积屑瘤会在工件表面上切出沟痕，甚至黏附上积屑瘤碎片，影响工件加工质量。因此，精加工时要防止积屑瘤的产生。

积屑瘤的产生主要取决于切削条件。一般在低速或高速切削时，或在良好的润滑条件下（如使用润滑性好的切削液）切削时，不易产生积屑瘤。当采用中等切削速度（如一般钢料 $v_c = 0.33 \sim 0.5 \mathrm{m/s}$）、切削温度约为300℃时最易产生积屑瘤。

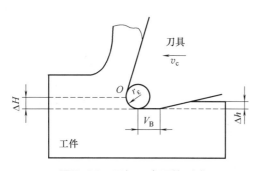

图6-22 已加工表面的形成

③ 第Ⅲ变形区（挤压区）。已加工表面受到刀刃钝圆部分和后刀面的挤压与摩擦，产生变形与回弹，造成纤维化与加工硬化，这部分称为第三变形区。如图6-22所示，切削塑性金属材料时，被切削金属由于受刀具切削刃钝圆半径 r_ε 的影响，在 O 点以上的金属变成切屑，O 点以下的金属层 ΔH 则受到刀具圆角部分的挤压，再经过刀具磨损后面 V_B 和弹性回跳接触后刀面的摩擦，最后厚度变为 Δh，使已加工表层金属发生剧烈的塑性变形，导致晶格扭曲、晶粒破碎，硬度大为提高，并产生残余应力和细微裂纹，从而降低材料的疲劳强度，这种现象称为形变强化（加工硬化）。形变强化是第Ⅲ变形区变形和摩擦的结果。凡是减小切屑变形与摩擦的措施，都可减轻加工硬化，如增大 γ_o 和 a_o、增大

v_c、限制后刀面磨损高度、采用合适的切削液等。

这三个变形区汇集在刀刃附近，切削层金属在此处与工件母体分离，一部分变成切屑，很小一部分留在已加工表面上。

（4）影响切削变形的因素

① 工件材料的性能。工件材料的强度、硬度越高，韧性越差，切削层的变形越小。

② 刀具几何参数。一般前角越大，切削层的变形越小。这是因为前角增大，虽然摩擦因数、摩擦角也增大，但剪切角也增大，剪切面减小，变形减小。刃倾角的大小影响到实际工作前角，对切削变形也会产生影响。

③ 切削用量。背吃刀量越大，挤压变形区越大，产生切削力大，切削变形增大。在无积屑瘤的切削速度范围内，切削速度越高，切削厚度压缩比越小。因为塑性变形的传播速度较弹性变形慢。另外，切削速度对摩擦因数也有影响。除在低速区外，速度增大，摩擦因数减小，因此变形减小。在有积屑瘤的切削速度范围内，切削速度是通过积屑瘤所形成的实际前角来影响切屑变形的。进给量增大，切削变形减小。

6.3.2　切削力和切削功率

（1）切削力的来源与分解

① 切削力的来源。刀具总切削力是刀具上所有参与切削的各切削部分所产生的总切削力的合力。而一个切削部分的总切削力 F 是一个切削部分切削工件时所产生的全部切削力。它来源于两个方面：三个变形区内产生的弹、塑性变形抗力和切屑、工件与刀具之间的摩擦力。切削时刀具需克服来自工件和切屑两方面的力，即工件材料被切过程中所发生的弹性变形和塑性变形的抗力，以及切屑对刀具前刀面的摩擦力相加工表面对刀具后刀面的摩擦力，如图 6-23 所示。

② 总切削力的几何分力。刀具切削部分的总切削力是个大小、方向多变，不易测量的力。为便于分析，常将总切削力沿选定轴系作矢量分解来推导出各分力，即总切削力的几何分力。外圆车削时切削力的分解，如图 6-24 所示。

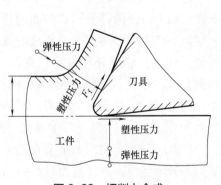

图 6-23　切削力合成

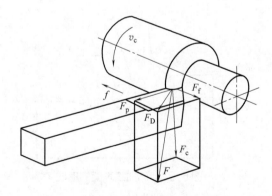

图 6-24　切削力分解

a. 主切削力 F_c。切削力 F 在主运动方向上的正投影。在各分力中它最大，要消耗机床功率的 95% 以上。它是计算机床功率和主传动系统零件强度和刚度的主要依据。

b. 进给力 F_f。F 在进给运动方向上的正投影，是设计或校核进给系统零件强度和刚度的依据。

c. 背向力 F_p。F 在垂直于工作平面上的分力。背向力不做功，具有将工件顶弯的趋势，并引起振动，从而影响工件加工质量。用增大 κ_r 的方法可使 F_p 减小。

F 与各分力的关系为：

$$F = \sqrt{F_c^2 + F_p^2 + F_f^2} \quad (\text{N})$$

（2）切削力的估算与切削功率

① 单位切削力 k_c。生产中，需用单位切削力来估算切削力的大小。单位切削力 k_c 就是切削力与切削层公称横截面面积之比。表 6-3 提供了部分单位切削力 k_c 数据。

$$k_c = \frac{F_c}{A_D} = \frac{F_c}{h_D b_p} = \frac{F_c}{a_p f} \quad (\text{N/mm}^2)$$

$$F_c = k_c A_D = k_c a_p f \quad (\text{N})$$

表 6-3　　　　硬质合金外圆车刀切削常用金属时单位切削力（$f = 0.3\text{mm/r}$）

| 工件材料 | | | | 实验条件 | | 单位切削力 |
类型	牌号	热处理状态	硬度（HB）	车刀几何参数	切削用量	k_c/（N/mm²）
碳素结构钢 合金结构钢	Q235	热轧 或正火	134～137	$\gamma_0 = 15° \kappa_r = 75°$ $\lambda_s = 0° bn = 0$ 前刀面有断屑槽	$a_p = 1 \sim 5\text{mm}$ $f = 0.1 \sim 0.5\text{mm/r}$ $v_c = 1.5 \sim 1.7\text{m/s}$	1884
	45		187			1962
	40Cr		212			1962
	45	调质	229	$b\gamma_1 = -20°$ $\gamma_{01} = -20°$ 其余同上		2305
	40Cr		285			2305
不锈钢	1Cr18Ni12Ti	淬火 回火	170～179	$\gamma_0 = -20°$ 其余同上		2453
灰铸铁	HT200	退火	170	前刀面无断屑槽 其余同上	$a_p = 2 \sim 10\text{mm}$ $f = 0.1 \sim 0.5\text{mm/r}$ $v_c = 1.17 \sim 1.33\text{m/s}$	1118
可锻铸铁	KTH300-60	退火	170	前刀面无断屑槽 其余同上		1344

生产实践中经常遇到切削力的计算问题。切削力可运用上述理论公式进行估算。虽然理论公式能反映影响切削力诸因素的内在联系，有助于分析问题，但由于推导公式时简化了许多条件，因而计算出的切削力不够精确，误差较大，故生产中常用经验公式。经验公式是通过大量实验，采用单因素试验法，对所得测量结果进行数据处理而建立起来的。通用切削力的指数形式经验计算公式如下所示。

进给抗力：　　　　　　　　$F_x = C_{Fx} a_p^{x_{Fx}} f^{y_{Fx}} v^{n_{Fx}} k_{Fx}$

背向力：　　　　　　　　　$F_y = C_{Fy} a_p^{x_{Fy}} f^{y_{Fy}} v^{n_{Fy}} k_{Fy}$

主切削力：　　　　　　　　$F_z = C_{Fz} a_p^{x_{Fz}} f^{y_{Fz}} v^{n_{Fz}} k_{Fz}$

其中 C_{Fx}、C_{Fy}、C_{Fz} 为取决于被加工材料和切削条件的系数；x_{Fx}、y_{Fx}、n_{Fx}、x_{Fy}、y_{Fy}、n_{Fy}、x_{Fz}、y_{Fz}、n_{Fz} 分别为三个分力中 a_p、f 和 v 的指数；k_{Fx}、k_{Fy}、k_{Fz} 为三个分力的总修正系数，是当实际加工条件与所求得经验公式的条件不符时的各种修正系数的总乘积。所有系数、指数和修正系数均可在有关金属切削手册中查得。

② 切削功率 P_c。切削功率 P_c 就是消耗在切削过程中的功率，应是三个切削分力消耗功率的总和。但车外圆时背向力 F_p 不消耗功率，进给力 F_f 消耗功率很少（1%～2%），可以忽略。因此

$$P_c = F_c v_c \times 10^{-3}　（kW）$$

式中　F_c——主切削力（N）；

　　　　v_c——切削速度（m/s）。

机床电动机功率 P_E 为

$$P_E \geqslant \frac{P_c}{\eta_c}（kW）$$

式中　η_c——机床传动效率，一般取 $\eta_c = 0.75 \sim 0.85$；

　　　　P_E——用于检验与选用机床电动机的依据。

（3）影响切削力的因素

① 工件材料。工件材料的成分、组织和性能是影响切削力的主要因素。工件材料的强度、硬度越高，则变形抗力越大，切削力越大。工件材料的塑性、韧性较好，则切屑变形较严重，需要的切削力就较大。

② 切削用量。切削用量中对切削力影响最大的是 a_p，其次是 f。实践证明，a_p 增大 1 倍，F_c 几乎增加 1 倍；f 增大 1 倍，F_c 只增加 70%～80%。所以，从切削力和能量消耗的观点来看，用大的 f 切削比用大的 a_p 切削更有利。

普通切削时，切削速度 v_c 对切削力的影响较小。切削塑性金属时，切削速度对切削力的影响要分为两个阶段。第一阶段为有积屑瘤阶段，切削速度从低速逐渐增加时，切削力先是逐渐减小，达到最低点后又逐渐增加至最大。这是由于切削速度影响积屑瘤的大小所致、切削速度从低速开始逐渐增加时，积屑瘤逐渐增大，使刀具的实际前角也逐渐增大，从而切削力相应地逐渐减小，切削力为最小值时，相当于积屑瘤达到最大值。切削速度继续增加，积屑瘤又逐渐减小，故切削力逐渐增大。第二阶段为积屑瘤消失阶段，随着切削速度的增加，由于切创温度逐渐升高，摩擦因数逐渐减小，因此使切削力又重新缓慢下降，而渐趋稳定，以车削 45 钢为例，如图 6-25 所示。

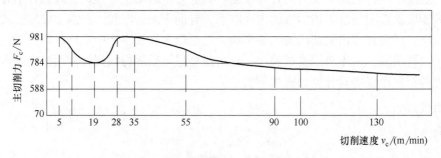

图 6-25　切削速度对切削力的影响

切削脆性金属时，由于其塑性变形较小、切屑与前刀面的摩擦也很小、因此切削速度对切削力的影响较小。

③ 刀具几何角度与刀具材料。γ_o 增大，刀刃锋利，切屑变形减小，同时摩擦减小，

切削力减小。a_c 增大，刀具后刀面与工件间的摩擦减小，切削力减小。改变 κ_r 的大小，可以改变 F_f 和 F_p 的比例。当加工细长工件时应增大 κ_r，可减小 F_p，从而避免工件的弯曲变形，通常这时 κ_r 取 $90° \sim 93°$。

刀具材料与被加工材料间的摩擦因数影响到摩擦力的变化，直接影响着切削力的变化。如在同样的切削条件下，陶瓷刀的切削力最小，硬质合金刀次之，高速钢刀具的切削力最大。

④ 其他因素。使用切削液可减小摩擦，减小切削力；后刀面磨损加剧时摩擦增加，切削力增大，因此要及时刃磨或更换刀具。

6.3.3 切削热和切削温度

（1）切削热的来源与传散

① 切削热的来源。切削过程中所消耗的切削功绝大部分转变为切削热。单位时间内产生的切削热可由下式算出：

$$Q = F_c v_c$$

式中 Q——每秒钟内产生的切削热（J/s）；

F_c——主切削力（N）；

v_c——切削速度（m/s）。

切削热的主要来源是切削层材料的弹、塑性变形（$Q_{变形}$），以及切屑与刀具前刀面之间的摩擦（$Q_{前摩}$）、工件与刀具后刀面之间的摩擦（$Q_{后摩}$）。因而三个变形区也是产生切削热的三个热源区。

② 切削热的传散。切削热通过切屑、工件、刀具和周围介质（如空气、切削液）等

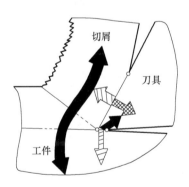

图 6-26 切削热的产生与传散

传散（图 6-26）。各部分传散的比例随切削条件的改变而不同，如通常车削（无切削液）时切屑会带走大多数热量，而钻孔多数热量则传给了工件，磨削、铣削则主要由切削液带走。

切削热产生与传散的综合结果影响着切削区域的温度。过高的温度不使工件产生热变形，影响加工精度，还影响刀具的寿命。因此，在切削加工中应采取措施，减少切削热的产生，改善散热条件以减少高温对刀具和工件的不良影响。

（2）切削温度及其影响因素

切削区域的平均温度称切削温度，其高低取决于切削热产生的多少及散热条件的好坏。影响切削温度的主要因素有切削用量、工件材料、刀具几何角度及刀具材料等。

① 切削用量。切削用量 v_c、f、a_p 增大，切削功率增加，产生的切削热相应增多，切削温度相应升高。但它们对切削温度的影响程度是不同的，v_c 的影响最大，f 次之，a_p 影响最小。这是因为随着 v_c 的提高，单位时间内金属切除量增多，功耗大，热量增加；同时，使摩擦热来不及向切屑内部传导，而是大量积聚在切屑底层，从而使切削温度升高。而 a_p 增加，参加工作的刀刃长度增加，散热条件得到改善，所以切削温度升高并不多。

切削温度与切削速度之间的经验公式为：

$$\theta = C_{0v}v^x$$

式中，θ 为切削温度；C_{0v} 为系数，与切削条件有关；v 为切削速度，x 为 v 的指数，反映 v 对 θ 的影响程度。一般，$x = 0.26 \sim 0.41$。

切削温度与进给量之间的经验公式为：$\theta = C_{0f}f^{0.14}$

切削温度与背吃刀量之间的经验公式为：$\theta = C_{0a_p}a_p^{0.04}$

式中，C_{0f}、C_{0a_p} 为系数，与切削条件有关。

② 工件材料。工件材料的强度、硬度越高或塑性越好，切削中消耗的功也越大，切削热产生得越多，切削温度越高。热导性好的工件材料，因传热快，切削温度较低。

③ 刀具几何角度与刀具材料。γ_o 和 κ_r 对切削温度的影响较大。γ_o 增大，切屑变形和摩擦减小，产生的切削热少，切削温度低；但 γ_o 过大，反而因刀具导热体积减小而使切削温度升高。κ_r 减小，切削刃工作长度增加，散热条件变好，使切削温度降低；但 κ_r 过小又会引起振动。导热性好刀具材料传热快，切削温度也较低。

此外，使用切削液与否和刀具的磨损等都会对切削温度产生一定的影响。

6.3.4　刀具磨损和寿命

切削过程中，刀具从工件上切下切屑的同时，刀具前、后刀面都处在摩擦和切削热的作用下，从而也造成了刀具本身的磨损。

（1）刀具磨损的过程及形式

① 刀具的磨损过程。

刀具的磨损过程可分为三个阶段，如图 6-27 所示，其中 V_B 为后刀面磨损量。

a. 初期磨损阶段。发生在刀具开始切削的短时间内。因为刃磨后的刀具表面微观粗糙不平，高点磨损较快，初期磨损快。刀具刃磨后通过采用油石抛磨可有效减少初期磨损。

b. 正常磨损阶段。经初期磨损后，刀具粗糙表面逐渐磨平，刀面上单位面积压力减小，磨损比较缓慢且均匀，进入正常磨损阶段。这阶段磨损量与切削时间近似成线性增加。

c. 急剧磨损阶段。当磨损量增加到一定限度后，刀具已磨损变钝，切削力与

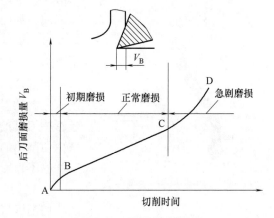

图 6-27　刀具磨损过程

切削温度迅速升高，磨损量急剧增加，刀具失去正常的切削能力。因此，在这个阶段到来之前，要及时换刀。

② 刀具的磨损形式。

刀具正常磨损时，不同的切削条件刀具磨损发生的主要部位不同，通常可分为以下三种形式（图 6-28）：

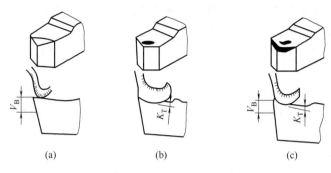

图 6-28　刀具磨损形式

（a）后刀面磨损　　（b）前刀面磨损　　（c）前后刀面同时磨损

a. 后刀面磨损。后面磨损程度通常用后面平均磨损宽度 V_B 来表示。切削脆性材料，或者切削塑性材料 $h_D < 0.1 \text{mm}$ 时，易发生这种磨损。

b. 前刀面磨损。又称月牙洼磨损，磨损后在切削刃口后方出现月牙洼，磨损程度用月牙洼的最大深度 K_T 表示。切削塑性材料，$h_D > 0.5 \text{mm}$ 时易发生这种磨损。

c. 前、后刀面同时磨损。又称边界磨损，常在主切削刃靠近工件外皮处以及副切削刃靠近刀尖处的后刀面上，磨出较深的沟纹。在常规条件下切削塑性材料 $h_D = 0.1 \sim 0.5 \text{mm}$ 时，会发生前、后刀面同时磨损。

刀具的磨损形式随切削条件不同可以互相转化。在大多数情况下，刀具正常磨损时前、后刀面都有磨损。因 V_B 的大小直接影响加工质量，又便于测量，所以常用 V_B 表示刀具磨损程度。

（2）刀具寿命及其影响因素

刀具允许的最大磨损限度称为磨钝标准，通常以正常磨损终了点的后面磨损宽度 V_B 作标准。但实际生产中，经常停机检测 V_B 不方便，因而采用达到磨钝标准所能切削的时间 T 作为间接限定刀具磨损量的衡量标准，由此提出刀具寿命的概念。

刀具寿命是刀具刃磨后开始切削，一直到磨损量达到刀具磨钝标准所经历的总切削时间，用 T 表示，单位 min。它也是刀具两次刃磨之间实际进行切削的时间。通用机床刀具的寿命为：硬质合金焊接车刀 60~90min，高速钢钻头 80~120min，硬质合金端铣刀 120~180min，齿轮刀具 200~300min。

刀具寿命的长短反映了刀具磨损的快慢。因此，凡是影响刀具磨损的因素，必然影响刀具寿命。影响刀具寿命的因素如下：

① 切削用量。切削用量 v_c、f、a_p 增大，切削力、摩擦和切削热增加，切削温度升高，将加速刀具的磨损，从而使刀具寿命下降。其中以 v_c 影响最显著，f 次之，a_p 影响最小。这是由它们对切削温度的影响顺序所决定的。其他影响切削温度的因素同样也影响刀具寿命。

切削用量三要素与刀具寿命的关系式：

$$T = \frac{C_v}{v^{\frac{1}{m}} f^{\frac{1}{n}} a_p^{\frac{1}{p}}}$$

其中 C_v 为与工件材料、刀具材料和其他切削条件有关的常数。

指数 m 表示切削速度对刀具寿命的影响程度。对于高速钢刀具，一般 $m = 0.1 \sim 0.125$，硬质合金刀具 $m = 0.2 \sim 0.3$；陶瓷刀具 m 值约为 0.4。m 值较小，表示切削速度对刀具寿命影响大，m 值较大，表明切削速度对寿命的影响小，即刀具材料的切削性能较好。

指数 n 和 p 表示进给量和背吃刀量对刀具寿命的影响程度。

② 工件材料。工件材料强度、硬度越高，塑性越好，热导性越差，切削温度越高，则刀具磨损加快，寿命降低。

③ 刀具材料及几何角度。刀具材料的热硬性和耐磨性好，刀具不容易磨损，寿命高。刀具的 γ_o、α_o 增大，切削时的变形、摩擦减小，磨损也减小，使刀具寿命延长；但 γ_o、α_o 太大时，刀刃强度削弱，导热体积减小，反而会加快磨损，寿命缩短。

④ 其他因素。正确使用切削液，可吸收大量切削热，降低切削温度，改善切削条件，减小刀具磨损，延长刀具使用寿命。

（3）刀具寿命的选用

实际生产中，刀具寿命同生产效率和加工成本之间的关系比较复杂。刀具寿命并不是越长越好。如果把刀具寿命选得过长，则切削用量势必被限制在很低的水平，虽然此时刀具的消耗及其费用较少，但过低的加工效率会导致加工成本增加。若刀具寿命选得过低，虽可采用较高的切削用量使金属切除量增多，但由于刀具磨损加快而使换刀、刃磨的工时和费用显著增加，同样达不到高效率、低成本的要求。

选择刀具时通常可采用最大生产率寿命 T_p 和最低成本寿命 T_c。最大生产率寿命 T_p 是根据单件工时（含切削加工工时、换刀工时和其他辅助工时）最短的观点来确定。最低成本寿命 T_c 是从工序成本（由切削工时费、换刀工时费、辅助工时费及与刀具消耗费四部分组成）最低的观点出发而确定的。通常应采用最低成本寿命，当任务紧迫或生产中出现不平衡环节时，可采用最大生产率寿命。

在选择刀具寿命时，还应考虑以下几点：

① 应考虑刀具的复杂程度和制造、重磨的费用。简单的刀具如车刀、钻头等，寿命选得低些；结构复杂和精度高的刀具，如拉刀、齿轮刀具等，寿命选得高些。同一类刀具，尺寸越大，制造和刃磨成本越高，寿命规定选得也越高。

② 对于装卡、调整比较复杂的刀具，如多刀车床上的车刀，组合机床上的钻头、丝锥、铣刀以及自动机及自动线上的刀具，寿命应选得高一些，一般为通用机床上同类刀具寿命的 $2 \sim 4$ 倍。

③ 生产线上的刀具寿命应规定为一个班或两个班，以便能在换班时间内换刀。如有特殊快速换刀装置时，可将刀具寿命减少到正常数值。

④ 精加工尺寸很大的工件时，刀具寿命应根据零件精度和表面粗糙度要求决定。为避免在加工同一表面时中途换刀，寿命应规定得至少能完成一次走刀。

（4）刀具破损

刀具破损和磨损一样，也是刀具的主要失效形式之一。用陶瓷、超硬刀具材料制成的刀具进行断续切削，或者加工高硬度材料时，刀具的脆性破损是经常发生的失效形式。

硬质合金和陶瓷刀具，在机械应力和热应力冲击作用下，经常发生脆性破坏；高速钢刀具材料与工件材料的硬度比低，耐热性较差，已发生塑性破损。硬度比越高，越不容易发生塑性破损，硬质合金、陶瓷刀具的高温硬度高，一般不容易发生塑性破损。刀具破损的形式，如表 6-4 所示。

表 6-4   **刀具破损形式**

破损形式		特点	刀具材料	经常出现的加工状态
脆性破损	崩刃	在切削刃上产生小的缺口	陶瓷、硬质合金	陶瓷刀切削及断续切削
	碎断	在切削刃上的刀具材料发生小块碎裂或大块断裂	陶瓷、硬质合金	断续切削
	剥落	在前、后刀面上几乎平行于切削刃而剥下一层碎片	陶瓷	端铣
	裂纹	较长时间连续切削后，使切削刃产生疲劳裂纹并导致刀具破损	陶瓷、硬质合金	热冲击引起的热裂纹、机械冲击和机械疲劳裂纹
塑性破损		高温和高压的作用发生塑性变形而丧失切削能力	高速钢	刀具材料与工件材料的硬度比低，耐热性较差

为减少刀具破损，要尽可能地保证工艺系统有较好的刚性，以减小切削时的振动；提高刀具材料的强度和抗热冲击性能。此外还可以采取以下措施防止或减少刀具破损。

① 合理选择刀具材料的牌号。对于断续切削刀具，必须选用具有较高冲击韧度、疲劳强度和热疲劳抗力的刀具材料。

② 选择合理的刀具角度。通过调整前角、后角、刃倾角和主、副偏角，增加切削刃和刀尖的强度，或者在主切削刃上磨出倒棱，可以有效地防止崩刃。

③ 选择合适的切削用量。硬质合金较脆，要避免切削速度过低时因切削力过大而崩刃，也要防止切削速度过高时因温度太高而产生热裂纹。

④ 尽量采用可转位刀具。若采用焊接刀具时，要避免焊接、刃磨不当所产生的各种弊病。

6.4   工件材料的切削加工性

6.4.1   材料切削加工性

切削加工性是指工件材料被切削加工的难易程度。某种材料切削加工的难易，要按具体的加工要求和切削条件来定。例如，不锈钢在普通机床上加工时困难并不大，而在自动机床上加工，则因难断屑而属于难加工材料。因此，切削加工性是一个相对的概念。

总的说来，加工某种材料时，若刀具寿命较高，或许用切削速度较高，或达到磨钝标准前切除的切屑体积较大，或加工表面质量易于保证，或断屑比较容易，或切削力较小，即可认为它的切削加工性好；反之，切削加工性就差。可见，材料的切削加工性是一个综合指标，因而很难找出一个简单的物理量来精确地规定和测量它。生产实践中，常用某一标志来衡量工件材料的切削加工性的某一方面。例如，以"v_t"作为工件材料切削加工性的指标。

v_t 的含义是：当刀具寿命为 T 时，切削某种材料所允许的切削速度。v_t 越高，则材料的切削加工性越好。通常取 $T = 60\text{min}$，v_t 可写成 v_{60}；对一些难加工材料，也可取 $T =$

30min 或 $T=15\text{min}$，分别写作 v_{30} 和 v_{15}。

如果以 $\sigma_b = 735\text{MPa}$ 的 45 钢的 v_{60} 作为基准，写作 $(v_{60})_j$，把其他材料的 v_{60} 与它相比，则得相对加工性 K_r，即

$$K_r = v_{60}/(v_{60})_j$$

常用材料的相对加工性可分为 8 级，如表 6-5 所示。

表 6-5　　　　　　　　　　　　　材料切削加工性分级

加工性等级	名称及种类		相对加工性 K_r	代表性材料
1	很容易切削材料	一般有色金属	>3.0	铜铅合金、铝铜合金、铝镁合金
2	容易切削材料	易切削钢	2.5~3.0	15Cr 退火 $\sigma_b=380\sim450\text{MPa}$ 自动机钢 $\sigma_b=400\sim500\text{MPa}$
3		较易切削钢	1.6~2.5	30 钢正火 $\sigma_b=450\sim560\text{MPa}$
4	普通材料	一般钢及铸铁	1.0~1.6	45 钢、灰铸铁
5		稍难切削材料	0.65~1.0	2Cr13 调质 $\sigma_b=850\text{MPa}$ 85 钢 $\sigma_b=900\text{MPa}$
6	难切削材料	较难切削材料	0.5~0.65	45Cr 调质 $\sigma_b=1050\text{MPa}$ 65Mn 调质 $\sigma_b=950\sim1000\text{MPa}$
7		难切削材料	0.15~0.5	50CrV 调质、1Cr18Ni12Ti，某些钛合金
8		很难切削材料	<0.15	某些钛合金，铸造镍基高温合金

相对加工性 K_r 实际上反映了不同材料对刀具磨损和寿命的影响程度，K_r 越大，表示切削该材料时刀具磨损慢，寿命长。

6.4.2　影响切削加工性的因素及其改善措施

（1）影响切削加工性的基本因素

① 工件材料的硬度。工件材料的常温硬度和高温硬度越高，材料中的硬质点数量越多、形状越尖锐、分布越广，材料的冷变形强化程度越严重，切削加工性就越差。切削试验的结果表明：常温硬度为 HBS140~250 的材料切削加工性较好，而硬度为 HBS180 的材料切削加工性最好。

② 工件材料的塑性。一般说来，材料的塑性越好，切削加工性越差。但材料塑性很差时切削加工性也变差。

③ 工件材料的强度。在一般情况下，切削加工性随工件材料强度的提高而降低。材料的高温强度越高，切削加工性也越差。

④ 工件材料的韧性。韧性大的材料切削加工性比较差。

⑤ 工件材料的弹性模量（E）。材料的 E 越大，切削加工性越差。但 E 很小的材料，如软橡胶的 E 值仅为钢的十万分之一，切削加工性也不好。

⑥ 工件材料的导热系数。一般情况下，导热系数小的材料切削加工性就差。例如，塑料导热系数很小，硬度又低，塑性差，切削加工性不好。

此外，还有很多因素影响工件材料的切削加工性。例如，切削气割件、铸件毛坯时，因工件不圆、夹砂、硬度不均匀而使切削加工性变差。

（2）改善材料切削加工性的措施

① 选用切削加工性好的材料或表面状态。在保证零件使用性能的前提下，设计时应选切削加工性好的材料，如选用含有 S、P、Se、Pb、Bi 等元素的易切削钢；含有促进石墨化的元素 Si、Al、Ni、Cu 等的铸铁切削加工性较好；含有阻碍石墨化的元素 Cr、Mo、Mn、V、Co、P、S 等的铸铁切削加工性较差。低碳钢切削加工性不好，而冷拔钢的切削加工性得到了改善。锻件余量不均匀，有硬皮，切削加工性较差；改用热轧钢可改善切削加工性。

② 通过热处理改善切削加工性。低碳钢通过正火，高碳钢通过球化退火，2Cr13 不锈钢通过调质等，均可改善切削加工性。

③ 选择合适的刀具材料及合理的几何参数。不宜用金刚石刀具加工铁族材料。选择强度高、导热性好的硬质合金（如钨钴类）和小的主偏角 κ_r 以改善散热条件，选用大前角 γ_o 以减小切屑变形，仔细刃磨前、后刀面以减少黏结，采用断屑槽断屑等，都可使切削较易进行，且刀具有较高的寿命。如图 6-29 所示为加工层压塑料的车刀，如图 6-30 所示为加工玻璃钢的车刀，如图 6-31 所示为加工橡胶的车刀，如图 6-32 所示为加工软橡胶的车刀。

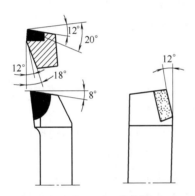

图 6-29　加工层压塑料的车刀

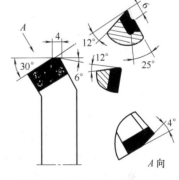

图 6-30　加工玻璃钢的车刀

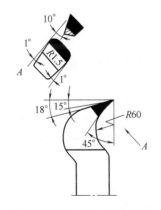

图 6-31　加工硬橡胶的车刀

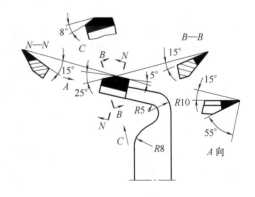

图 6-32　加工软橡胶的车刀

④ 采用特种加工及其他加工方法。改进难加工材料切削加工性的一项有效措施是采用特种加工，以及振动切削、高温切削等加工方式。

6.5　切削液

6.5.1　切削液的作用

切削液也称冷却润滑液。合理地选用冷却润滑液，可以有效地减少切削过程中刀具与切屑、工件加工表面的摩擦，从而降低切削力和功率的消耗及由此而转化的切削热量；同时通过冷却润滑液的循环，及时地吸收并带走切削区域中释放的热量。因此，冷却润滑液从减少切削热量的产生和及时带走切削热量两个方面使切削区域平均温度降低，提高了刀具寿命和已加工表面质量，有效地提高了生产率；使用冷却润滑液，一般可使切削速度提高 5%~20%，表面粗糙度数值减小，可节省能源 5%~20%。冷却润滑液的具体作用包括以下四个方面。

（1）冷却作用

切削液也称冷却润滑液。它的冷却作用可从两个方面来降低切削温度：一是减少切屑、工件与刀具之间的摩擦，使切削热"产得少"；二是将已产生的切削热及时地从切削区域吸收并带走，使切削热"传得快"。从两方面起到降温冷却作用，进而提高了刀具寿命和加工质量。在刀具材料耐热性差、工件材料热膨胀系数较大以及两者导热性较差的情况下，切削液的冷却作用显得特别重要。

（2）润滑作用

从理论上讲，金属切削过程中刀具在切削区域中的摩擦可分为干摩擦、流体润滑摩擦和边界摩擦三类。当然，真正的干摩擦只发生在真空中，摩擦力很大（摩擦因数可达10~100）。实际切削过程是在空气中进行的，虽然刚切下的新鲜金属与被切屑擦拭的前刀面十分洁净，但在空气中瞬间就被氧化形成氧化膜，降低了摩擦因数使切削顺利。切削液的润滑作用，只能在切屑、工件与刀具界面间存在油膜形成流体润滑摩擦时，才能得到较好的效果。而切削过程一般是在高温、高压下进行的，难以保持流体薄膜的稳定性，形成流体摩擦，所以，实际上刀具是处于边界摩擦状态。

在金属切削过程中，由于润滑剂的渗透性和吸附性极强，部分接触面间仍然存在着流体润滑吸附膜，起到减小摩擦因数的作用，这种状态下的摩擦，称为边界摩擦。

在边界摩擦状态下的润滑称为边界润滑。边界润滑又分为低温边界润滑、高温边界润滑、高压边界润滑和高温高压边界润滑四种。

边界润滑中，油膜的承载能力与油的黏度无关，而取决于润滑液中的"油性"。所谓"油性"，是指在动、植物油脂中包含着对金属有强烈吸附性的原子团，能在切削、工件与刀具界面间形成强度很高的物理吸附膜（即润滑膜）的性能。在一般金属的低速精加工时，主要是在切削液中添加动植物油脂的油性添加剂（或直接使用动、植物油），即可形成吸附润滑剂薄膜，减少刀具磨损与刀瘤，有效地降低表面粗糙度和提高刀具的寿命。

但是，大多数金属加工，特别是难加工材料的切削都属于极压润滑状态，此时的油性添加剂在接触表面上形成的油膜，也将被高温高压所破坏，这就必须依靠极压添加剂来维持润滑膜的强度与刚度。这层坚固的油膜是极压添加剂（常用的有含硫、磷、氯、碘等的有机化合物）在高温高压下进入切屑、工件与刀具界面间和金属发生化学反应，所生成的氯化铁、硫化铁（硫化铁熔点高达1193℃，其吸附膜在1000℃左右高温下不易破坏）等化学吸附膜，仍具有良好的润滑性。因此，采用恰当的切削油和添加剂，就可以改善切削过程的摩擦条件，达到提高切削效果的目的。切削液的润滑作用好坏，与润滑剂的渗透性、油性和活性成分（如硫、磷或氯的极压添加剂）所形成的润滑膜的能力和薄膜的强度密切相关。润滑作用最好的是动物油，植物油次之，天然矿物油最差。

（3）清洗作用

在金属切削过程中，为了防止碎屑（如铸铁屑）或磨料微粒黏附在工件、刀具或机床上，影响已加工表面质量、刀具寿命和机床精度，要求切削液具有良好的清洗作用。清洗性能的好坏，与切削液的渗透性、流动性和使用的压力有关。为了增强渗透性、流动性，往往加入剂量较大的表面活性剂（如油脂酸）和少量矿物油，用大的稀释比（水占95%~98%）制成乳化液或水溶液，可大大提高清洗效果。为了提高其冲刷能力以及时冲走碎屑及磨粉等，在使用中往往给予一定的压力，并保持足够的流量。

（4）防锈作用

为了使工件、机床和刀具不受周围介质（如空气、水分、手汗等）的腐蚀，以及工件在工序间运行不生锈，要求切削液具有良好的防锈作用。防锈作用的好坏，取决于切削液本身的性能和加入防锈添加剂的作用。对某些行业（如轴承、钟表与仪表等）和地区（如潮湿地区）来说，是一项十分重要的技术指标。

对于一种切削液要求具有上述四种性能均达到良好的程度是难以实现的。因此，只能根据具体切削条件与技术要求，解决主要矛盾，兼顾其他。切削液的选用除了要考虑上述作用外，还要求价廉、配制方便、稳定性好、不污染环境和对人体健康无害。

随着绿色制造技术的推广应用，一些新型冷却方法取代了传统冷却液的使用，如气体冷却、气雾冷却等，在生产中少、无切削液。

6.5.2　切削液的分类、特点及应用

（1）切削液的分类与特点

① 以冷却为主的冷却润滑液。水溶液的主要成分是水，冷却性能最好。但是不能直接使用天然水，否则金属易生锈，而且润滑性能太差。因此，必须在天然水中加入适量的添加剂，使其成为既有良好的防锈性能，又有一定润滑性能的水溶液。一般在水中加入0.2%~0.25%的亚硝酸钠和0.25%~0.5%的无水碳酸钠，配制成防锈水溶液。配制时要注意水质情况，若是硬水必须进行软化处理后方能使用。

离子冷却液是水溶液中的一种新型切削液，其母液是由阴离子表面活性剂（石油磺酸钠等）、非离子表面活性剂（聚氯乙烯脂肪醇醚）和无机盐配制而成。这些物质在水溶液里能分解成各种强度离子。在切削或磨削中，由于强烈摩擦所产生的静电荷，可通过这种冷却液的离子反应迅速消除，因而刀具和工件不产生高热，刀具寿命可提高1倍以上。

② 以润滑为主的冷却润滑液。切削油的主要成分是矿物油，少数情况采用动、植物油或复合油。纯矿物油不能在摩擦界面形成坚固的润滑膜，润滑效果差。生产实际中常在矿物油里加入油性、极压添加剂和防锈剂等，以提高其润滑和防锈性能。润滑性能的好坏与添加剂的性能密切相关。可以说，切削液的研制与发展，首先是各种添加剂和乳化剂的研制与发展的结果。按润滑性能的强弱，切削油又分为：

a. 矿物油。由天然原油提炼而成。目前常用的有 $5^{\#}$、$7^{\#}$、$10^{\#}$、$20^{\#}$、$30^{\#}$ 机油，轻柴油和煤油等。机油的号数是指它在 50℃ 时的黏度。号数越大黏度越大。矿物油是切削油中润滑性能最差的油。

b. 动、植物油。植物油有豆油、菜籽油、棉籽油和蓖麻油等；动物油主要是猪油、牛油等。它们有良好的"油性"，适用于低速精加工。但它们是食用油，且易变质，因此最好少用或不用。一般用含硫、氯等极压添加剂的矿物油代替。动物油的润滑性在切削油中为最好。

c. 板压切削油。以矿物油为基础，加入"油性"极压添加剂或防锈剂等配制而成。在高温高压下仍具有良好的润滑性，并且比动植物油有更好的稳定性和极压性能。

③ 兼顾冷却与润滑的切削液。乳化液是将矿物油、乳化剂、防锈剂、防霉剂、稳定剂和抗泡沫剂等，与 95%~98% 的水稀释而成的乳白色或半透明状的乳化液。它具有良好的冷却作用。因为用水稀释的倍数太大，所以润滑防锈性能较差。为了提高其润滑与防锈性能，再加入一定量的油性、极压添加剂和防锈剂等，配制成极压乳化液或防锈乳化液，它具有冷却与润滑两种性能。

（2）切削液的选用

① 粗加工时，加工余量和切削用量较大，产生的切削热量多，刀具易磨损。这时的主要目的是降低切削温度，所以应选用以冷却作用为主的水溶液或乳化液。硬质合金刀具耐高温性能好，一般不用切削液，如要用时可采用低浓度的乳化液或水溶液，但必须连续地、充足地浇注，不宜间断浇注，以免硬质合金刀片受热不均，产生内应力出现裂纹或破碎。

② 精加工时，采用切削液的目的主要是改善加工表面质量和提高刀具寿命，稳定尺寸精度。中、低速切削时，应选用润滑性好的极压切削油或高浓度的极压乳化液。用硬质合金刀具高速切削时，可选用以冷却为主的低浓度乳化液或水溶液，但要大流量地连续加注。螺纹加工、铰削、拉削、剃削加工等刀具的导向部分与已加工表面的摩擦较为严重；螺纹和成形车刀要求保持形状，应尽可能减少磨损，以保持刀具的尺寸精度和形状精度。而这类刀具多用高速钢制成，切削速度一般较低，因此，精加工时应选用润滑性较好的切削油或浓度高的极压乳化液。

③ 切削高强度钢、高温合金钢等难加工材料时，由于含硬质点多、机械擦伤作用大、导热性低等原因，对切削液的冷却与润滑方面都有较高的要求。难加工材料的切削均处于极压润滑摩擦状态下，因此应选用极压切削油或极压乳化液。

④ 磨削加工时，磨削温度高，工件易烧伤，同时产生大量的细屑、砂末会划伤已加工表面。因而，磨削时使用的切削液应具有良好的冷却和清洗作用，并有一定的润滑性能和防锈作用。故一般常用乳化液和离子型切削液。

【学后测评】

1. 选择题

（1）扩孔钻扩孔时的背吃刀量（切削深度）等于（　　）。

A. 扩孔前孔的直径　　　　　　　　　B. 扩孔钻直径的 1/2

C. 扩孔钻直径　　　　　　　　　　　D. 扩孔钻直径与扩孔前孔径之差的 1/2

（2）在切削平面内测量的角度有（　　）。

A. 前角和后角　　　　B. 主偏角和副偏角　　　C. 刃倾角　　　D. 工作角度

（3）切削用量中对切削热影响最大的是（　　　）。

A. 切削速度　　　　B. 进给量　　　　C. 切削深度　　　D. 三者都一样

（4）通过主切削刃选定点的基面是（　　　）。

A. 垂直于主运动速度方向的平面　　　　B. 与切削速度平行的平面

C. 与加工表面相切的平面　　　　D. 工件在加工位置向下的投影面

（5）粗车时选择切削用量的顺序是（　　　）。

A. $a_p \to v_c \to f$　　　B. $a_p \to f \to v_c$　　　C. $f \to a_p \to v_c$　　　D. $v_c \to a_p \to f$

（6）刀具磨钝的标准是规定控制（　　　）。

A. 刀尖磨损量　　　　B. 后刀面磨损高度

C. 前刀面月牙凹的深度　　　　D. 后刀面磨损宽度

（7）金属切削过程中的剪切滑移区是（　　　）。

A. 第Ⅰ变形区　　　B. 第Ⅱ变形区　　　C. 第Ⅲ变形区　　D. 第Ⅳ变形区

（8）确定刀具标注角度的参考系选用的三个主要基准平面是（　　　）。

A. 切削表面、已加工表面和待加工表面　　　B. 前刀面、后刀面和副后刀面

C. 基面、切削平面和正交平面　　　　D. 水平面、切向面和轴向面

（9）刀具上能减小工件已加工表面粗糙度值的几何要素是（　　　）。

A. 增大前角　　　B. 增大刃倾角　　　C. 减小后角　　　D. 减小副偏角

（10）当刀具产生了积屑瘤时，会使刀具的（　　　）。

A. 前角减小　　　B. 前角增大　　　C. 后角减小　　　D. 后角增大

（11）车削时，切削热最主要的散热途径是（　　　）。

A. 工件　　　B. 刀具　　　C. 切屑　　　D. 周围介质

（12）切削用量中对切削力影响最大的是（　　　）。

A. 切削速度　　　B. 进给量　　　C. 切削深度　　　D. 三者一样

（13）在主剖面（正交平面）内标注的角度有（　　　）。

A. 前角和后角　　　　B. 主偏角和副偏角

C. 刃倾角　　　　D. 工作角度

（14）切削铸铁工件时，刀具的磨损部位主要发生在（　　　）。

A. 前刀面　　　B. 后刀面　　　C. 前、后刀面　　D. 副后刀面

（15）影响刀头强度和切屑流出方向的刀具角度是（　　　）。

A. 主偏角　　　B. 前角　　　C. 副偏角　　　D. 刃倾角

（16）在切削铸铁时，最常见的切屑类型是（　　　）。

A. 带状切屑　　　B. 挤裂切屑　　　C. 单元切屑　　　D. 崩碎切屑

（17）主切削刃在基面上的投影与进给运动方向之间的夹角，称为（　　　）。

A. 前角　　　B. 后角　　　C. 主偏角　　　D. 副偏角

（18）粗加工时，在保证刀具一定耐用度的前提下，提高 v_c、f 和 a_p 来提高切削用量。在选择切削用量中，应优先选用最大（　　　）。

A. 切削速度　　　B. 进给量　　　C. 切削深度　　　D. 三者都一样

（19）在刀具材料中，制造各种结构复杂的刀具应选用（　　　）。

A. 碳素工具钢　　　B. 合金工具钢　　　C. 高速工具钢　　D. 硬质合金

（20）加工塑性金属时，当切削厚度较小，切削速度较高，刀具前角较大时，常得到（　　）切屑。

A. 带状　　　　　　B. 节状　　　　　　C. 粒状　　　　　　D. 崩碎状

2. 填空题

（1）总切削力可分解为_____、_____和_____三个分力。

（2）切削热来源于_____和_____。

（3）刀具的刃倾角是在切削平面内_____和_____之间的夹角。

（4）加工脆性材料宜选用_____类硬质合金，加工塑性材料宜选用_____类硬质合金。

（5）切削用量三要素指的是_____、_____、_____。

（6）在钻床上钻孔时，_____是主运动，_____是进给运动；在车床上钻孔时，_____是主运动，_____是进给运动。

（7）车削刚性较差的细长轴时，车刀主偏角应选用_____为宜，主要是为减小_____切削力的大小。

（8）γ_0 是_____的符号，是在_____面内测量的_____面与_____面的夹角。

（9）λ_s 是_____的符号，是在_____面内测量的_____与_____面的夹角。

（10）一般的，圆柱铣刀是由_____材料制成的。

（11）主偏角是在基面中测量的_____与_____间的夹角。

（12）在选择切削液时，粗加工和普通磨削加工常用_____，难加工材料的切削常用_____，精加工常用_____。

（13）粗加工时选择_____前角，精加工时选择_____前角。

（14）为了降低切削温度，目前采用的主要方法是切削时冲注切削液。切削液的作用包括_____、_____、_____和清洗作用。

（15）当金属切削刀具的刃倾角为负值时，刃尖位于主刀刃的最高点，切屑排出时流向工件_____表面。

（16）在切削过程中，工件上形成三个表面：_____、_____、_____。

（17）在切削塑性金属材料时，常有一些从切屑和工件上带来的金属"冷焊"在前刀面上，靠近切削刃处形成一个硬度很高的楔块，该楔块即_____。

（18）一个机械加工工艺系统由_____、_____、_____和_____构成。

3. 简答题

（1）简述积屑瘤的成因及其对加工过程的影响。

（2）简述刀具材料应具备哪些基本性能。

（3）影响切削力的因素主要有哪些？

（4）在切削加工中，常见切屑有哪些？各在什么条件下可以得到？

（5）粗、精加工时，为何所选用的切削液不同？

（6）切削热是怎样传出的？影响切削热传出的因素有哪些？

（7）粗加工时选择切削用量的基本原则是什么？

（8）说明前角的大小对切削过程的影响。

4. 综合题

（1）已知工件材料为钢，需钻 $\phi10mm$ 的孔，选择切削速度为 31.4m/min，进给量为 0.1mm/r。试求 2min 后钻孔的深度。

（2）已知工件材料为 HT200（退火状态），加工前直径为 70mm，用主偏角为 75° 的硬质合金车刀车外圆时，工件每秒钟的转数为 6r/s，加工后直径为 62mm，刀具每秒钟沿工件轴向移动 2.4mm，单位切削力 k_c 为 1118N/mm²。求：（1）切削用量三要素 a_p、f、v；（2）选择刀具材料牌号；（3）计算切削力和切削功率。

（3）用直径为 80mm 棒料作毛坯，加工成直径为 72mm 的外圆表面，外圆长 280mm，切入切出长度共 5mm，车床主轴转速 248r/min，进给量 0.55mm/r。求加工此工件需要多少时间。（取 $a_p = 2mm$）

（4）在某车床上加工轴类零件的端面，若工件直径为 100mm，主轴转速为 1000r/min，刀具进给量为 1mm，假定切入切出距离合计为 2mm，求端面加工时间。

（5）弯头车刀刀头部分如图 6-33 所示，试填写车外圆、车端面两种情况下刀具的组成及角度。

车外圆时：主切削刃 ＿＿＿＿＿＿＿；副切削刃 ＿＿＿＿＿＿＿；刀尖 ＿＿＿＿＿＿＿；主偏角 ＿＿＿＿＿＿＿；副偏角＿＿＿＿＿＿＿；前角＿＿＿＿＿＿＿；后角＿＿＿＿＿＿＿；

车端面时：主切削刃 ＿＿＿＿＿＿＿；副切削刃 ＿＿＿＿＿＿＿；刀尖 ＿＿＿＿＿＿＿；主偏角 ＿＿＿＿＿＿＿；副偏角＿＿＿＿＿＿＿；前角＿＿＿＿＿＿＿；后角＿＿＿＿＿＿＿。

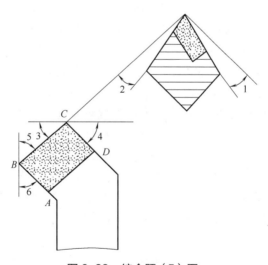

图 6-33　综合题（5）图

7 金属切削机床与典型表面加工方法

【知识目标】

- 了解常用机床型号及其表示方法。
- 掌握车床、铣床、刨床、钻床等各种常见机床的类型、加工特点、工艺范围及使用方法。
- 掌握外圆表面、内圆表面和平面的加工方法。

【能力目标】

- 识记金属切削机床的型号编制、结构组成、工艺范围。
- 领会内、外圆表面、平面的加工方法、加工设备及刀具。
- 学会正确合理地选用机床类型、加工方法。

【引言】

机床作为工业母机，是工业生产最重要的工具之一。机床行业的发展直接影响我国制造业转型升级的进程，对于我国发展成为制造强国具有战略性意义。多年来，我国对于数控机床行业一直保持较大的扶持力度，并持续出台相关政策指引行业发展："九五"规划（1996~2000），以改进数控机床的性能和质量为主要目标；"十五"规划（2001~2005）把发展数控机床、仪器仪表和基础零部件放到重要位置；"十一五"规划（2006~2010）至"十三五"规划（2016~2020）则强调发展高端数控机床及其配套技术；"十四五"规划（2021~2025）注重高端数控机床产业的创新发展。此外，国家制定的《中国制造2025》《国家创新驱动发展战略纲要》《智能制造发展规划（2016~2020年）》等重要政策文件都将发展高档数控机床作为重要目标，各省市也均在"十三五""十四五"期间发布了推动数控机床行业发展的支持性政策，政策内容均落实了"重点发展高档数控机床"的宗旨。国家和各省市强有力的政策支持为机床行业的发展提供了良好的政策环境，促进其快速发展。

自2011年以来，我国一直是全球机床第一大生产国和消费国。据国家统计局统计数据显示，2021年全年中国金属切削机床累计产量达到了60.2万台，累计增长29.2%。截至2022年1~2月中国金属切削机床累计产量达到8.9万台，累计增长7.2%。但是由于我国机床行业起步较晚，我国机床企业在行业竞争中多数靠量来取胜，产品附加值较低，在核心技术方面与发达国家之间还存在一定的差距。目前我国机床行业处于较大贸易逆差状态，根据机床工具工业协会数据，2021年我国金属加工机床贸易逆差为21.40亿美元。

近年来，我国机床行业的技术水平不断提高，逐步开始掌握机床核心技术，不断提升高档数控机床的自主供给能力，逐渐形成进口替代的趋势。中国自主研发生产的七轴五联动机床成功问世,如图 7-1 所示,突破了国外的技术封锁。因此,随着产业结构调整,高档数控机床需求的增加,未来机床升级换代空间较大,随着国产数控机床的综合竞争力不断提高,未来高档数控机床将具有较大的进口替代空间。

图 7-1　国产七轴五联动车铣复合机床

7.1　金属切削机床

7.1.1　金属切削机床分类及型号编制方法

(1) 金属切削机床的分类

金属切削机床的种类、规格繁多,为便于区分、使用和管理,必须加以分类。通常,机床是按照加工方式(如车、钻、刨、铣、磨、镗等)及某些辅助特征来进行分类的。目前我国将机床分为 12 大类。除了上述分类法外,还有以下几种分类方法。

① 按照万能程度。按万能程度,机床可分为通用机床、专门化机床、专用机床。

a. 通用机床(万能机床)。这类机床有加工多种零件的不同工序,加工范围较广。例如普通车床、卧式镗床、万能升降台铣床等,都属于通用机床。此类机床由于万能性较大,结构往往复杂,主要适用于单件、小批量生产。

b. 专门化机床(专能机床)。这类机床专门用于加工不同尺寸的一类或几类零件的某一种(或几种)特定工序。例如精密丝杠车床、凸轮轴车床、曲轴连杆颈车床等都属于专门化机床。

c. 专用机床。这类机床用于加工某一种(或几种)零件的特定工序。例如机床主轴箱的专用镗床、车床床身导轨的专用龙门磨床等都是专用机床。专用机床是根据特定的工艺要求专门设计制造的。它的生产率较高,自动化程度往往也较高。组合机床实质上也是专用机床。

② 按照加工精度。在同一种机床中，按其加工精度可分为普通精度机床、精密机床和高精度机床三种。

③ 按照机床自动化程度。机床可分为手动机床、机动机床、半自动机床和自动机床。此外，机床还可以按重量不同，分为小型仪表机床、中型机床（一般机床）、大型机床和重型机床。按照机床主要器官的数目，分为单轴机床、多轴机床、单刀机床、多刀机床等。

例如，多轴自动车床就是以车床为基本类型，再加上"多轴""自动"等辅助特征，以区别于其他种类车床。

（2）金属切削机床的编号

机床型号是用来表示机床的类型、主要技术参数和特征代号等，是机床产品的代号，用以简明地表示机床的。目前，我国的机床型号是按 2008 年颁布的国家标准 GB/T 15375—2008《金属切削机床型号编制方法》编制。具体型号表示如表 7-1 所示。

表 7-1　　　　　　　　　　　　机床型号表示及实例

项目	类别代号	特性代号	组别代号	型别代号	主参数或设计顺序号	·主轴数	第二参数	重大改进顺序号	其他特性代号
形式	（○）□	（□）	○	○	○○	（·○）	（×○）	（□）	（/○）
实例	X	K	6	0	30				
	C		6	1	40				
	Y		7	1	32			A	
	M		1	4	32				
	C		2	1	40	·6			

注：a. 表中"○"代表阿拉伯数字，"□"代表大写汉语拼音字母；
　　b. 带"（　　）"的数字或字母，有代号时将"（　　）"去掉表示，没有代号时不表示。

① 机床类别的代号。按国家标准 GB/T 15375—2008《金属切削机床型号编制方法》将机床分为 12 大类，其类别代号如表 7-2 所示。

表 7-2　　　　　　　　　　　　机床的类别代号

类别	车床	钻床	镗床	磨床			齿轮加工机床	螺纹加工机床	铣床	刨插床	拉床	电加工机床	切断机床	其他机床
代号读音	C 车	Z 钻	T 镗	M 磨	2M 2磨	3M 3磨	Y 牙	S 丝	X 铣	B 刨	L 拉	D 电	G 割	Q 其

② 机床的特性代号。包括通用特性代号和结构特性代号。

a. 通用特性代号。当某类型机床，除有普通形式外，还具有各种通用特性时，则在类别代号字母之后加上相应的特性代号，如表 7-3 所示，如 CM6132 型精密普通车床型号中的"M"表示"精密"。如其类型机床仅有某种通用特性，而无普通形式时，则通用特性不必表示。如 C1312 型单轴六角自动车床，由于这类自动车床中没有"非自动"型，所以不必表示出"Z"的通用特性。

表 7-3　　　　　　　　　　　　　　通用特性代号

通用特性	高精度	精密	自动	半自动	数控	加工中心（自动换刀）	仿形	轻型	加重型	简式或经济型	柔性加工单元	数显	高速
代号读音	G 高	M 密	Z 自	B 半	K 控	H 换	F 仿	Q 轻	C 重	J 简	R 柔	X 显	S 速

　　b. 结构特性代号。为了区别主要参数相同而结构不同的机床，在型号中用汉语拼音字母区分。例如 CA6140 型普通车床型号中的 "A" 可理解为：CA6140 型普通车床在结构上区别于 C6140 型及 CY6140 型普通车床。结构特性的代号字母是根据各类机床的情况分别规定的，在不同型号中的意义可以不一样。当机床有通用特性代号时，结构特性代号应排在通用特性代号之后。为避免混淆，通用特性代号已用的字母及 I、O 都不能作为结构特性代号。

　　③ 机床的组别和型别代号。机床的组别和型别代号用两位阿拉伯数字表示，位于类代号或特性代号之后。每类机床按其结构性能及使用范围划分为 10 个组，用数字 0~9 表示。每组机床又分若干个型（型别）。凡主参数相同，并按一定公比排列，工件和刀具本身的和相对的运动特点基本相同，且基本结构及布局形式也相同的机床，即为同一型别。常用机床的组金属切削机床的类、组、型划分及其代号可参看国标 GB/T 15375—2008 中 "通用机床统一名称及类、组、型划分表"。金属切削机床的类、组划分如表 7-4 所示。

表 7-4　　　　　　　　　　　　　　通用机床类、组划分表

类别		组别									
		0	1	2	3	4	5	6	7	8	9
车床 C		仪表车床	单轴自动、半自动车床	多轴自动、半自动车床	回轮、转塔车床	曲轴及凸轮轴车床	立式车床	落地及卧式车床	仿形及多刀车床	轮、轴、辊、锭及铲齿车床	其他车床
钻床 Z		—	坐标镗钻床	深孔钻床	摇臂钻床	台式钻床	立式钻床	卧式钻床	铣钻床	中心孔钻床	—
镗床 T		—	—	深孔镗床	—	坐标镗床	立式镗床	卧式铣镗床	精镗床	汽车、拖拉机修理用镗床	—
磨床	M	仪表磨床	外圆磨床	内圆磨床	砂轮机	坐标磨床	导轨磨床	刀具刃磨床	平面及端面磨床	曲轴、凸轮轴、花键轴及轧辊磨床	工具磨床
	2M	—	超精机	内圆研磨机	外圆及其他研磨机	抛光机	砂带抛光及磨削机床	刀具刃磨及研磨机床	可转位刀片磨削机床	研磨机	其他磨床
	3M	—	球轴承套圈沟磨床	滚子轴承套圈滚道磨床	轴承套圈超精机床	—	叶片磨削机床	滚子加工机床	钢球加工机床	气门、活塞及活塞环磨削机床	汽车、拖拉机修磨机床
齿轮加工机床 Y		仪表齿轮加工机	—	锥齿轮加工机	滚齿及铣齿机	剃齿及研齿机	插齿机	花键轴铣床	齿轮磨齿机	其他齿轮加工机	齿轮倒角及检查机床

续表

类别	组别									
	0	1	2	3	4	5	6	7	8	9
螺纹加工机床 S	—	—	—	套丝机	攻丝机	—	螺纹铣床	螺纹磨床	螺纹车床	—
铣床 X	仪表铣床	悬臂及滑枕铣床	龙门铣床	平面铣床	仿形铣床	立式升降台铣床	卧式升降台铣床	床身铣床	工具铣床	其他铣床
刨插床 B	—	悬臂刨床	龙门刨床	—	—	插床	牛头刨床		边缘及模具刨床	其他刨床
拉床 L	—	—	侧拉床	卧式外拉床	连续拉床	立式内拉床	卧式内拉床	立式外拉床	键槽及螺纹拉床	其他拉床
锯床 G	—	—	砂轮片锯床	—	卧式带锯床	立式带锯床	圆锯床	弓锯床	锉锯床	—
其他机床 Q	其他仪表机床	管子加工机床	木螺钉加工机	—	刻线机	切断机				

④ 主要参数的代号。主要参数是代表机床主要技术规格大小的一种参数，用阿拉伯数字来表示，如表 7-5 所示。通常小型机床用主参数的折算值表示，普通机床用主参数的折算值 1/10 表示，大型机床用主参数的折算值 1/100 表示。在型号中组和型的两个数字后面的第三位及第四位数字都是表示主参数的。

表 7-5　　　　　　　　　各类主要机床的主参数和折算系数

机床	主参数名称	主参数折算系数	第二主参数
卧式车床	床身上最大回转直径	1/10	最大工件长度
立式车床	最大车削直径	1/100	最大工件高度
摇臂钻床	最大钻孔直径	1/1	最大跨距
卧式镗铣床	镗轴直径	1/10	—
坐标镗床	工作台面宽度	1/10	工作台面长度
外圆磨床	最大磨削直径	1/10	最大磨削长度
内圆磨床	最大磨削孔径	1/10	最大磨削深度
矩台平面磨床	工作台面宽度	1/10	工作台面长度
齿轮加工机床	最大工件直径	1/10	最大模数
龙门铣床	工作台面宽度	1/100	工作台面长度
升降台铣床	工作台面宽度	1/10	工作台面长度
龙门刨床	最大刨削宽度	1/100	最大刨削长度
插床及牛头刨床	最大插削及刨削长度	1/10	—
拉床	额定拉力/t	1/1	最大行程

⑤ 机床的重大改进顺序号。当机床的性能及结构布局有重大改进，并按新产品重新设计、试制和鉴定时，在原有机床型号的尾部加重大改进号，以区别于原有机床型号。序

号按 A、B、C…的字母顺序选用。

⑥ 其他特性代号。主要用以反映各类机床的特性，如对数控机床可用来反映不同的数控系统，对一般机床可用来反映同一型号机床的变型等。其他特性代号用汉语拼音字母或阿拉伯数字或二者的组合来表示。

通用机床的型号编制举例：

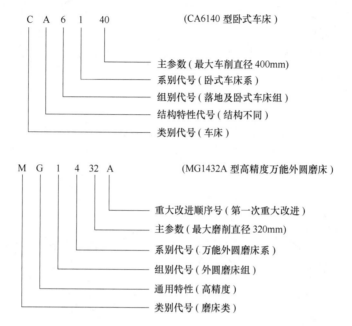

```
C  A  6  1  40          （CA6140 型卧式车床）

                        主参数（最大车削直径 400mm)
                        系别代号（卧式车床系）
                        组别代号（落地及卧式车床组）
                        结构特性代号（结构不同）
                        类别代号（车床）


M  G  1  4  32  A       （MG1432A 型高精度万能外圆磨床）

                        重大改进顺序号（第一次重大改进）
                        主参数（最大磨削直径 320mm)
                        系别代号（万能外圆磨床系）
                        组别代号（外圆磨床组）
                        通用特性（高精度）
                        类别代号（磨床类）
```

此外，多轴机床的主轴数目以阿拉伯数字表示在型号后面，并用"·"分开，例如C2140·6 是加工最大棒料直径为 40mm 的卧式六轴自动车床的型号。

7.1.2　金属切削机床的基本构造

如图 7-2~图 7-6 所示分别为车床、铣床、刨床、钻床、磨床的结构示意图。

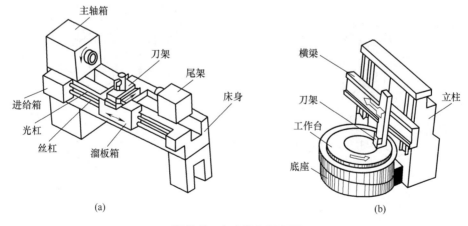

图 7-2　车床结构示意图

（a）普通车床　（b）立式车床

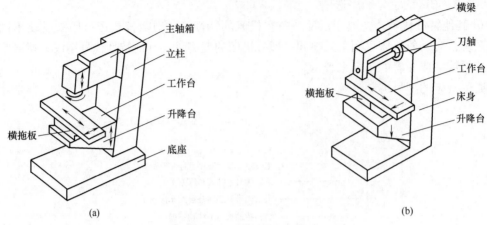

图 7-3 铣床结构示意图

（a）立式升降台铣床   （b）卧式升降台铣床

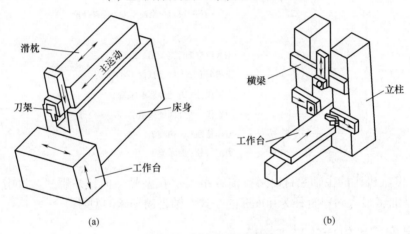

图 7-4 刨床结构示意图

（a）牛头刨床   （b）龙门刨床

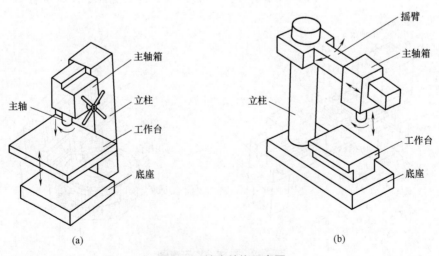

图 7-5 钻床结构示意图

（a）立式钻床   （b）摇臂钻床

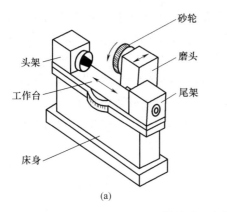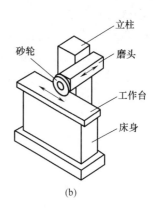

图7-6　磨床结构示意图

（a）外圆磨床　　（b）平面磨床

由图可知，各类机床的基本结构可归纳如下：

① 主传动部件。用来实现机床主运动，如车床、铣床和钻床的主轴箱，磨床的磨头等。

② 进给运动部件。用来实现机床进给运动，也用来实现机床的调整、退刀及快速运动等，如车床的进给箱、溜板箱，铣床、钻床的进给箱，磨床的液压传动装置等。

③ 动力源。为机床运动提供动力，如电动机等。

④ 刀具的安装装置。用来安装刀具，如车床、刨床的刀架，立式铣床、钻床的主轴，磨床磨头的砂轮轴等。

⑤ 工件的安装装置。用来安装工件，如普通车床的卡盘和后架，铣床、钻床的工作台等。

⑥ 支承件。用来支承和连接机床各零部件，如各类机床的床身、立柱、底座等，是机床的基础构件。

此外，机床结构还有控制系统，用于控制各工作部件的正常工作，主要是电气控制系统，如数控机床是数控系统，有些机床局部采用液压或气动控制系统。机床要正常工作还需有冷却系统、润滑系统及排屑装置，自动测量装置等其他装置。

7.1.3　常用机床传动系统

在机床上进行切削加工时，经常需要改变工件和刀具的运动方式。为了实现加工过程中所需的各种运动，机床通过自身的各种机械、液压、气动、电气等多种传动机构，把动力和运动传递给工件和刀具，其中最常见的是机械传动和液压传动。

配套视频

滑移齿轮　　开合螺母
变速机构

（1）机床传动链

机床上常用带传动、链传动、齿轮啮合传动、蜗轮蜗杆和丝杆螺母等机械传动传递运动和动力。这些传动形式工作可靠，维修方便。除带传动外，其他传动都具有固定的传动比。

从一个元件到另一个元件之间的一系列传动件，称为机床的传动链。传动链两端的元件称为末端件。末端件可以是动力源、某个执行件，也可以是另一条传动链中间的某个环节。

每一条传动链并不是都需要单独的动力源，有的传动链可以与其他传动链共用一个动力源。

传动链的两个末端件的转角或移动量（称为"计算位移"）之间如果有严格的比例关系要求，这样的传动链称为内联系传动链。若没有这种要求，则为外联系传动链。展成法加工齿轮时，单头滚刀转一转，工件也应匀速转过一个齿，才能形成准确的齿形。因此，连接工件与滚刀的传动链，即展成运动传动链，就是一条内联系传动链。同样，在车床上车螺纹时，刀具的移动与工件的转动之间，也应由内联系传动链相连。在内联系传动链中，不能用带传动、摩擦轮传动等传动比不稳定的传动装置。

传动链中通常包括两类传动机构：一类是传动比和传动方向固定不变的传动机构，如定比齿轮副、蜗杆蜗轮副、丝杠螺母副等，称为定比传动机构；另一类是根据加工要求可以变换传动比和传动方向的传动机构，如挂轮变速机构、滑移齿轮变速机构、离合器换向机构等，统称为换置机构。

（2）传动原理图

拟定或分析机床的传动原理时，常用传动原理图。传动原理图只用简单的符号表达各执行件、动力源之间的传动联系，并不表达实际传动机构的种类和数量。如图 7-7 所示为车床的传动原理图，电动机、工件、刀具、丝杠螺母等均用简单的符号表示，1~4 及 4~7 分别代表电动机至主轴、主轴至丝杠的传动链。传动链中传动比不变的定比传动部分用虚线表示，如 1~2、3~4、4~5、6~7 均代表定比传动机构。2~3 及 5~6 的符号表示传动比可以改变的机构，即换置机构，其传动比分别为 u_v 和 u_x。

通用机床的工艺范围很广，因而其主运动的转速范围和进给运动的速度范围较大。例如中型卧式车床主轴的最低转速 n_{min} 常为每分钟几转至

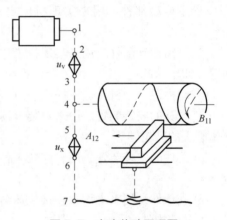

图 7-7　车床传动原理图

十几转，而最高转速 n_{max} 可达 $1500 \sim 2000 r/min$。在最低转速与最高转速之间，根据机床对传动的不同要求，主轴的转速可能有两种变化方式——无级变速和有级变速。

采用无级变速方式时，主轴转速可以选择 n_{min} 与 n_{max} 之间的任何数值。其优点是可以得到合理的转速，速度损失小，但无级变速机构的成本稍高。常用的无级变速机构有电动机的无级变速和机械的无级变速机构。现在数控机床、加工中心的传动系统都普遍采用了无级变速。

采用有级变速方式时，主轴转速在 n_{min} 与 n_{max} 之间只有有限的若干级中间转速可供选用。

（3）传动系统图

分析机床的传动系统时经常使用的另一种技术资料是传动系统图。它是表示机床全部运动的传动关系的示意图，如表 7-6 所示，国标规定的符号见 GB 4460—2013《机械制图 机构运动简图用图形符号》代表的各种传动元件，按运动传递的顺序画在能反映机床外形和各主要部件相互位置的展开图中。传动系统图上应标明电动机的转速和功率、轴的编号、齿轮和蜗轮的齿数、带轮直径、丝杠导程和头数等参数，字母 M 代表离合器。传动

系统图只表示传动关系，而不表示各零件的实际尺寸和位置。有时为了将空间机构展开为平面图形，还必须做一些技术处理，如将一根轴断开绘成两部分，或将实际上啮合的齿轮分开来画（用大括号或虚线连接起来），看图时应加以注意。

表 7-6   常用机械传动系统元件简图符号

名称	图形	符号	名称	图形	符号
轴	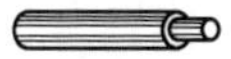	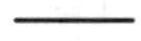	滑动轴承	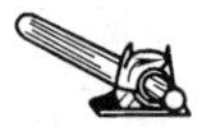	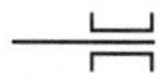
滚动轴承	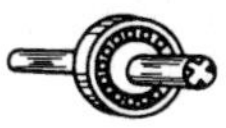	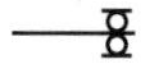	止推轴承	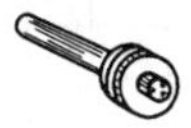	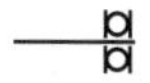
单向牙嵌离合器	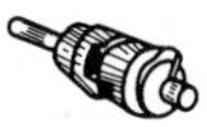	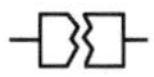	双向牙嵌离合器	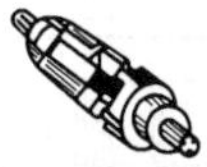	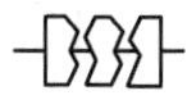
双向摩擦离合器	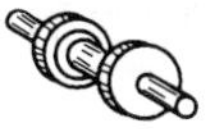	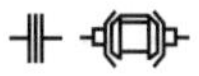	双向滑动齿轮	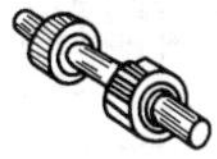	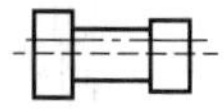
整体螺母传动	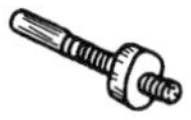	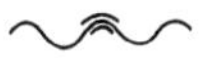	开合螺母传动	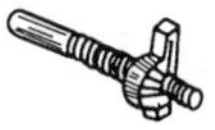	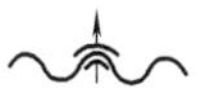
平型带传动	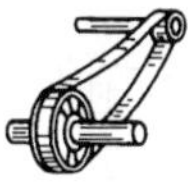	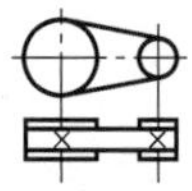	三角胶带传动	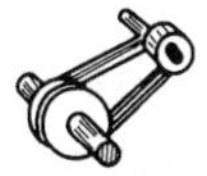	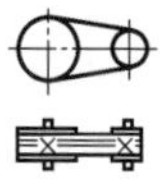
齿轮传动	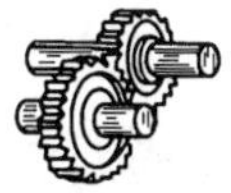	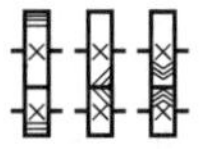	蜗杆传动	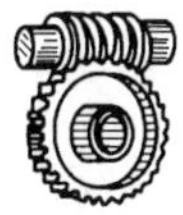	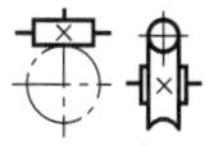
齿轮齿条传动	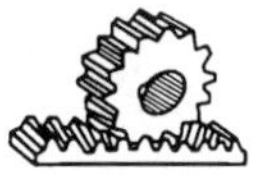	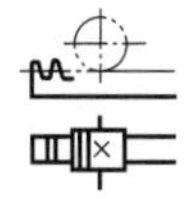	锥齿轮传动	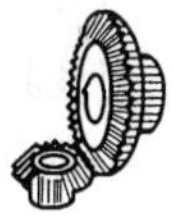	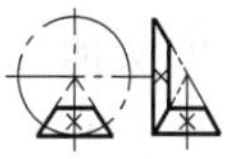

如图 7-8 所示为 C6132 型普通车床传动系统图，它示意地表示出机床运动和传动情况。

（4）传动系统分析

复杂的传动系统看图、读图较困难，为了便于分析，常采用传动结构式将各种可能的传动路线全部列出来，就得出主运动传动链的传动路线表达式。

传动结构式：按传动链次序用传动轴号和传动副的结构参数表示的传动关系式。

车床 C6132 主传动系统的传动结构为：

$$\text{电动机} \atop 1440\text{r/min} - \text{I} - \left\{ {33 \over 22} \atop {19 \over 34} \right\} - \text{II} - \left\{ {28 \over 39} \atop {22 \over 45} \atop {34 \over 32} \right\} - \text{III} - {\phi176 \over \phi200} - \text{IV} - \left\{ {\text{M}_1 \atop {27 \over 63}} - \text{V} - {17 \over 58} \right\} - \text{主轴 VI}$$

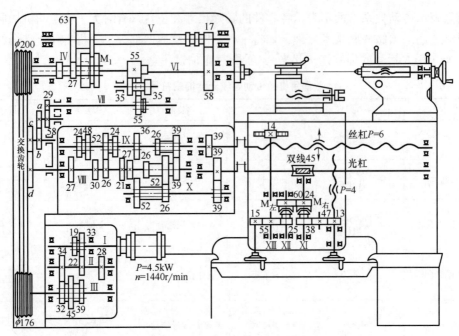

图 7-8　车床 C6132 传动系统图

传动平衡式：用数字表达式排列的方程式来表示传动链"末端件"（起始和终了传动件）之间的传动关系。如 C6132 图示状态主轴的转速计算平衡式为：

$$1440 \times \frac{33}{22} \times \frac{34}{32} \times \frac{\phi 176}{\phi 200} \eta \times \frac{27}{63} \times \frac{17}{58} = 248.6(\text{r/min}) \quad (\eta = 0.98)$$

传动级数 n：传动系统输出转速不同个数。如 C6132 主传动转速级数 $n = 2 \times 3 \times 2 = 12$。

机床传动系统的分析方法"抓两头，连中间"，逐级将所有传动关系列出，尤其要注意传动轴与传动件的连接关系。

（5）机床中常用的机械变速机构

机床中常用的机械变速机构有滑移齿轮变速机构、离合器变速机构和塔轮变速机构等。

① 滑移齿轮变速机构。如图 7-9 所示为滑移齿轮变速机构滑移齿轮的两种啮合状态，滑移齿轮移动到左侧时，齿轮 z_1 与 z_3 啮合，移动到右侧时齿轮 z_2 与 z_4 啮合，由于两对齿轮齿数不同，因此运动从轴 Ⅰ 传到轴 Ⅱ 时得到两级不同速度。

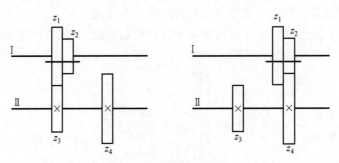

图 7-9　滑移齿轮变速机构

传动结构式为：$\mathrm{I} - \begin{Bmatrix} \dfrac{z_1}{z_3} \\ \dfrac{z_2}{z_4} \end{Bmatrix} - \mathrm{II}$

② 离合器变速机构。如图 7-10 所示为离合器变速机构离合器的两种啮合状态，离合器移动到左侧时将啮合齿轮 z_1 与 z_3 的运动传给轴 II，移动到右侧时将啮合齿轮 z_2 与 z_4 的运动传给轴 II，由于两对齿轮的齿数不同，因此运动从轴 I 传到轴 II 时得到两级不同速度。传动结构式与滑移齿轮变速机构一样，不同的是离合器变速机构的两对齿轮始终处于啮合状态，缩短了齿轮的寿命，优点是可以通过选用合适离合器可以实现不停机变速或换向。

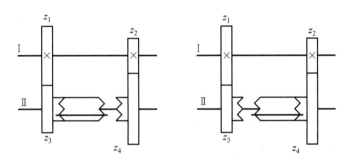

图 7-10　离合器变速机构

③ 塔轮变速机构。如图 7-11 所示为采用带传动和齿轮传动的两种塔轮变速机构，这种结构可以简单地实现多级变速。典型应用如台式钻床的变速机构，老式 C620 车床的进给变速机构等。对于齿轮传动机构要求两齿轮轴的中心距可变。

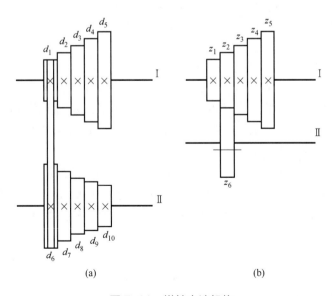

图 7-11　塔轮变速机构

（a）带传动　（b）齿轮传动

带传动和齿轮传动的两种塔轮变速机构的传动结构式分别为：

$$\text{带传动塔轮变速机构：} \; \text{I} - \left\{ \begin{array}{c} \dfrac{d_1}{d_6} \\[2mm] \dfrac{d_2}{d_7} \\[2mm] \dfrac{d_3}{d_8} \\[2mm] \dfrac{d_4}{d_9} \\[2mm] \dfrac{d_5}{d_{10}} \end{array} \right\} - \text{II} \; ; \quad \text{齿轮塔轮变速机构：} \; \text{I} - \left\{ \begin{array}{c} \dfrac{z_1}{z_6} \\[2mm] \dfrac{z_2}{z_6} \\[2mm] \dfrac{z_3}{z_6} \\[2mm] \dfrac{z_4}{z_6} \\[2mm] \dfrac{z_5}{z_6} \end{array} \right\} - \text{II}$$

（6）机床的液压传动

现代磨床上广泛采用液压传动技术，它具有传动平稳、传动力大、易于实现自动化等优点，容易在较大范围内实现无级变速，且便于采用电液联合控制实现自动化，所以应用很广。如组合机床液压滑台、加工中心液压换刀系统等。由于油液有一定的可压缩性和泄漏问题等，故不适合用作精确的定比传动。

7.1.4 数控机床与加工中心

（1）数控机床

数控机床是计算机通过数字化信息实现对机床自动控制的机电一体化产品。现代数控机床普遍采用计算机数字控制系统，即 CNC 系统。它综合应用微电子技术、计算机自动控制、精密检测、伺服驱动、机械设计与制造技术等多方面的最新成果，是一种先进的机械加工设备。数控机床不仅能提升产品的质量，提高生产效率，降低生产成本，还能大大改善工人的劳动条件。

① 数控机床的特点。

a. 适应性广。适应性即柔性，指数控机床随生产对象而变化的适应能力。数控机床的加工对象改变时，只需重新编制相应的加工程序，输入计算机就可以自动地加工出新的工件，为解决多品种、中小批量零件的自动化加工提供了极好的生产方式。广泛的适应性是数控机床最突出的优点。随着数控技术的迅速发展，数控机床的柔性也在不断地扩展，逐步向多工序集中方向发展。

b. 加工精度高、质量稳定。数控机床是按数字指令脉冲自动工作的，这就消除了操作者人为的误差。目前数控装置的脉冲当量普遍达到了 0.001mm，进给传动链的反向间隙与丝杠导程误差等均可由数控装置进行补偿，所以可获得较高的加工精度。数控机床加工尤其提高了同一批零件生产的一致性，使产品质量稳定。

c. 生产率高。数控机床能有效地减少零件的加工切削时间和辅助时间。数控机床的功率和刚度高，可采用较大的切削用量；同时可以自动换刀、自动变换切削用量、快速进退、自动装夹工件等；能在一台数控机床上进行多个表面的、不同工艺方法的连续加工；可自动控制工件的加工尺寸和精度，而不必经常停机检验。

d. 减轻劳动强度、改善劳动条件。应用数控机床时，操作者只需编程序、调整机床、装卸工件等，而后就由数控系统来自动控制机床，免除了工人繁重的手工操作。数控机床一般是封闭式加工，清洁、安全。

e. 实现复杂零件的加工。数控机床可以完成普通机床难以加工或根本不能加工的复杂曲面的零件加工，可以实现几乎是任意轨迹的运动和加工任何形状的空间曲面，因此特别适用于各种复杂形面的零件加工。

f. 便于现代化的生产管理。用计算机管理生产是实现管理现代化的重要手段。数控机床采用数字信息与标准代码处理、传递信息，特别是在数控机床上使用计算机控制，为计算机辅助设计、辅助制造和计算机管理一体化奠定了基础。

② 数控机床的工作原理及组成。使用数控机床加工零件时，首先按照加工零件图纸的要求编制加工程序，即数控机床的工作指令。把这种信息记录在信息载体上（例如穿孔带、磁带或磁盘），输送给数控装置。数控装置对输入的信息进行处理之后，向机床各坐标的伺服系统发出数字信息，控制机床主运动的启停、变速，进给运动的方向、速度和位移，以及其他诸如换刀、工件装夹、冷却润滑等动作，使刀具与工件及其他辅助装置严格按数控程序规定的顺序、路线和参数，自动地加工出符合图样要求的工件。数控加工的过程是围绕信息的交换进行的。从零件图到加工出工件需经过信息的输入、信息的输出和对机床的控制等几个主要环节。所有这些工作都由计算机进行合理地组织，使整个系统有条不紊地工作。

数控机床的基本结构，如图7-12所示，主要由控制介质、计算机数控装置、伺服系统、机床本体和测量装置组成。

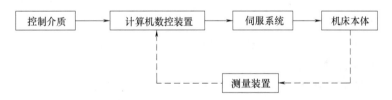

图7-12　数控机床基本结构框图

a. 控制介质。数控加工程序是数控机床自动加工零件的工作指令。在对零件进行工艺分析的基础上，应确定：ⓐ零件坐标系，即零件在机床上的安装位置；ⓑ刀具与零件相对运动的尺寸参数；ⓒ零件加工的顺序；ⓓ主运动的启停、换向、变速等；ⓔ进给运动的速度、方向、位移量等工艺参数；ⓕ辅助装置的动作。这些加工信息用标准的数控代码，按规定的方法和格式，编制零件加工的数控程序单。编制数控程序可由人工进行，也可由计算机或数控装置完成。程序记录在控制介质（如穿孔纸带、磁带或磁盘）上。

b. 计算机数控装置。数控装置是数控机床的中枢。它接受输入装置送来的控制介质上的信息，经数控系统进行编译、运算和逻辑处理后，输出各种信号和指令给伺服驱动系统和主运动控制部分，控制机床的各部分有序动作。

c. 伺服系统。伺服系统是数控机床的执行部分，包括伺服驱动单元、各种驱动元件和执行部件等。它的作用是根据来自数控制装置的指令发出脉冲信号，控制执行部件的进给速度、方向和位移量，使执行部件按规定轨迹移动或精确定位，加工出符合图样要求的工件。每个作进给运动的执行部件都配有一套驱动单元。每个脉冲信号使机床执行部件的位移量称为脉冲当量，常用的脉冲当量有 0.01、0.005、0.001（单位：毫米/脉冲）。伺服系统的性能是决定数控加工精度的生产效率的主要因素之一。

　　d. 机床本体。主要包括：主运动部件、进给运动（如工作台、刀架等）、支承部件（如床身、立柱等）及其他辅助装置（冷却、润滑、转位、夹紧、换刀等部件）。如图 7-13 所示为数控车床的外观图。对于加工中心类的数控机床，还有存放刀具的刀库、交换刀具的机械手等部件。数控机床本体件的结构强度、刚度、精度和抗振性等方面的要求很高，且传动和变速系统要便于实现自动化控制。

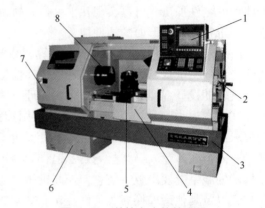

图 7-13　数控车床的外观图
1—操作面板　2—尾座　3—床身　4—滑板　5—回转刀架　6—底座　7—机床防护门　8—主轴

　　e. 测量装置。主要用于闭环和半闭环系统。测量装置检测出实际的位移量，反馈给 CNC 装置中的比较器，与 CNC 装置发出的指令信号比较，如果有差值，就发出运动控制信号，控制数控机床移动部件向消除差值的方向移动。不断比较指令值与反馈值，然后进行控制，直到差值为 0，运动停止。

　　（2）加工中心

　　具有自动换刀装置的数控机床通常称为加工中心，其主要特征是带有一个容量较大的刀库（一般有 10~120 把刀具）和自动换刀机械手。工件在一次装夹后，数控系统能控制机床按不同要求自动选择和更换刀具，自动连续完成铣（车）、钻、镗、铰、锪、攻螺纹等多工种多工序的加工。加工中心适用于加工箱体、支架、盖板、壳体、模具、凸轮、叶片等复杂零件的多品种小批量加工。

　　加工中心通常按主轴在加工时的空间位置分为卧式加工中心、立式加工中心和万能加工中心。如图 7-14 所示为 JCS-018A 型立式加工中心的外观图。床身 10 上有滑座 9，作前后运动（x 轴）；工作台在滑座上作左右运动（y 轴）；主轴箱 5 在立柱导轨上作上下运动（y 轴）。立柱左前部有刀库 4（16 把刀具）和换刀机械手 2，左后部是数控柜 3，内有数控系统。立柱右侧驱动电源柜 7，有电源变压器、强电系统和伺服装置。操作面板 6 悬伸在机床右前方，以便操作。

　　继镗铣加工中心之后，还有车削加工中心、钻削加工中心和复合加工中心等。车削加工中心用来加工轴类零件，是数控车床在扩大工艺范围方面的发展。除了车削工艺外，还集中了铣键槽、铣扁、铣六角、铣螺旋槽、钻横向孔、端面分度钻孔、攻螺纹等工艺功能。钻削加工中心主要进行钻孔、扩孔、铰孔、攻螺纹等，也可进行小面积的端面铣削。复合加工中心的主轴头可绕 45° 轴自动回转。主轴可转成水平，也可转成竖直。当主轴转为水平时，配合转位工作台，可进行四个侧面和侧面上孔的加工；主轴转为竖直时，可加工顶面和顶面上的孔，故也称为"五面加工复合加工中心"。

　　现代加工中心配备越来越多的附件，以进一步丰富加工中心的功能。例如，新型的加工中心可供选择的附件有工件自动测量装置、尺寸调整装置、镗刀检验装置以及刀具破损

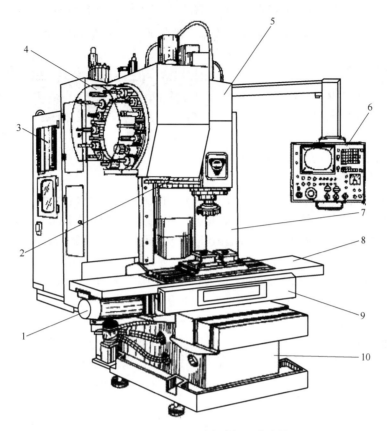

图 7-14　JCS-018A 型立式加工中心外观图

1—直流伺服电动机　2—换刀机械手　3—数控柜　4—盘式刀库　5—主轴箱
6—操作面板　7—驱动电源柜　8—工作台　9—滑座　10—床身

监测装置等。

　　为改善加工中心的功能，出现了自动更换工作台、自动更换主轴头、自动更换主轴箱和自动更换刀库的加工中心等。自动更换工作台的加工中心一般有两个工作台，一个工作台上的工件在进行加工时，另一个工作台可进行工件的装卸、调整等工作。自动更换主轴头的加工中心可以进行卧铣、立铣、磨削和转位铣削等加工，机床除了刀库外，还有主轴头库，由工业机器人或机械手进行更换。自动更换主轴箱的加工中心一般有粗加工和精加工主轴箱，以便提高加工精度和加工范围。自动更换刀库的加工中心，刀库容量大，便于进行多工序复杂箱体类零件的加工。在机床上进行切削加工时，经常需要改变工件和刀具的运动方式。为了实现加工过程中所需的各种运动，机床通过自身的各种机械、液压、气动、电气等多种传动机构，把动力和运动传递给工件和刀具，其中最常见的是机械传动和液压传动。

7.2　外圆表面加工

　　外圆面是轴、套、盘等类零件的主要表面或辅助表面，这类零件在机器中占有相当大的比例。不同零件上的外圆面或同一零件上不同的外圆面，往往具有不同的技术要求，需要结合具体的生产条件，拟定合理的加工方案。外圆加工的主要工艺方法有车削、磨削等。

7.2.1　车削加工

车削加工是在车床上利用工件的旋转运动和刀具的移动来加工工件的。

（1）车床

车床的通用性好，可完成各种回转表面、回转体端面及螺纹面等表面加工，

配套视频
车外圆　车端面　车螺纹

是一种应用最广泛的金属切削机床。车床的主运动是由工件的旋转运动实现的，进给运动是由刀具的直线移动完成的。车床的种类很多，按用途和结构的不同，可分为卧式车床、立式车床、转塔车床和数控车床等。此外还有单轴自动车床、多轴自动和半自动车床、仿形车床等。

① 卧式车床。卧式车床的万能性好，加工范围广，是基本的和应用最广的车床。卧式车床的主要部件及功能如图 7-15 所示。主轴箱固定在床身的左端，内部装有主轴和变速、传动机构。主轴箱的功能是支承主轴，并将动力经变速、传动机构传给主轴，使主轴按规定的转速带动工件转动。刀架位于床身中部，可沿床身导轨作纵向移动。刀架部件由几层刀架组成，它的功用是装夹刀具，使刀具作纵向、横向或斜向进给运动。尾座装在床身右端的尾座导轨上，并可沿此导轨纵向调整其位置。尾座的功能是安装作定位支撑用的后顶尖，也可以安装钻头、铰刀等孔加工刀具进行孔加工。进给箱固定在床身的左前侧。送给箱内装有进给运动的变速装置，用于改变进给量。溜板箱固定在床鞍的底部，功用是把进给箱传来的运动传递给刀架，使刀架实现纵向和横向进给或快速移动。溜板箱上装有各种操纵手柄和按钮。床身固定在左床腿和右床腿上。在床身上安装着车床的各个主要部件，使它们在工作时保持准确的相对位置。

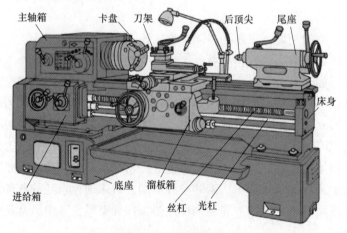

图 7-15　卧式车床

② 立式车床。立式车床的工作台面处于水平位置，主轴的轴心线垂直于工作台面，工件的矫正、装夹比较方便，工件和工作台的重量均匀地作用在工作台下面的圆导轨上，如图 7-16 所示。立式车床主要用于加工径向尺寸大、轴向尺寸较小的大型、重型盘套

类、壳体类工件。

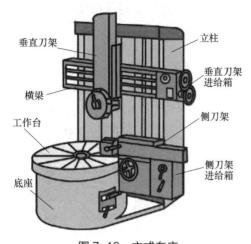

图 7-16 立式车床

③ 转塔车床。转塔车床有一个可装多把刀具的转塔刀架，转塔刀架由 6 个装刀位置，可以沿床身导轨作纵向进给，每一个刀位加工完毕后，转塔刀架快速返回，转动 60°。更换到下一个刀位进行加工。根据工件的加工要求，预先将所用刀具在转塔刀架上安装调整好；加工时，通过刀架转位，这些刀具依次轮流工作。转塔刀架的工作行程由可调行程挡块控制，如图 7-17 所示。转塔车床适用于在成批生产中加工内外圆有同轴度要求的较复杂的工件。

④ 自动车床和半自动车床。自动车床调整好后能自动完成预定的工作循环，并能自动重复。半自动车床虽具有自动工作循环，但装卸工件和重新开动机床仍需由人工操作。自动车床和半自动车床适用于在大批大量生产中加工形状不太复杂的小型零件。

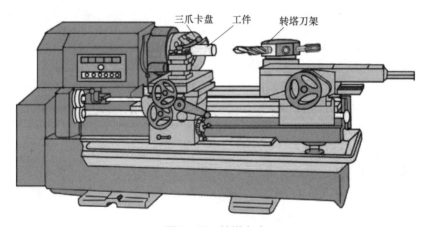

图 7-17 转塔车床

⑤ 仿形车床。仿形车床能按照样板或样件的轮廓自动车削出形状和尺寸相同的工件。仿形车床适用于在大批大量生产中加工圆锥形、阶梯形及成形回转面工件。

⑥ 专门化车床。专门化车床是为某类特定零件的加工而专门设计制造的，如凸轮轴车床、曲轴车床、车轮车床等。

（2）车削工件的装夹方式

① 三爪卡盘。三爪卡盘使用时，用扳手插入小锥齿轮的方孔中，转动扳手，小锥齿轮转动，与其啮合的大锥齿轮也随之转动。因大锥齿轮背面是平面螺纹，故与其相配合的三个卡爪就同时作向心或离心的移动，从而把工件夹紧或松开，如图 7-18 所示。由此可见，三爪卡盘的三个卡爪是联动的，并能自动定心，因此最适宜装夹形状较规则的圆柱形工件。

因三爪卡盘能自动定心，故一般装夹工件不需校正，装夹迅速方便。但是在装夹较长的工件或三爪卡盘使用较久时，则需用划针盘或凭眼力校正工件。三爪卡盘主要用来装夹长径比小于 4，截面为圆形、正三角形或正六边形的工件，其重复定位精度高、夹持范围大、夹紧力大、调整方便，应用比较广泛。

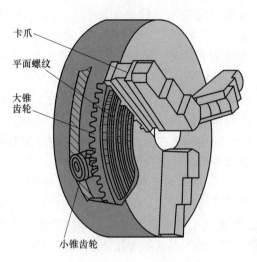

图 7-18　三爪卡盘

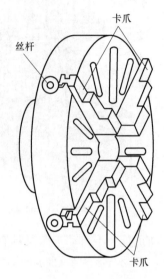

图 7-19　四爪卡盘

② 四爪卡盘。四爪卡盘的四个卡爪是互不相关的，均可单独调整。每个卡爪的后面有一半瓣内螺纹，跟丝杆啮合。丝杆的一端有一方孔，用来安插卡盘扳手。当转动丝杆时，卡爪就能作向心的或离心的移动。卡盘后面配有法兰盘，法兰盘有内螺纹与主轴螺纹配合，如图 7-19 所示。由于四个卡爪不是联动的，故四爪卡盘适宜于装夹形状不规则的工件或较大的工件。四爪卡盘夹紧力较大，但装夹时要对工件进行校正。

③ 花盘。单件、小批生产时，在车床上加工形状复杂和不规则的零件，用三爪卡盘、四爪卡盘无法装夹时，可应用花盘进行装夹。在花盘上装夹工件比一般装夹方法要复杂得多，要考虑到：怎样选择工件的基准，工件在花盘上怎样定位和采用既简便又牢固的方法把工件夹紧。此外还得考虑工件转动时的平衡和安全等问题。

如图 7-20 所示花盘装夹工件时，工件用螺钉紧固在压板上，再通过固定螺钉锁紧在花盘的槽里。在花盘上加工工件时应特别注意安全。因为工件形状不规则，并有螺钉、角铁等露在外面，如碰到操作者或其他人，将引起严重的工伤事故。另外在花盘上加工工件，转速不宜太高，否则因离心力的影响，工件很容易飞出，发生事故。

④ 顶尖。有些工件在加工过程中需多次装夹，要求有同一定位基准。这时

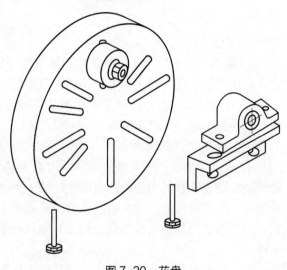

图 7-20　花盘

可在工件两端钻出中心孔进行装夹加工。

有些工件虽不需要多次装夹，但为了增加工件的刚性，也可一端用卡盘夹紧而另一端钻出中心孔用顶尖支承进行加工。用这种方法车削较重的轴类件比较安全，且能承受较大的轴向力，因此应用广泛。

顶尖的作用是定中心、承受工件的重量和切削力。顶尖有前顶尖和后顶尖两种。前顶尖插在一个专用的锥套内，再将锥套插入主轴锥孔内，与工件一起旋转，不发生摩擦。有时为了准确和方便起见，也可以在三爪卡盘上夹一段钢料，车成 60° 锥体来代替前顶尖使用。

后顶尖插入车床尾座套筒内。它又分为固定顶尖和回转顶尖两种。在车削加工中，固定顶尖与工件中心孔因产生摩擦而发热，磨损较大，所以在高速切削时多采用镶硬质合金的顶尖。固定顶尖的优点是定心准确且刚性好，因此它适用于低速及加工精度要求高的工件。回转顶尖与工件一起转动，所以能承受较高的旋转速度，克服了固定顶尖的缺点，因此应用广泛。但由于刚性和定位精度差一些，所以回转顶尖多用于高速车削及精度要求不很高的工件。

在安装前、后顶尖时，必须把锥柄和锥孔擦干净，以提高定心精度。

仅有前后顶尖是不能带动工件转动的，它必须通过拨盘和鸡心夹头（或平行夹板）带动工件旋转。拨盘后端有内螺纹与主轴配合。盘面有两种形状，一种是有 U 形槽的，另一种是带一拨杆。前者用来拨动弯尾鸡心夹头（或平行夹板），后者用来拨动直尾鸡心夹头。为了安全起见，目前也有采用安全拨盘的，它可以防止鸡心夹头打在手上。生产中，也有用三爪卡盘代替拨盘的。

车削细长轴工件（长度与直径之比大于 20 的长轴）时，由于工件本身的刚性较差，当受到切削力时，会引起振动和弯曲，加工起来很困难。为了防止产生这种现象，车削细长轴时可使用中心架和跟刀架来增加工件的刚性。

中心架有三只卡爪，它固定在床身的导轨上。为了防止卡爪和工件（钢件）咬合，卡爪的前端多镶有铸铁、青铜或夹布胶木等材料，如图 7-21 所示。

中心架有以下三种使用方法：

a. 中心架直接安装在工件的中间。在工件装上中心架之前，要在工件的中间车一段安装中心架卡爪的沟槽，槽的直径应比工件最后尺寸略大一些（以便精车）。调整时，应使工件旋转起来，先调整下面两个卡爪，然后将上盖盖好固定，最后调整上面一个卡爪。

b. 用辅助套筒支承细长轴。若车削中间不需要加工的细长轴，或该段轴径加工有困难，或车出支承轴径要影响工件的强度和外观时，可在工件上安装一个辅助套筒。调整套筒的紧固螺钉，用百分表找正套筒外圆后，中心架的三只卡爪就支顶在套筒上。

c. 一端夹紧，另一端架中心架。车削细长轴的端面或内孔，以及在轴的一端切断或车螺纹时，都可以用一端夹住、另一端架中心架的方法进行加工。

调整中心架时必须注意：在调整三个卡爪之前先找正工件，然后再调整卡爪，使工件轴心线与主轴中心线同轴。如果中心偏斜，工件转动时会产生扭动，很快从三爪卡盘上掉下来，并把工件外圆表面夹伤。

跟刀架一般只有两只卡爪，它固定在大拖板上。跟刀架可以跟随车刀抵消径向切削力，车削时可以提高细长轴的形状精度和表面粗糙度。跟刀架主要用来车削不允许接刀的细长轴，例如精度要求高的光轴、长丝杠等。

　　应用跟刀架车外圆时，先在工件一端车出一小段，便于安装跟刀架的两个卡爪。调整时使跟刀架两个卡爪轻轻接触工件，并使尾座顶尖轻轻顶住工件。跟刀架两个卡爪对工件的压力要适当。如果压力太大，工件外圆表面易产生竹节形。如果压力太小，甚至没有接触工件，就不能起到跟刀架的作用，如图 7-22 所示。

　　在使用中心架和跟刀架车削工件时，卡爪与工件接触处应保持无脏物、切屑，并经常加润滑油。为了使卡爪与工件保持良好的接触，卡爪的弧面最好按照工件的直径镗出或通过与工件研磨、跑合的方法进行修正。

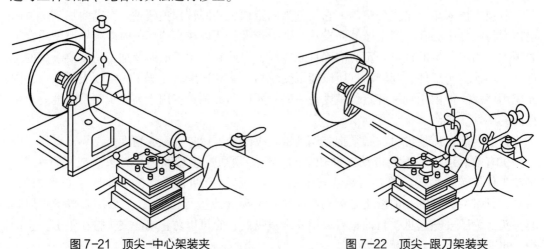

图 7-21　顶尖-中心架装夹　　　　　　　　　　图 7-22　顶尖-跟刀架装夹

　　⑤ 心轴。在车床上车削套类工件的外圆表面时，要注意避免由于夹紧力引起的工件变形。车削中小型的轴套、带轮、齿轮等工件时，一般可用已加工好的孔为定位基准，采用心轴定位的方法进行车削。常用的心轴有两种。一种是实体心轴，它有小锥度心轴和圆柱心轴两种。小锥度心轴的锥度 $C = (1 : 1000) \sim (1 : 5000)$，这种心轴的特点是制造简单、定心精度高，但轴向无法定位，承受切削力小，装卸不太方便。用阶台心轴装夹工件时，心轴的圆柱部分与工件孔之间保持较小的间隙配合，工件靠螺母压紧，其特点是一次可以装夹多个工件，若采用开口垫圈，装卸工件就更方便，但定心精度较低，只能保证0.02mm 左右的同轴度，如图 7-23 所示。另一种是胀力心轴，依靠材料弹性变形所产生的胀力来固定工件。胀力心轴的圆锥角最好为 30° 左右，最薄部分壁厚为 6mm。为了使胀力均匀，槽可做成三等分。长期使用的胀力心轴可用弹簧钢制成。胀力心轴装卸方便，定心精度高，故应用广泛。

　　车削加工时，最常见的工件装夹方法总结，如表 7-7 所示。

表 7-7　　　　　　　　　　　　　常见的工件装夹方法

名称	装夹简图	装夹特点	应　用
三爪卡盘装夹		三爪同步移动，自动对中	长径比小于 4，截面为圆形、六方形的中小型工件的加工

续表

名称	装夹简图	装夹特点	应　用
四爪卡盘装夹		各爪单独移动,安装工件要找正	长径比小于4,截面为方形、长方形、椭圆或偏心的工件加工
花盘装夹		利用螺钉、压板等将工件装夹在盘面上,需找正	形状不规则的工件加工孔、外圆或平面
一夹一顶		定位较准确,传递力矩大	长径比为4~20实心轴的粗加工、半精加工
双顶尖		定位准确,装夹稳定	长径比为4~20实心轴的半精加工、精加工
一夹中心架		定位较准确,传递力矩大	长径比大于4的工件内孔、端面加工
双顶尖中心架		支爪可调,增加工件刚性	长径比大于15的细长轴粗加工
一夹一顶跟刀架		支爪随刀具一起运动,无接刀痕	长径比大于15的细长轴半精加工、精加工
心轴		保证外圆、端面与内孔的位置精度	以孔为定位基准的盘套类零件加工

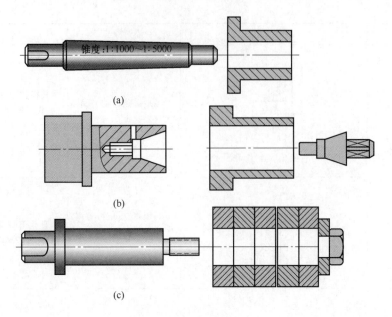

(a)

(b)

(c)

图 7-23　实体心轴

（3）车削加工方法

车削广泛应用于加工零件的旋转体表面，其加工工艺范围有车内外圆、车端面、切断和切槽、车削各种螺纹、车削内外圆锥面、车削特形面等。刀具沿与轴线相交的斜线运动，就形成锥面。仿形车床或数控车床上，可以控制刀具沿着一条曲线进给，则形成一特定的旋转曲面。采用成形车刀横向进给时，也可加工出旋转曲面来。此外，还可在车床上进行钻中心孔、钻孔、镗孔、滚花和绕弹簧等加工。如图 7-24 所示为车削工艺范围举例。

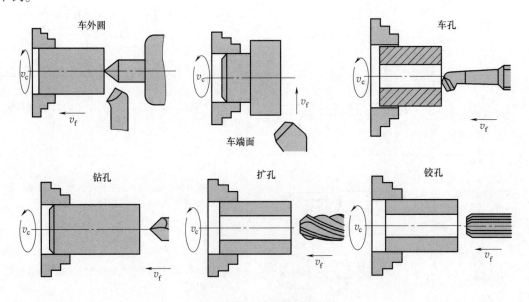

图 7-24　车削工艺范围

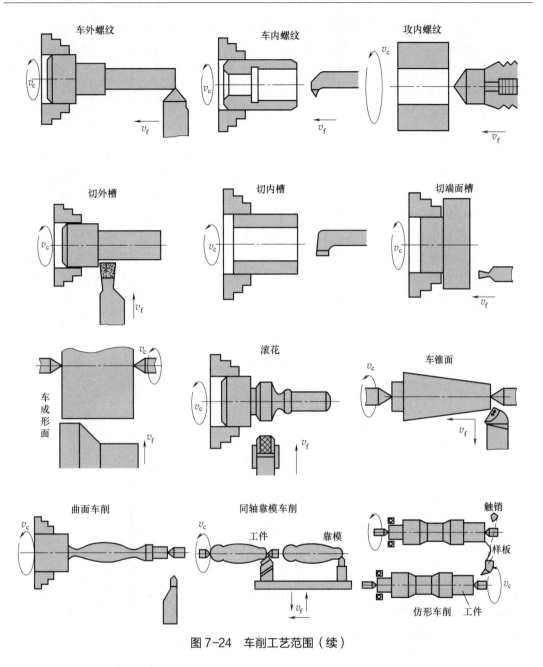

图 7-24　车削工艺范围（续）

车削的生产率较高，切削过程比较平稳，刀具较简单。车削加工的精度范围广，一般为 IT12~IT6，表面粗糙度为 $Ra50~0.1\mu m$。

车削外圆是一种最常见、最基本的车削方法，可采用尖刀、弯刀、偏刀、切断刀、螺纹刀、滚花刀等进行车削。车削外圆一般可分为粗车、半精车和精车。

①粗车外圆。适用于毛坯件的加工，粗车后工件表面精度可达 IT13~IT11，表面粗糙度为 $Ra50~12.5\mu m$。

② 半精车外圆。在粗车的基础上进行，其目的是提高工件的精度和降低表面粗糙度。通常作为只有中等精度要求的零件表面的终加工，也可作为精车或精磨工件之前的预加

工。半精车工件表面的精度为 IT10~IT9，表面粗糙度为 $Ra6.3~3.2\mu m$。

③ 精车外圆。在半精车的基础上进行，其目的在于使工件获得较高的精度和较低的表面粗糙度。精车在高精度车床上进行，先用较小的切削深度切去一层金属，观察粗糙度情况，再调整切深，直至达到最后尺寸。精车后工件表面精度可达 IT7~IT6，表面粗糙度为 $Ra1.6~0.8\mu m$。

车削工艺有如下特点：

① 易于保证轴、套、盘等类零件各表面之间的位置精度。在一次装夹中车出短轴或套类零件各加工面，然后切断，俗称"一刀落"。由于各加工面具有同一回转轴线，故能保证各加工面之间的同轴度要求。零件的端面与轴线的垂直度则由机床本身的精度决定，如果车床模拖板导轨与主轴回转轴线垂直，则车出的端面也能保证与轴线垂直。

此外，利用中心孔将阶梯轴装夹在车床前、后顶尖之间，将盘、套类零件安装在心轴上，利用花盘或花盘一弯板组合装夹形状不规则的零件，均能达到以上的位置精度要求。

②适合于有色金属零件的精加工。当有色金属的轴类零件要求较高的精度和较低的表面粗糙度时，采用精细车。即在车床上以很小的 $a_p<0.15mm$ 和 $f<0.1mm/r$ 以及很高的 $v=5m/s$ 进行加工，表面粗糙度可达 $Ra0.4\mu m$，精度可达 IT6~IT5，所用的刀具多为金刚石车刀或细颗粒结构的硬质合金刀具。

③ 切削过程平稳。车削时，切削过程是连续的（车削断续表面例外），而且切削层面积 $A_D=h_Db_D=fa_p$ 不变（不考虑毛坯余量的不均匀）。所以切削力变化小，切削过程比刨削、铣削等平稳。因此，在生产实践中可以采用较大的切削用量，例如，采用高速切削和强力切削等，生产效率也比较高。

④ 刀具简单。车刀是刀具中最简单的一种，制造、刃磨和装夹均较方便，这就便于根据具体加工要求选用合理的刀具角度，有利于提高加工质量和生产效率。

7.2.2 磨削加工

用磨具以较高的线速度对工件表面进行加工的方法称为磨削。

（1）砂轮

砂轮是磨削加工常用的一种工具，是在硬质磨料中加入结合剂，经压坯、干燥、焙烧而制成的气孔体。磨料、结合剂与气孔三者构成了砂轮三要素。磨削时能否取得较高的加工质量和生产率，与砂轮的选择合理与否紧密相关。砂轮的特性主要由磨料、粒度、结合剂、硬度、组织及形状尺寸等因素来决定，如图 7-25 所示。

① 磨料。砂轮的磨料应具有很高的硬度、耐热性，适当的韧度和强度及边刃。常用磨粒主要有以下三种。

a. 刚玉类。棕刚玉（GZ）、白刚玉（GB），适用于磨削各种钢材，如不锈钢、高强度合金钢，退了火的可锻铸铁和硬青铜。

b. 碳化硅类（SiC）。黑碳化硅（HT）、绿碳化硅（TL），适用于磨削铸铁、激冷铸铁、黄铜、软青铜、铝、硬表层合金和硬质

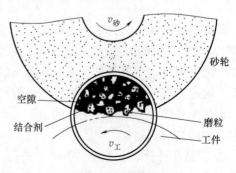

图 7-25 砂轮组织

合金。

　　c. 高硬磨料类。人造金刚石（JR）、氮化硼（BLD）。高硬磨料类具有高强度、高硬度，适用于磨削高速钢、硬质合金、宝石等。各种磨料的性能、代号和用途如表7-8所示。

表7-8　　　　　　　　　　　　各种磨料的性能、代号和用途

磨料名称		代号	主要成分（质量分数）	颜色	力学性能	热稳定性	适合磨削范围
刚玉类	棕刚玉	A	Al_2O_3 95% Ti_2O_2 3%	棕褐色	韧性好 硬度大	2100℃ 熔融	碳钢、合金钢、铸铁
	白刚玉	WA	Al_2O_3>99%	白色			淬火钢、高速钢
碳化硅类	黑碳化硅	C	SiC>95%	黑色		>1500℃ 氧化	铸铁、黄铜、非金属材料
	绿碳化硅	GC	SiC>99%	绿色			硬质合金钢
高硬磨类	氮化硅	CBN	立方氮化硅	黑色	高硬度 高强度	<1300℃	硬质合金钢、高速钢
	人造金刚石	D	碳结晶体	乳白色		>700℃	硬质合金、宝石

　　② 粒度。粒度表示磨粒的大小程度。磨料的粒度直接影响磨削表面质量和生产率。以磨粒所能通过的筛网上每英寸长度上的孔数作为粒度，粒度号越大，则磨料的颗粒越细。

　　粒度的大小主要影响加工表面的粗糙度和生产率。一般来说，粒度号越大，则加工表面的粗糙度越小，生产率越低。所以粗加工宜选粒度号小（颗粒较粗）的砂轮，精加工则选用粒度号大（颗粒较细）的砂轮；而微粉则用于精磨、超精磨等加工。

　　此外，粒度的选择还与零件的材料、磨削接触面积的大小等因素有关。通常情况下，磨软的材料应选颗粒较粗的砂轮。

　　③ 结合剂。结合剂的作用是将磨料黏合成具有各种形状及尺寸的砂轮，并使砂轮具有一定的强度、硬度、气孔和抗腐蚀、抗潮湿等性能。砂轮的强度、耐热性和耐磨性等重要指标，在很大程度上取决于结合剂的特性。

　　砂轮结合剂应达到的基本要求是：与磨粒不发生化学作用，能持久地保持其对磨粒的黏结强度，并保证所制砂轮在磨削时安全可靠。

　　目前砂轮常用的结合剂有陶瓷、树脂、橡胶。陶瓷应用最广泛，它能耐热、耐水、耐酸，且价格低廉，但其脆性高，不能承受较大冲击和振动。树脂和橡胶弹性好，能制成很薄的砂轮，但耐热性差，易受酸、碱类切削液的侵蚀。

　　④ 硬度。砂轮的硬度是指结合剂对磨料黏结能力的大小。砂轮的硬度是由结合剂的黏结强度决定的，而不是靠磨料的硬度。在同样的条件和一定外力作用下，若磨粒很容易从砂轮上脱落，砂轮的硬度就比较低（或称为软）；反之，砂轮的硬度就比较高（或称为硬）。

　　砂轮上的磨粒钝化后，会使作用于磨粒上的磨削力增大，从而促使砂轮表层磨粒自动脱落，里层新磨粒锋利的切削刃则投入切削，砂轮又恢复了原有的切削性能。砂轮的这种能力称为"自锐性"。

　　砂轮硬度的选择合理与否，对磨削加工质量和生产率影响很大。一般来说，零件材料

越硬，越应选用软的砂轮。这是因为零件硬度高，磨粒磨损快，选择较软的砂轮有利于磨钝砂轮的"自锐"。但硬度选得过低，则砂轮磨损快，也难以保证正确的砂轮廓形。若选用砂轮硬度过高，则难以实现砂轮的"自锐"，不仅生产率低，而且易产生零件表面的高温烧伤。

⑤ 组织。砂轮的组织是指砂轮中磨料、结合剂和气孔三者体积的比例关系。磨料在砂轮总体积上所占的比例越大，砂轮的组织越紧密；反之，则组织越疏松。砂轮组织疏松，有利于排屑、冷却，但容易磨损和失去正确的廓形。砂轮组织紧密，则情况与之相反，并且可以获得较小的表面粗糙度。一般情况下采用中等组织的砂轮。精磨和成形磨用组织紧密的砂轮。磨削接触面积大和薄壁零件时，用组织疏松的砂轮。

⑥ 砂轮的形状及尺寸。为了适应不同的加工要求，将砂轮制成不同的形状。同样形状的砂轮，还可以制成多种不同的尺寸。常用的砂轮形状、代号及用途如表7-9所示。

表7-9　　　　　　　　常用的砂轮形状、代号及用途

砂轮名称	砂轮简图	代号	尺寸表示法	主要用途
平形砂轮		P	P $D \times H \times d$	用于磨外圆、内圆、平面和无心磨等
双面凹砂轮		PSA	PSA $D \times H \times d$—2—$d_1 \times t_1 \times t_2$	用于磨外圆、无心磨和刃磨刀具
双斜边砂轮		PSX	PSX $D \times H \times d$	用于磨削齿轮和螺纹
筒形砂轮		N	N $D \times H \times d$	用于立轴端磨平面
碟形砂轮		D	D $D \times H \times d$	用于刃磨刀具前面

续表

砂轮名称	砂轮简图	代号	尺寸表示法	主要用途
碗形砂轮	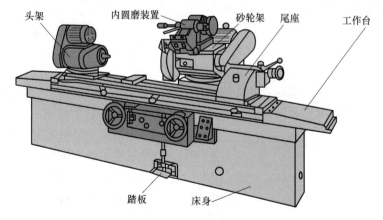	BW	BW $D \times H \times d$	用于导轨磨及刃磨刀具

⑦ 砂轮的特性要素及规格尺寸标志。在砂轮的端面上一般均印有砂轮的标志。标志的顺序是：形状代号，尺寸，磨料，粒度号，硬度，组织号，结合剂，线速度。例如，一砂轮标记为"砂轮 1-400×60×75-WA60-L5V-35m/s"，则表示外径为 400mm，厚度为 60mm，孔径为 75mm；磨料为白刚玉（WA），粒度号为 60；硬度为 L（中软 2），组织号为 5，结合剂为陶瓷（V）；最高工作线速度为 35m/s 的砂轮。

（2）磨床

磨床是用磨料磨具（砂轮、砂带、油石和研磨料）为工具进行切削加工的机床。广泛用于零件的精加工，尤其是淬硬钢件、高硬度特殊材料及非金属材料（如陶瓷）的精加工。磨床种类很多，其主要类型有外圆磨床、内圆磨床、平面磨床、无心磨床及各种专门化磨床，此外还有珩磨机、研磨机和超精加工机床等。

① 外圆磨床。外圆磨床应用最普遍的磨床，它用于磨削各种内外圆柱体、圆锥体零件，也可磨带肩的端面和平面。在外圆磨床上磨外圆，轴类零件常用顶尖装夹，其方法与车削时基本相同，但磨床顶尖不随工件一起转动。盘套类零件常用心轴和顶尖安装。

如图 7-26 所示，以 M1432A 型万能外圆磨床为例，介绍万能外圆磨床的组成。

图 7-26　M1432A 型万能外圆磨床

a. 床身。床身用来安装各部件，上部装有工作台和砂轮架，内部装有液压传动系统，床身上的纵向导轨供工作台移动用，横向导轨供砂轮架移动用。

b. 砂轮架。砂轮架用来安装砂轮，并配有单独的电动机，通过皮带传动带动砂轮高速旋转。砂轮架可在床身后部的导轨上作横向移动。砂轮架绕垂直轴可旋转±30°，以适应磨削锥角大的圆锥面。

　　c. 头架。头架上有主轴。主轴端部可以安装顶尖、拨盘或卡盘，以便装夹工件。主轴由单独的电动机通过皮带传动和变速机构带动，使工件获得不同的旋转速度。头架可绕垂直轴在水平面内转动+90°～−30°。

　　d. 尾座。尾座的套筒内有顶尖，用于配合头架支承工件。尾座在工作台上的位置可根据工件的不同长度调整。尾座套筒可以伸出缩进，以便装卸工件。尾座套筒的移动可以手动，也可以通过踏脚板操纵液压驱动。

　　e. 工作台。工作台由液压传动，使其沿着床身上的纵向导轨作往复直线运动，也使工件实现无级调速纵向进给。由于使用液压传动，因而工作台运动平稳。在工作台前侧面的 T 形槽内，装有两个换向挡块，用以操纵工作台自动换向。工作台也可手动。工作台分上下两层，上层可在水平面内转动+3°～−9°，以便磨削锥角小而长度大的锥体。

　　f. 内圆磨装置。内圆磨装置是磨削内圆表面用的，在它的主轴上可装上内圆磨削砂轮，由另一个电动机带动。内圆磨头装在内圆磨架上，使用时磨架可翻下，不用时翻到砂轮架上方。

　　② 无心外圆磨床。无心外圆磨床适用于大批量磨削各种圆柱体、套类和阶梯轴等工件的外圆，以及各种形状的回转体工件的成形面。磨削直径范围 0.5 ～ 400mm。无心外圆磨床没有头架、尾架，而是由砂轮、导轮和托板三者构成的，如图 7-27 所示。在无心外圆磨床磨外圆时，工件被安放在导轮、砂轮（磨削轮）和托板之间，不用顶针或卡盘支承，而依靠工件本身的外圆柱面定位，故称无心磨削。大轮为工作砂轮，旋转时起切削作用。小轮用橡胶结合剂制成，磨粒较粗，称为导轮。导轮为了既能带动工件作圆周进给运

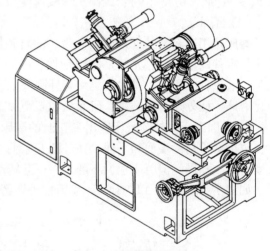

图 7-27　无心外圆磨床

动，又能使工件作轴向进给运动，故其轴线相对于工件轴线倾斜一个 α 角（1°～5°）。导轮与工件接触点的线速度可分解为两个分速度，一个为工件的旋转分速度，一个为工件轴向进给运动的分速度。为了使工件与导轮能保持线接触，应当将导轮修整成双曲面形，如图 7-28 所示。

　　无心外圆磨床与外圆磨床相比，具有以下优点：

　　a. 生产率高（无须打中心空，且装夹省时），所以多用于成批生产和大量生产。

　　b. 磨削表面尺寸精度、几何形状精度较高，表面粗糙度值 Ra 小。

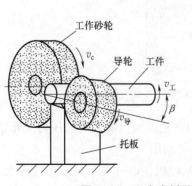

图 7-28　无心磨削原理

c. 能配上自动上料机构,实现自动化生产。

③ 内圆磨床。内圆磨床主要用于磨削圆柱孔、圆锥孔、孔端面等。目前广泛采用卡盘式内圆磨床,如图 7-29 所示。加工时,工件安装在卡盘内,砂轮与工件按相反方向旋转,同时砂轮作往复直线运动,砂轮每往复一次,还作横向进给一次,如图 7-30 所示。

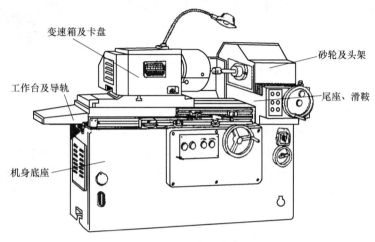

图 7-29　内圆磨床

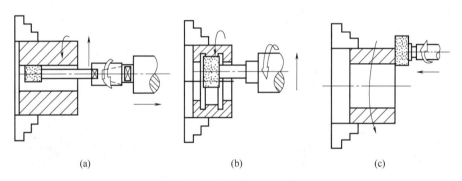

(a)　　　　　　　　　(b)　　　　　　　　　(c)

图 7-30　内圆磨削方式

磨削内圆面时,由于砂轮直径小,即使转速很高,其线速度仍比磨外圆表面时低。同时,由于冷却液不易注入,排屑又困难,工件容易发热变形。另外,砂轮主轴较细,刚性差,容易引起振动。因此,磨削后表面粗糙度不如磨外圆好,生产率也较低。但是内圆磨削同铰孔、拉孔比较又有下列优点:

a. 磨孔既能保证孔本身的精度和表面粗糙度,又能提高孔位精度。

b. 铰孔和拉孔不能加工淬硬工件,而磨孔则能磨削淬硬工件。

c. 磨孔所用砂轮为非固定尺寸刀具,一个砂轮能磨削的孔径范围较大。

综上所述,由于磨孔具有万能性,不需成套刀具,故在小批及单件生产中应用较多,特别是对于淬硬工件,磨削仍是精加工孔的主要方法。

④ 平面磨床。平面磨床主要用于加工工件的平面、斜面、垂直面及成形面。它的工作原理基本上与外圆磨床和内圆磨床相似。但平面磨床没有头架及尾架,对于钢、铸铁等工件可直接安装在电磁工作台上,靠电磁吸力来吸住工件;对于由铜、铜合金、铝等非导

磁材料制成的零件，可通过精密虎钳等装夹，较大的工件则用压紧装置固定在工作台上。平面磨床按照它的磨削方式及结构布局的不同通常分为卧轴矩台、卧轴圆台、立轴矩台和立轴圆台四种类型，如图 7-31 所示，此外还有双端面平磨及导轨磨等。

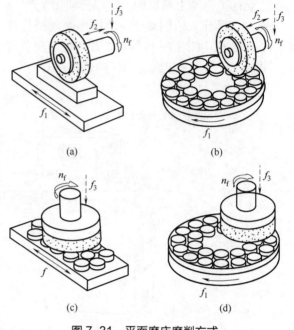

图 7-31　平面磨床磨削方式
（a）卧轴矩台　　（b）卧轴圆台
（c）立轴矩台　　（d）立轴圆台

　　卧轴矩台平面磨床如图 7-32 所示，其特点是砂轮主轴水平（卧式）安置，利用砂轮圆周磨削工件（称周边磨削），生产率低，但加工精度较高，表面粗糙度值较小，其工作台呈矩形，因此而得名。卧轴圆台平面磨床具有圆形的工作台，磨削时，工件椭圆形工作台作圆周进给运动，连续运转，没有矩形工作台往复运动时产生的冲击振动，因此磨削质量较好。

　　立轴圆台平面磨床如图 7-33 所示，其主要特点是砂轮主轴是垂直（立式）安置的，利用砂轮的端面磨削工件（称端面磨削）。端面磨削时，砂轮与工件接触面大，因此生产率较高，但它的加工精度比周边磨削低。

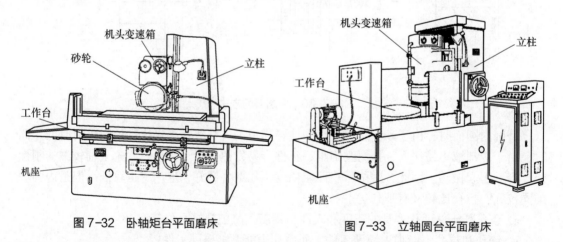

图 7-32　卧轴矩台平面磨床　　　　　　图 7-33　立轴圆台平面磨床

　　（3）外圆磨削工艺方法

　　① 纵磨法。如图 7-34 所示，砂轮旋转运动是主运动，工件除了旋转（圆周进给运动）外，还和工作台一起作纵向往复运动（纵向进给运动），工件每往复运动一次（或每单行程），砂轮向工件作横向进给（磨削深度），每次磨削深度很小，磨削余量在多次往复行程中磨去。在磨削的最后阶段，要作几次无横向进给的光磨行程，以消除由于径向磨削力的作用在机床加工系统中产生的弹性变形，直到磨削火花消失为止。

用纵磨法磨削外圆时，由于每次磨削深度较小，因而磨削力小，磨削热少，散热条件好，加上最后作几次无横向进给的光磨行程，直到火花消失为止，所以工件的精度及表面粗糙度较好。此外，纵磨法具有较大的万能性，可以用一个砂轮加工各种不同长度的工件。但由于工作行程次数多，生产率较低，故广泛适用于单件、小批生产及精磨，特别适用于细长轴的磨削。

② 横磨法。如图 7-35 所示，砂轮旋转运动是主运动，工件作圆周进给运动，砂轮相对工件作连续或断续的横向进给运动，直到磨去全部余量。横磨法生产效率高，但加工精度低，表面粗糙度较大，这是因为横磨时工件与砂轮接触面积大，磨削力大，发热量多，磨削温度高，工件易发生变形和烧伤，故只能磨削短而粗、刚性较好的工件，并要施加充足的冷却液。横磨法适用于在大批大量生产中加工刚性较好的工件外圆表面。

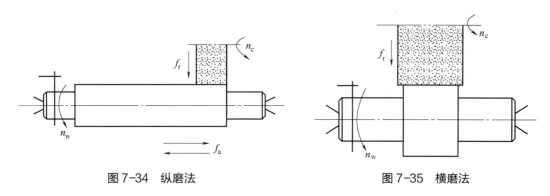

图 7-34　纵磨法　　　　　　　　图 7-35　横磨法

③ 无心磨削。如图 7-36 所示，磨削时工件放在砂轮与导轮之间的托板上，不用中心孔支承，故称为无心磨削。导轮是用摩擦因数较大的橡胶结合剂制作的磨粒较粗的砂轮，其转速很低（20~80mm/min），靠摩擦力带动工件旋转。无心磨削时砂轮和工件的轴线总是水平放置的，而导轮的轴线通常要在垂直平面内倾斜一个角度，其目的是使工件获得一定的轴向进给速度。

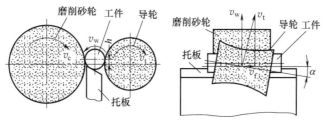

图 7-36　无心磨削

无心磨削的生产效率高，容易实现工艺过程的自动化；但所能加工的零件具有一定的局限性，不能磨削带长键槽和平面的圆柱表面，也不能用于磨削同轴度要求较高的阶梯轴外圆表面。

（4）磨削加工的特点

磨削是用分布在砂轮表面的磨粒通过砂轮与被磨工件的相对运动来进行切削的，本质上属于切削加工。砂轮的磨削过程实际上是磨粒对工件表面的切削、刻削和滑擦三种作用的综合效应。磨削中，磨粒本身也由尖锐逐渐磨钝，使切削作用变差，切削力变大。当切削力超过黏合剂强度时，圆钝的磨粒脱落，露出一层新的磨粒，形成砂轮的"自锐性"。但切屑和碎磨粒仍会将砂轮阻塞。因而，磨削一定时间后，需用金刚石车刀等对砂轮进行修整。磨削加工具有以下特点。

① 磨削时，由于刀刃很多，所以加工时平稳、精度高。磨削精度可达 IT6 ~ IT4，表面粗糙度可达 $Ra1.25 \sim 0.01\mu m$，甚至可达 $Ra0.1 \sim 0.008\mu m$。

② 磨削可以加工高硬材料。磨削可以加工一般的金属切削刀具难加工甚至是无法加工的高硬度材料，如淬火钢、高强度合金、硬质合金和陶瓷等，因此，磨削往往作为最终加工工序。磨削时产生热量大，需有充分的切削液进行冷却。

③ 磨削速度高、切削厚度小、产生热量大，磨削区的瞬时高温可达 $800 \sim 1000°C$，需要使用大量的切削液，以有效降低温度。

④ 径向磨削力大。磨削时由于磨粒以负前角切削等因素，径向磨削力较大，一般是切向磨削力的 2~3 倍。

综上分析可知，磨削加工更适用于做精加工工作，也可用砂轮磨削带有不均匀铸、锻硬皮的工件；但它不适宜加工塑性较大的有色金属材料（例如铜、铝及其合金），因为这类材料在磨削过程中容易堵塞砂轮，使其失去切削作用。磨削加工既广泛用于单件小批生产，也广泛用于大批大量生产。

7.2.3 研磨加工

研磨是利用研磨工具和研磨剂，从工件上研去一层极薄表面层的精密加工方法。

研磨时，研磨剂置于研具与工件之间，在一定压力作用下，研具与工件作复杂的相对运动，磨粒在研具与工件之间转动（图 7-37）。每一颗磨粒几乎不会在工件表面上重复自己的轨迹，这就有可能保证均匀地切除工件表面层的凸峰，获得很小的表面粗糙度。

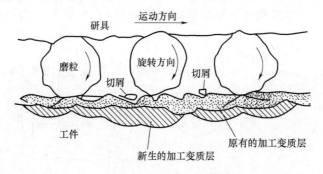

图 7-37 研磨加工原理

研具材料比工件材料软，部分磨粒能嵌入研具的表层，对工件表面进行微量切削。为使研具磨损均匀利保持形状准确，研具材料的组织应细密，而且耐磨。最常用的研具材料是硬度为 HBS120 ~ 160 的铸铁，它适用于加工各种工件材料，而且制造容易，成本低。也有使用铜、巴氏合金等材料制造研具的。

研磨剂由磨料、研磨液和表面活性物质等混合而成。磨料主要起切削作用，应具有较高的硬度，常用磨料有刚玉、碳化硅、碳化硼等微粒。研磨液有煤油、汽油、机油、工业甘油等，主要起冷却润滑作用。表面活性物质附着在工件表面，使其生成一层相当薄的易于切除的软化膜，易于切除；常用的表面活性物质有油酸、硬脂酸等。

研磨分手工研磨和机械研磨两种。手工研磨是手持研具进行研磨，研磨外圆时，可将工件一端装夹在车床卡盘上另一端用顶尖顶上作低速旋转运动，研具套在工件上用手推动研具作往复运动（图7-38），研具通常为开口环，内孔开螺旋槽，便于研磨剂进入，外套研磨夹以便调节尺寸。

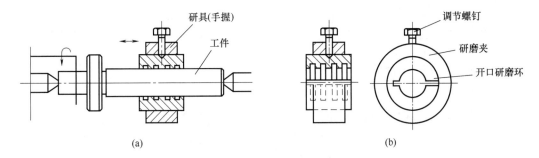

图7-38 外圆研磨方法

（a）研磨外圆的方法   （b）外圆研具

研磨加工的特点：

① 速度低、压力小，加工精度达 IT6～IT4，形状精度，如圆度可达 0.001mm，表面粗糙度可达 $Ra\,0.2～0.008\mu m$。

② 切削余量小，通常为 0.005～0.05mm，要求前道工序精度高，表面质量好。

③ 可以纠正形状误差，但不能改变位置误差。

④ 适应性广，可用于各种材料、不同批量的工件加工。

7.2.4 外圆表面加工方案分析

对于一般钢铁零件，外圆表面加工的主要方法是车削和磨削。要求精度高、表面粗糙度小时，往往还要进行研磨、超级光磨等光整加工。对于某些精度要求不高，仅要求光亮的表面，可以通过抛光来获得，但在抛光前要达到较小的表面粗糙度。对于塑性较大的有色金属（如铜、铝合金等）零件，由于其精加工不宜用磨削，故常采用精细车削。表7-10 给出了外圆表面的加工方案，可作为拟定加工方案的依据和参考。

表 7-10   外圆表面加工方案

序号	加工方案	经济精度等级	表面粗糙度 $Ra/\mu m$	适用范围
1	粗车	IT11 以下	50～12.5	适用于淬火钢以外的各种金属
2	粗车—半精车	IT11～IT8	6.3～3.2	
3	粗车—半精车—精车	IT8～IT6	1.6～0.8	
4	粗车—半精车—精车—滚压(或抛光)	IT7～IT5	0.2～0.025	
5	粗车—半精车—磨削	IT8～IT6	0.8～0.4	主要用于淬火钢,也可用于未淬火钢,但不宜加工有色金属
6	粗车—半精车—粗磨—精磨	IT7～IT5	0.4～0.1	
7	粗车—半精车—粗磨—精磨—超精加工(或轮式超精度)	IT7～IT5 以上	0.2～0.012	

续表

序号	加工方案	经济精度等级	表面粗糙度 $Ra/\mu m$	适用范围
8	粗车—半精车—精车—金刚石车	IT7～IT5	0.4～0.025	
9	粗车—半精车—粗磨—精磨—超精磨或镜面磨	IT5 以上	0.025～0.006	高精度的外圆加工
10	粗车—半精车—粗磨—精磨—研磨	IT7～IT5 以上	0.1～0.006	

7.3　内圆表面加工

与外圆表面加工相比，内圆表面（孔）加工的条件要差得多。加工孔要比加工外圆困难，是因为孔加工所用刀具的尺寸受被加工孔尺寸的限制，刚性差，容易产生弯曲变形和振动；用定尺寸刀具加工孔时，孔加工的尺寸往往直接取决于刀具的相应尺寸，刀具的制造误差和磨损将直接影响孔的加工精度；加工孔时，切削区在工件内部，排屑及散热条件差，加工精度和表面质量都不易控制。内圆表面常用的加工方法有钻孔、扩孔、铰孔、镗孔、拉孔和磨孔等。

7.3.1　钻扩铰加工

（1）钻孔

钻孔是在实心材料上加工孔的第一个工序，钻孔直径一般小于80mm。常用的钻孔刀具有麻花钻、中心钻、深孔钻等，其中最常用的是麻花钻，其直径规格为 $\phi0.1～80mm$，一般为高速钢材料。标准麻花钻的结构如图7-39所示，麻花钻的柄部分为直柄和锥柄两种。直柄麻花钻直径为 $\phi0.5～20mm$，锥柄麻花钻直径为 $\phi8～80mm$，直柄麻花钻可用钻夹头装夹，再利用钻夹头的锥柄插入车床尾座套筒的锥孔内；锥柄麻花钻可直接插入车床尾座套筒的锥孔内。如果钻头锥柄的锥度与车床尾座套筒锥孔的锥度不相符，可用钻套过渡。锥柄的锥度是采用莫氏锥度，常用的锥度为2、3、4号。如果钻头锥柄是莫氏3号，而车床尾座套筒锥孔是莫氏4号，那么可以加一个莫氏4号钻套，这样就可以装入尾座套筒锥孔内。

钻孔加工有两种方式。一种是钻头旋转运动为主运动，例如在钻床、镗床上钻孔；另一种是工件旋转运动为主运动，例如在车床上钻孔。

钻床属于孔加工机床，主要用钻头钻削精度要求不太高的孔，钻床有立式钻床、摇臂钻床、台式钻床等，结构如图7-40所示。在钻床上还可以完成钻孔、扩孔、铰孔、锪孔、攻丝等工作，如图7-41所示。

由于构造上的限制，钻头的弯曲刚度和扭转刚度均较低，加之定心性不好，钻孔加工的精度较低，一般只能达到 IT13～IT11；表面粗糙度也较差，一般为 $Ra50～12.5\mu m$；但钻孔的金属切除率大、切削效率高。钻孔主要用于加工质量要求不高的孔，例如螺栓孔、螺纹底孔、油孔等。对于加工精度和表面质量要求较高的孔，则应在后续加工中通过扩孔、铰孔、镗孔或磨孔来达到。

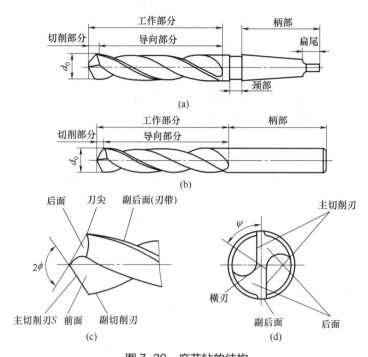

图 7-39 麻花钻的结构

（a）锥柄麻花钻　（b）直柄麻花钻　（c）切削部分　（d）切削部分左视图

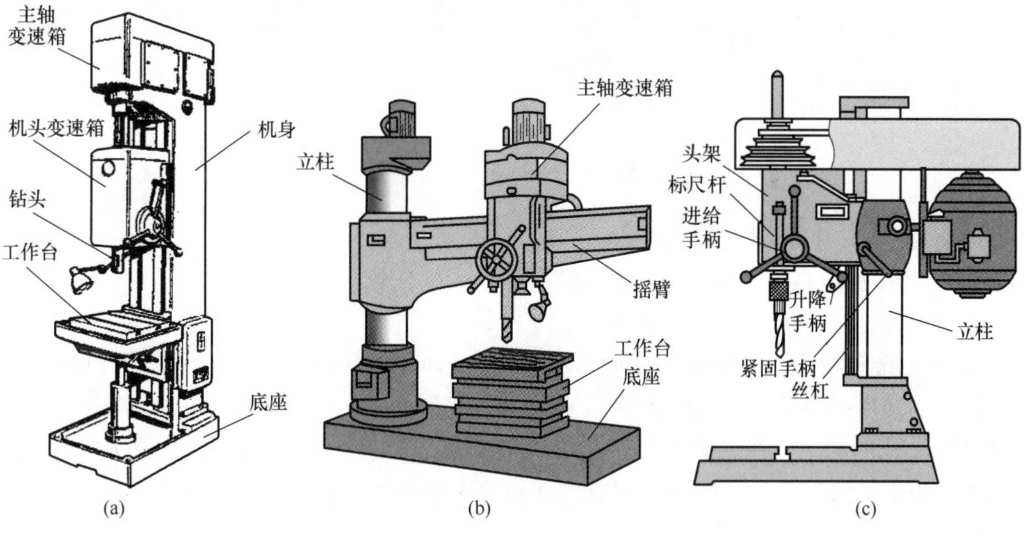

图 7-40 钻床

（a）立式钻床　（b）摇臂钻床　（c）台式钻床

（2）扩孔

扩孔是用扩孔钻对已经钻出、铸出或锻出的孔作进一步加工，属于半精加工，以扩大孔径并提高孔的加工质量，扩孔加工既可作为精加工孔前的预加工，也可以作为要求不高的孔的最终加工。扩孔在成批或大量生产时应用较广。

扩孔钻与麻花钻相似，但刀齿数较多，没有横刃，如图 7-42 所示。

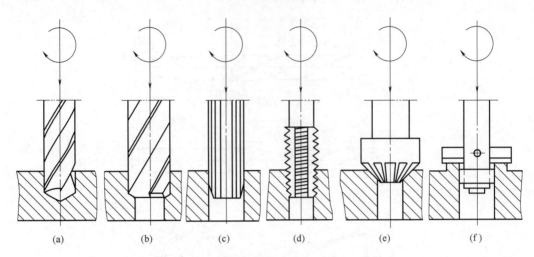

图 7-41　在钻床上扩孔、铰孔、锪孔、攻丝

(a) 钻孔　　(b) 扩孔　　(c) 铰孔　　(d) 攻丝　　(e) 锪锥孔　　(f) 锪柱孔

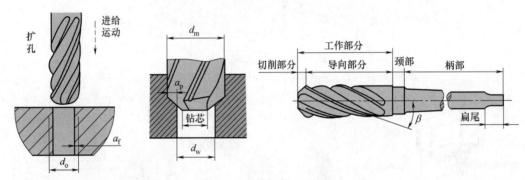

图 7-42　扩孔和扩孔钻

　　与钻孔相比，扩孔具有下列特点：

　　① 扩孔钻齿数多（3~8 个齿）、导向性好，切削比较稳定。

　　② 扩孔钻没有横刃、切削条件好。

　　③ 加工余量较小，容屑槽可以做得浅些，钻芯可以做得粗些，刀体强度和刚性较好。扩孔加工的精度一般为 IT11~IT10 级，表面粗糙度为 $Ra12.5~6.3\mu m$。扩孔常用于直径小于 $\phi100mm$ 孔的加工。在钻直径较大的孔（$D>30mm$）时，常先用小钻头（直径为孔径的 50%~70%）预钻孔，然后再用相应尺寸的扩孔钻扩孔，这样可以提高孔的加工质量和生产效率。

　　扩孔除了可以加工圆柱孔之外，还可以用各种特殊形状的扩孔钻（也称锪钻）来加工各种沉头座孔和锪平端面。锪钻的前端常带有导向柱，用已加工孔导向。

　　（3）铰孔

　　铰孔是孔的精加工方法之一，在生产中应用很广。对于较小的孔，相对于内圆磨削及精镗而言，铰孔是一种较为经济实用的加工方法。

　　铰孔采用铰刀进行加工。铰刀一般分为手用铰刀和机用铰刀两种。铰刀由工作部分、颈部及柄部组成。工作部分又分为切削部分与校准（修光）部分，如图 7-43 所示。手用铰刀柄部为直柄，工作部分较长，导向作用较好，常为整体式结构，结构简单，手工操作，使用方便。机用铰刀用于在机床上铰孔，常用高速钢制造，有锥柄和直柄两种形式，如图7-44所示。铰刀不仅可加工圆形孔，也可用锥度铰刀加工锥孔。

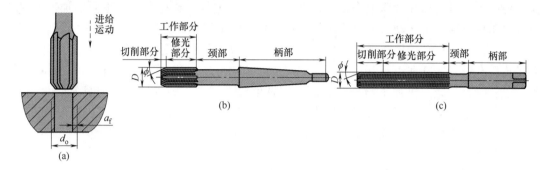

图7-43　铰孔和铰刀

（a）铰孔　（b）机用铰刀　（c）手用铰刀

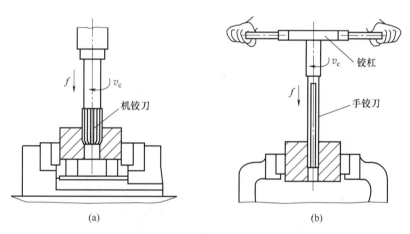

图7-44　机铰、手铰圆柱孔

（a）机械铰孔　（b）手动铰孔

铰孔余量对铰孔质量的影响很大。余量太大，铰刀的负荷大，切削刃很快被磨钝，不易获得光洁的加工表面，尺寸公差也不易保证；余量太小，不能去掉上道工序留下的刀痕，自然也就没有改善孔加工质量的作用。一般粗铰余量取 0.35～0.15mm，精铰余量取 0.15～0.05mm。

铰孔通常采用较低的切削速度以避免产生积屑瘤。进给量的取值与被加工孔径有关，孔径越大，进给量取值越大。

铰孔时必须用适当的切削液进行冷却、润滑和清洗，以防止产生积屑瘤并减少切屑在铰刀和孔壁上的黏附。与磨孔和镗孔相比，铰孔生产率高，容易保证孔的精度；但铰孔不能校正孔轴线的位置误差，孔的位置精度应由前道工序保证。铰孔不宜加工阶梯孔和盲孔。铰孔尺寸精度一般为IT9～IT7，表面粗糙度一般为 $Ra3.2～0.8\mu m$。对于中等尺寸、精度要求较高的孔（例如 IT7 级精度孔），钻—扩—铰工艺是生产中常用的典型加工方案。

7.3.2 镗削加工

镗孔是用镗刀在已加工孔的工件上使孔径扩大并达到精度和表面粗糙度要求的加工方法。镗孔工作既可以在镗床上进行，也可以在车床上进行。镗孔有三种不同的加工方式。一种是工件旋转为主运动，刀具作进给运动，在车床上镗孔大都属于这类镗孔方式。它的工艺特点是加工后孔的轴心线与工件的回转轴线一致，孔的圆度主要取决于机床主轴的回转精度，孔的轴向几何形状误差主要取决于刀具进给方向相对于工件回转轴线的位置精度。这种镗孔方式适于加工与外圆表面有同轴度要求的孔。另外两种是刀具旋转为主运动、工件作进给运动或者是刀具旋转为主运动并作进给运动，在镗床上镗孔属于这类镗孔方式。箱体类零件上的孔或孔系（即要求相互平行或垂直的若干孔）常在镗床上加工。

（1）镗床

镗床主要使用镗刀的孔加工机床，主要可分为卧式镗床、坐标镗床等。卧式镗床的主要结构如图 7-45 所示。卧式镗床的主要运动有：镗杆或平旋盘的旋转主运动；镗杆的轴向进给运动；主轴箱的垂直进给运动（加工端面）；工作台的纵向、横向进给运动；平旋盘上的径向刀架进给运动（加工端面）。且工作台还能沿上滑座的圆轨道在水平面内转动，以适应加工互相成一定角度的平面和孔。

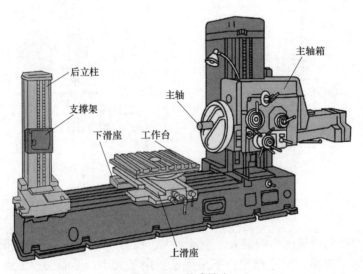

图 7-45 卧式镗床

（2）镗刀

镗刀是在镗床、车床等机床上用以镗孔的刀具。按不同结构，镗刀可分为单刃镗刀和双刃镗刀，双刃镗刀按刀片在镗杆上浮动与否分为浮动镗刀和定装镗刀，如图 7-46 所示。

① 单刃镗刀镗孔。

单刃镗刀刀头结构与车刀相似，刀头装于刀杆中，根据孔径大小，用螺钉固定其位置，由操作保证。用它镗孔时，有如下特点：

a. 适应性广，灵活性大。可用来进行粗加工，也可进行半精加工或精加工。一把镗刀可加工直径不同的孔，孔的尺寸主要由操作者保证，故对工人操作的技术水平依赖性大。

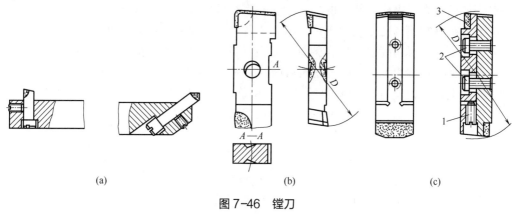

图 7-46 镗刀

（a）单刃镗刀   （b）定装镗刀   （c）浮动镗刀

b. 可以校正原有孔的轴线歪斜或位置偏差。由于镗孔质量主要取决于机床精度和工人技术水平，预加工孔有轴线歪斜或有不大的位置偏差时，可用单刃镗刀镗孔予以校正。

c. 生产率低。由于单刃镗刀刚性较低，只能用较小的切削用量切削，以减少镗孔时镗刀的变形和振动，加之仅有一个主切削刃参加工作，故生产率较扩孔或铰孔低。

② 浮动镗刀镗孔。

用可调浮动镗刀片镗孔时，有如下特点：

a. 加工质量高。由于镗刀片在加工过程中的浮动可抵偿刀具安装误差或镗杆偏摆所引起的不良影响，提高了孔的加工精度。

b. 生产效率高。由于浮动镗刀有两个主切削刃同时切削，且操作简便，故生产效率高。但浮动镗刀片结构较单刃镗刀复杂，刃磨要求高，故成本也较高。

浮动镗刀镗孔主要用于批量生产，精加工箱体类零件上直径较大的孔。

如图 7-47 所示，其中（a）为在卧式镗床上镗杆进给进行镗孔，（b）、（c）、（d）为工作台进给方式的镗孔加工。

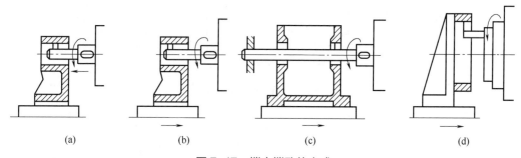

图 7-47 镗床镗孔的方式

（3）镗孔的工艺特点及应用范围

镗孔和钻—扩—铰工艺相比，孔径尺寸不受刀具尺寸的限制，且镗孔具有较强的误差修正能力，可通过多次走刀来修正原孔轴线偏斜误差，而且能使所镗孔与定位表面保持较高的位置精度。

镗孔和车外圆相比，由于刀杆系统的刚性差、变形大，散热排屑条件不好，工件和刀具的热变形比较大；因此，镗孔的加工质量和生产效率都不如车外圆高。

综上分析可知，镗孔工艺范围广，可加工各种不同尺寸和不同精度等级的孔，对于孔径较大、尺寸和位置精度要求较高的孔和孔系，镗孔几乎是唯一的加工方法。

镗孔的加工精度为 IT9~IT7，表面粗糙度为 $Ra3.2~0.5\mu m$。镗孔可以在镗床、车床、铣床等机床上进行，具有机动灵活的优点。在单件或成批生产中，镗孔是经济易行的方法。在大批大量生产中，为提高效率，常使用镗模。

7.3.3　拉削加工

在拉床上用拉刀加工工件的工艺过程，称为拉削加工。拉削是指用拉刀加工工件内、外表面的加工方法。拉削在卧式拉床和立式拉床上进行。拉刀的直线运动为主运动，拉刀无进给运动，其进给是由后一个刀齿高出前一个刀齿（齿升量 a_f）来完成的（图7-48），从而能在一次行程中，一层一层地从工件上切去多余的金属层，获得所要求的表面。拉削不但可以加工各种型孔，还可以拉削平面、半圆弧面和其他组合表面（图7-49）。

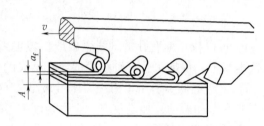

图7-48　拉削运动

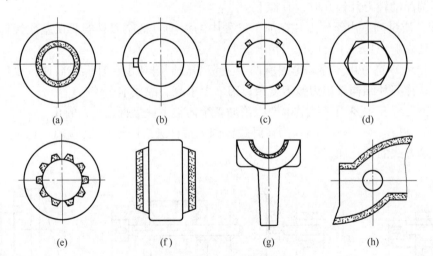

图7-49　拉削加工孔截面

（a）圆孔　　（b）孔内单键槽　　（c）花键孔　　（d）六方孔　　（e）内齿轮　　（f）平面　　（g）半圆弧面　　（h）组合表面

（1）拉刀

拉刀是一种加工精度和切削效率都比较高的多齿刀具，广泛应用于大批大量生产中，拉刀的结构形状如图7-50所示。它是由许多刀齿组成的，后面的刀齿比前面的刀齿高出一个齿升量（一般为 0.02~0.1mm）。每一个刀齿只负担很小的切削量，加工时依次切去一层金属，所以拉刀的切削部分很长。如图7-51所示为常见的几种拉刀。

（2）拉床

拉削的加工装备为拉床。拉床分卧式拉床和立式拉床两种，其中卧式拉床应用广泛，

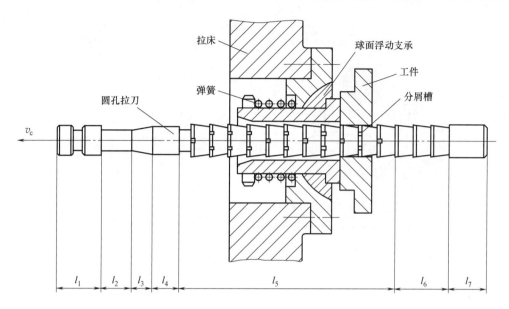

图 7-50　圆孔拉刀结构及拉削方法

l_1—拉刀柄部　l_2—颈部　l_3—过渡锥　l_4—前导部分　l_5—切削部分　l_6—校准部分　l_7—后导部分

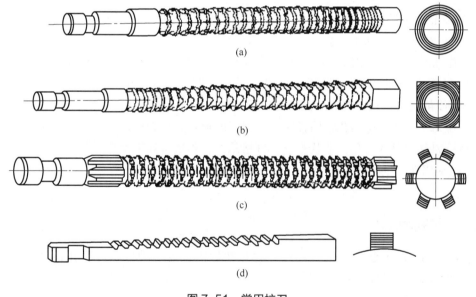

图 7-51　常用拉刀

（a）圆孔拉刀　　（b）方孔拉刀　　（c）花键拉刀　　（d）平键拉刀

如图 7-52 所示。拉孔时，工件不需夹紧，而是以端面靠紧在拉床的支承板上，因此工件的端面应与孔垂直。同时拉孔加工要求工件安装采用浮动式结构，防止孔中心与拉刀中心不重合而破坏拉刀。如果工件的端面与孔不垂直，则应采用球面自动定心的支承垫板来补偿。球形支承垫板的略微转动，可以使工件上的孔自动地调整到与拉刀轴线一致的方向。拉刀的头部先通过工件上已有的孔，然后由拉床的夹头将拉刀头部夹住，拉床的夹头将拉刀自工件孔中拉过，由拉刀上一圈圈不同尺寸的刀齿分别逐层地自孔壁切除金属层，而形

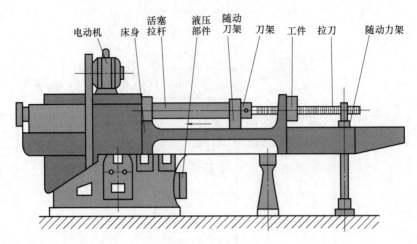

电动机　床身　活塞拉杆　液压部件　随动刀架　刀架　工件　拉刀　随动力架

图 7-52　卧式拉床

成与拉刀最后的刀齿同形状的孔。

（3）拉孔的工艺特征及应用范围

① 拉刀是多刃刀具，在一次拉削行程中就能顺序完成孔的粗加工、精加工和精整、光整加工工作，生产效率高。

② 拉孔精度主要取决于拉刀的精度，在通常条件下，拉孔精度可达 IT8～IT6，表面粗糙度值可达 $Ra1.6～0.4\mu m$。

③ 拉孔时，工件以被加工孔自身定位（拉刀前导部就是工件的定位元件），拉孔不易保证孔与其他表面的相互位置精度；对于那些内外圆表面具有同轴度要求的回转体零件的加工，往往都是先拉孔，然后以孔为定位基准加工其他表面。

④ 拉刀不仅能加工圆孔，而且还可以加工成形孔、花键孔。

⑤ 拉刀是定尺寸刀具，形状复杂、价格昂贵，不适合加工大孔。

拉孔常用在大批大量生产中加工孔径为 $\phi10～80mm$、孔深不超过孔径 5 倍的中小零件上的通孔。

7.3.4　磨孔加工

磨孔是用磨削方法加工工件的孔。它是精加工孔的一种方法。磨孔精度可达 IT8～IT6，表面粗糙度为 $Ra0.8～0.4\mu m$。

（1）磨孔方法

磨孔一般在内圆磨床和万能外圆磨床上进行。对于大尺寸薄壁孔，则可在无心内圆磨床上加工。磨孔方法可分为纵磨法、横磨法和无心内圆磨削等。

① 纵磨法。如图 7-53（a）所示，砂轮的高速旋转为主运动，工件作低速旋转圆周进给运动，其旋转方向与砂轮旋转方向相反，同时砂轮作纵向和横向进给运动。此法适于磨较长的内孔。

② 横磨法。仅适用于工件内孔长度很短时的磨削，它的生产率很高，如图 7-53（b）所示，横磨法磨孔时，砂轮只作横向进给而不作纵向移动，砂轮的表面形状完全复制在工

件内孔的表面上。因此，采用横磨法磨孔时，必须很好地修整砂轮的形状。

　　③ 无心内圆磨削。如图 7-53（c）所示，无心内圆磨削是将外圆经精加工的工件置于导轮和压紧轮与支承轮之间，且使各轮在不同的转速下顺时针方向旋转，工件在压紧轮作用下完成对内圆面的磨削。无心内圆磨削通常用于要求内外圆同轴的大型薄壁工件的内圆加工。

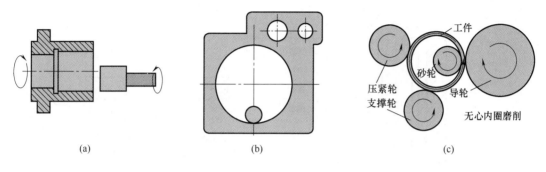

图 7-53　内圆磨削方法

　　（2）磨孔的特点

　　与外圆磨削比较，内圆磨削有以下特点：

　　① 砂轮直径小，线速度低，磨削加工的生产率低。

　　② 砂轮的外径小于工件的内径，磨料的单位时间切削次数增加，砂轮容易磨损。

　　③ 砂轮轴细而长，刚性差，容易产生弹性变形和振动，加工表面质量较差。

　　④ 工件与砂轮之间的接触弧长，磨削力大，磨削区温度高，冷却条件差，热量不易散发。

　　⑤ 磨屑排除较困难，容易积聚在内孔中，引起砂轮的堵塞。

　　内圆磨削虽然有以上缺点，但磨孔的适应性好，在单件、小批生产中应用很广，特别是对淬硬的孔、盲孔、大直径的孔及断续表面的孔（如花键孔），内圆磨削是主要的精加工方法。

7.3.5　孔的研磨和珩磨加工

　　（1）孔的研磨

　　研磨孔是常用的一种光整加工方法，用于对精镗、精铰或精磨后的孔进一步光整加工。研磨后孔的精度可达 IT7~IT6，表面粗糙度为 $Ra0.4~0.025\mu m$，形状精度也有相应提高。

　　研磨工具的材料、研磨剂、研磨余量及研磨方法等与研磨外圆类似。

　　（2）孔的珩磨

　　珩磨是利用珩磨工具对孔施加一定压力，珩磨工具同时作相对旋转和直线往复运动，以切除极小余量的光整加工方法。

　　珩磨头的结构形式如图 7-54（a）所示。油石条黏结在垫块上，装入本体的槽中，由上下两个弹簧箍紧，使油石条有向内收缩的趋势。旋紧调整螺母时，调整锥被推向下，其锥面通过调整销将油石条径向推出，直径即加大；反之，拧松调整螺母，压力弹簧将调整锥向上推移，油石条即被弹簧箍收拢，使珩磨头直径变小。

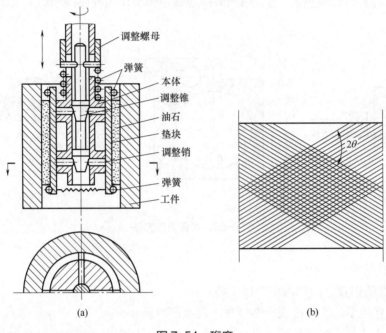

图 7-54　珩磨

珩磨一般在专用的珩磨机床上进行，也可用普通车床或立式钻床改装后进行珩磨。珩磨头与机床主轴采用浮动联轴节相连接，以使珩磨头的油石条与孔壁均匀接触并沿孔壁自行定位导向。珩磨时，珩磨头由机床主轴带动旋转并作往复的轴向运动，形成均匀而不重复的交叉网纹 ［图 7-54 （b）］。由于油石条以一定的压力与孔壁均匀接触，因而从孔壁磨去一层极薄的金属。

珩磨时要使用切削液，以便润滑、散热并冲去切屑和脱落的磨粒。珩磨钢和铸铁件时多用煤油加入少量机油。珩磨余量一般为 0.02~0.15mm。

孔经珩磨后，精度可达 IT7~IT6，表面粗糙度为 $Ra0.4~0.025\mu m$，孔的形状精度也相应提高。珩磨加工适应孔的范围较大，直径由 15~1500mm，而且生产率比研磨高，所以在孔的光整加工中应用较广泛。其缺点是不能纠正孔轴线的位置偏差，因而孔的位置精度要靠前道工序来保证。

7.3.6　内圆表面加工方案分析

孔加工与外圆面加工相比，虽然在切削机理上有许多共同点，但是，在具体的加工条件上，却有着很大差异。孔加工刀具的尺寸，受到加工孔的限制，一般呈细长状，刚性较差。加工孔时，散热条件差，切屑不易排除，切削液难以进入切削区。因此，加工同样精度和表面粗糙度的孔，要比加工外圆面困难得多，成本也高。

表 7-11 给出了内圆面的加工方案，可作为拟定加工方案的依据和参考。

表 7-11　　　　　　　　　　　　　　内圆表面加工方案

序号	加工方案	尺寸公差等级	表面粗糙度 $Ra/\mu m$	适用范围
1	钻	IT13~IT11	12.5	用于加工除高硬度材料以外的实心工件
2	钻—铰	IT9~IT8	3.2~1.6	同上,且孔径 $D<10mm$
3	钻—扩—铰	IT9~IT8	3.2~1.6	同上,且孔径 $D=10~30mm$
4	钻—扩—粗铰—精铰	IT8~IT7	1.6~0.4	
5	钻—拉	IT9~IT7	1.6~0.4	大批、大量生产
6	(钻)—粗镗—半精镗	IT10~IT9	6.3~3.2	用于加工除高硬度材料以外的工件,且 $D>10mm$
7	(钻)—粗镗—半精镗—精镗	IT8~IT7	1.6~0.8	
8	(钻)—粗镗—半精镗—磨	IT8~IT7	0.8~0.4	用于批量加工钢件、铸铁件等,但不宜加工硬度低、韧性大的有色金属
9	(钻)—粗镗—半精镗—粗磨—精磨	IT7~IT6	0.4~0.2	
10	(钻)—粗镗—半精镗—精镗—珩磨	IT7~IT6	0.4~0.025	
11	(钻)—粗镗—半精镗—精镗—研磨	IT7~IT6	0.4~0.025	单件、小批量加工各类材料的工件

7.4　平面加工

　　平面是基体类零件（如床身、工作台、立柱、横梁、箱体及支架等）的主要表面，也是回转体零件的重要表面之一（如端面、轴肩面等）。平面加工的方法很多，常用的有铣、刨、车、拉、磨削等方法。平面加工中的车、拉、磨削等加工方法，其工艺特点与前面在外圆表面及孔加工中的论述基本相同。车平面主要用于加工轴、套、盘等回转体零件的端面，当直径较大时，一般在立式车床上加工。在车床上加工端面容易保证端面与轴线的垂直度要求。拉平面是一种加工精度高、生产效率高的先进加工方法，适于在大批大量生产中加工质量要求较高，但面积不大的平面。磨平面更适合于做精加工工作，它能加工淬硬工件。应根据工件的技术要求、毛坯种类、原材料状况及生产规模等不同条件进行合理选用。

7.4.1　铣削加工

　　铣削加工是加工平面应用最广泛的方法。铣削是在铣床上利用铣刀旋转作主运动，工件或铣刀作进给运动的切削加工的方法。铣削是最常用的切削加工

配套视频

铣半圆键槽　　逆铣　　顺铣

方法之一，其基本工作内容有铣平面、铣阶台面、铣沟槽面、铣角度面、铣成形面及切断等，如图 7-55 所示。使用附件和工具还可以铣齿轮、铣花键、铣螺旋槽、铣凸轮和离合器等复杂零件，也可以进行钻孔、镗孔或铰孔。

　　（1）铣刀

　　铣刀是一种多刃刀具，每个刀齿相当于一把车刀。它的种类很多，按刀齿开在刀体的

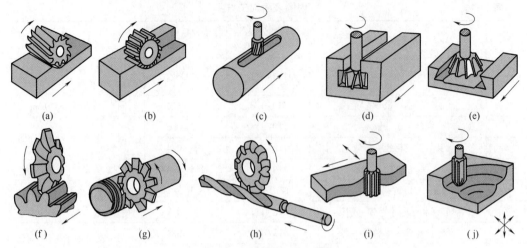

图 7-55　铣削的工艺范围

(a) 铣平面　　(b) 铣台阶　　(c) 铣键槽　　(d) 铣 T 形槽　　(e) 铣燕尾槽
(f) 铣齿轮　　(g) 铣螺纹　　(h) 铣螺旋槽　　(i) 铣成形面①　　(j) 铣成形面②

圆柱面或端面上的不同，可分为圆柱铣刀、端铣刀及三面刃铣刀。圆柱铣刀又分直齿和螺旋齿两种，后者切削平稳，应用广泛。按照铣刀外形和用途可分为立铣刀、键槽铣刀、半月键槽铣刀、圆盘铣刀、锯片铣刀、角度铣刀和成形铣刀等，如图 7-56 所示。按铣刀结构分为整体铣刀和镶齿铣刀。按装刀部位分为有孔铣刀和带柄铣刀。

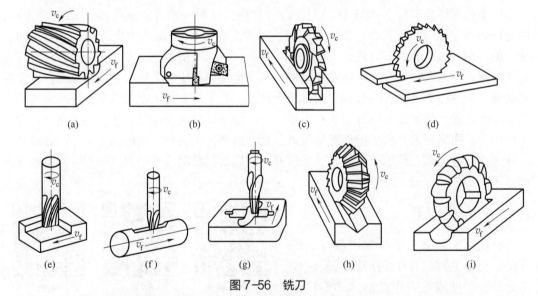

图 7-56　铣刀

(a) 圆柱形铣刀　　(b) 面铣刀　　(c) 三面刃铣刀　　(d) 锯片铣刀　　(e) 立铣刀
(f) 键槽铣刀　　(g) 模具铣刀　　(h) 角度铣刀　　(i) 成形铣刀

(2) 铣床

铣床就是用铣刀进行切削加工的机床。常用的铣床有卧式铣床、立式铣床和龙门铣床等。

① 卧式铣床。卧式铣床具有功率大，转速高，刚性好，工艺范围广，操纵方便等优

点。卧式铣床主要适用于单件、小批生产，也可用于成批生产。如图 7-57 所示，卧式铣床的主要部件及其用途如下：

床身是固定与支承其他部件的基础。顶部与前面分别有水平的和垂直的燕尾式导轨，与横梁和升降台相配合。床身内还装有电动机，主轴变速箱的变速机构等。床身是保证机床具有足够刚性和加工精度的重要部件。

主轴用来安装与紧固刀杆并带动铣刀旋转。主轴由安装在床身孔中的滚动轴承支承，具有较高的旋转精度，是保证加工精度的重要部件。

在横梁上可以安装吊架，用来支承刀杆外伸端，以增强刀杆刚性。横梁可以在床身顶部导轨上移动，调整其中伸出长度。

升降台可带动工件台作垂直升降，以调整铣刀与工作台之间的距离。进给变速箱及操纵机构安装在升降台的侧面，可使工作台获得不同的进给速度。

纵向工作台、转台和横向工作台分别完成纵向进给、在水平面内转角和横向进给。

此外，还有电气控制和冷却润滑系统等。

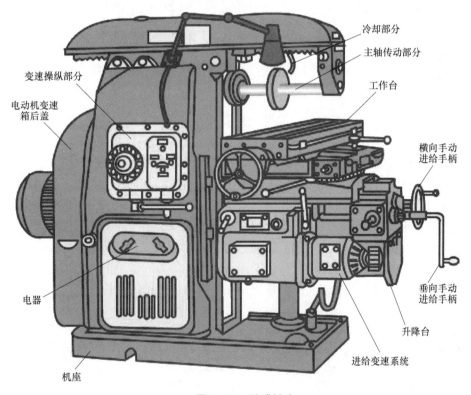

图 7-57　卧式铣床

② 立式铣床。立式铣床与卧式铣床的不同之处是主轴与工作台垂直，主轴呈铅垂位置，如图 7-58 所示。立式铣床有两种形式：一种是铣头与床身做成整体的；另一种是铣头与床身不成整体的，根据加工的需要，可以将铣头扳转一个角度，使主轴对台面倾斜。

立式铣床是一种生产率比较高的机床，能加工平面、阶台、斜面、键槽等，还可以加工内圆弧、外圆弧、T 形槽以及凸轮等。

③ 龙门铣床。龙门铣床是一种大型机床，如图 7-59 所示，主要适用于加工大、中型

工件上的平面、沟槽等，可以对工件进行粗铣、半精铣，也可以进行精铣。龙门铣床可用多个铣削头同时加工一个工件的几个面或同时加工几个工件，所以生产率很高，在成批或大量生产中得到广泛应用。

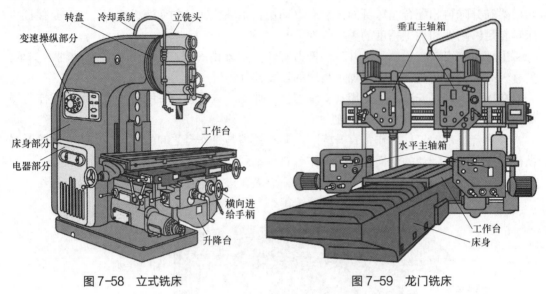

图 7-58　立式铣床　　　　　　　　　　　　图 7-59　龙门铣床

（3）铣削方式

铣削方式分为周铣和端铣两种，周铣是用分布在铣刀圆柱面上的刀齿进行铣削的方式，端铣是用分布在铣刀端面上的刀齿进行铣削的方式，如图 7-60 所示。

周铣时，按铣刀旋转方向和工件进给方向的不同可分为逆铣和顺铣。铣刀旋转方向与工件进给方向相反的为逆铣；铣刀旋转方向与工件进给方向相同的为顺铣。如图 7-61 所示，顺铣时，铣削力与工件进给方向相同，由于铣刀旋转速度远大于工件进给速度，铣刀刀齿会把工件连同工作台向前拉动，造成进给不匀，铣刀被工件冲击甚至损坏。逆铣与此相反，工件不会被拉向前，进给平稳。因此，通常多用逆铣。但顺铣也有其优点，例如，刀齿切入工件比较容易，铣刀寿命较长，工件不会因铣削力的作用被向上抬起等。如能设法消除工作台丝杠、螺母之间的间隙，特别是在精铣时，也可用顺铣。

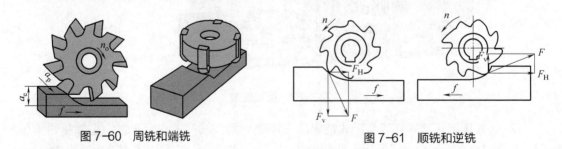

图 7-60　周铣和端铣　　　　　　　　　　图 7-61　顺铣和逆铣

顺铣和逆铣各有特点，应根据加工的具体条件合理选择，如表 7-12 所示。

端铣的加工质量和生产效率比周铣高，在大批量生产中端铣比周铣用得多。周铣可使用多种形式的铣刀，能铣槽、铣成形表面，并可在同一刀杆上安装几把刀具同时加工几个表面，适用性好，在生产中用得也比较多。

表 7-12　　　　　　　　　　　　　　　　　顺铣和逆铣比较

对比角度	逆铣	顺铣	结论
切屑截面形状	逆铣时，刀齿的切削厚度由零逐渐增加，刀齿切入工件时切削厚度为零，由于切削刃钝圆半径的影响，刀齿在已加工表面上滑擦一段距离后才能真正切入工件，因而刀齿磨损快，加工表面质量较差	顺铣时则无此现象，但顺铣不宜铣带硬皮的工件	顺铣时铣刀寿命比逆铣高 2~3 倍，加工表面也比较好
工件装夹可靠性	逆铣时，刀齿对工件的垂直作用力 F_V 向上，容易使工件的装夹松动	顺铣时，刀齿对工件的垂直作用力 F_V 向下，使工件压紧在工作台上，加工比较平稳	顺铣时工件加紧比逆铣可靠
工作台丝杠、螺母间隙	逆铣时，工件承受的水平铣削力 F_H 与进给速度 v_f 的方向相反，铣床工作台丝杠始终与螺母接触	顺铣时，工件承受的水平铣削力 F_H 与进给速度相同，由于丝杠螺母间有间隙，铣刀会带动工件和工作台窜动，使铣削进给量不均匀，容易打刀。采用顺铣法加工时必须采取措施消除丝杠与螺母之间的间隙	逆铣时工作台有窜动，容易打刀

（4）铣削的工艺特点及应用范围

铣削是平面加工的主要方法之一。它可以加工水平面、垂直面、斜面、沟槽、成形表面、螺纹和齿形等，也可以用来切断材料。因此，铣削加工的范围是相当广泛的。

① 生产率较高。铣刀是典型的多齿刀具，铣削有几个刀齿同时参加工作，总的切削宽度较大。铣削时的主运动是铣刀的旋转，有利于采用高速铣削，故铣削的生产率一般比刨削高。经粗铣—精铣后，尺寸精度可达 IT9~IT7，表面粗糙度可达 $Ra6.3~1.6\mu m$。

② 刀齿散热条件较好。铣刀刀齿在切离工件的一段时间内，可以得到一定的冷却，散热条件较好。但是，在切入和切出时，热和力的冲击会加速刀具的磨损，甚至可能引起硬质合金刀片的碎裂。

③ 铣削过程不平稳。由于铣刀的刀齿在切入和切出时产生冲击，使工作的刀齿数有增有减，同时，每个刀齿的切削厚度也是变化的，这就引起切削面积和切削力的变化，因此，铣削过程不平稳，容易产生振动。

7.4.2　刨插削加工

刨削是在刨床上用刨刀对工件作水平相对直线往复运动的切削加工方法。

（1）刨削的工艺特点

刨削加工主要用于加工各种平面（如水平面、垂直面和斜面等）和沟槽（如 T 形槽、燕尾槽、V 形槽等），如图 7-62 所示。刨削时，刨刀（或工件）的往复直线运动是主运动，刨刀前进时切下切屑的行程，称为工作行程或切削行程；反向退回的行程，称为回程或返回行程。刨刀（或工件）每次退回后作间歇横向移动称为进给运动。

① 刨削加工精度较低，精度一般为 IT9~IT8，表面粗糙度为 $Ra6.3~1.6\mu m$。但刨削加工可以在工件一次装夹中，逐个地加工出工件几个方向上的平面，保证一定的位置精度。

配套视频

插齿

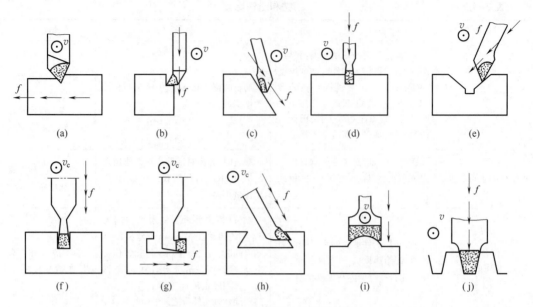

图 7-62　刨削的工艺范围

(a) 刨水平面　(b) 刨垂直面　(c) 刨斜面　(d) 刨直角　(e) 刨 V 形槽

(f) 刨直角槽　(g) 刨 T 形槽　(h) 刨燕尾槽　(i) 成形刀刨成形面　(j) 成形刀刨成齿条

② 刨削加工生产率较低。因刨削有空程损失，主运动部件反向惯性力较大，冲击现象严重，故刨削速度低，生产率低。但刨狭长平面（如车床导轨面）或在龙门刨床上进行多件或多刀刨削时，生产率仍然很高。

③ 刨刀结构简单，便于刃磨，刨床的调整也比较方便，因此，刨削加工在单件小批生产及修配工作中应用较广。

（2）刨床

刨床主要类型有牛头刨床和龙门刨床。

① 牛头刨床。牛头刨床因其滑枕、刀架形似"牛头"而得名。牛头刨床的主运动由滑枕沿床身导轨在水平方向作往复直线运动来实现，因为滑枕换向时有大的惯性力，所以主运动速度不能太高，加之只能单刀加工，且在反向运动时不加工，所以牛头刨床效率和生产效率低，主要适用于单件、小批量生产或机修车间，在大批量生产中被铣床代替。牛头刨床主要用于加工中、小型零件，能刨削的长度一般不超过 1m。如图 7-63 所示为牛头刨床的主要结构。

② 龙门刨床。龙门刨床因有一个"龙门"式框架结构而得名，其主要特点是主运动是工作台带动工件作往复直线运动，进给运动则是刀架沿横梁或立柱作间歇运动。如图 7-64 所示，龙门刨床主要由床身、工作台、减速箱、立柱、横梁、进刀箱、垂直刀架、侧刀架、润滑系统、液压安全器及电气设备等组成。

龙门刨床主要用于大型零件的加工，以及若干件小型零件同时刨削。在进行刨削加工时，工件装夹在工作台上，根据被加工面的需要，可分别或同时使用垂直刀架和侧刀架，垂直刀架和侧刀架都可作垂直或水平进给。刨削斜面时，可以将垂直刀架转动一定的角度。目前，刨床工作台多用直流发电机、电动机组驱动，并能实现无级调速，使工件慢速

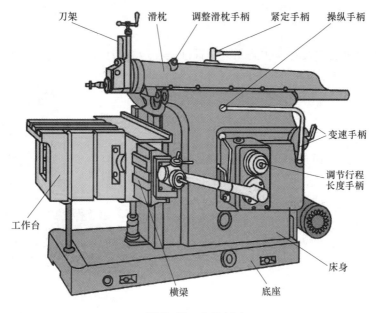

图 7-63　牛头刨床

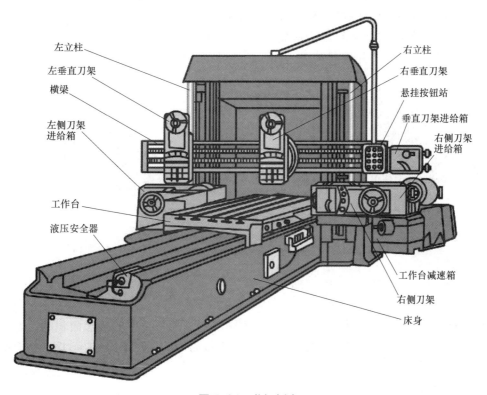

图 7-64　龙门刨床

接近刨刀，待刨刀切入工件后，增速到要求的切削速度，然后工件慢速离开刨刀，工作台再快速退回。工作台这样变速工作，能减少刨刀与工件的冲击。在小型龙门刨床上，也有用可控硅供电—电动机调速系统来实现工作台的无级调速，但因其可靠性较差，维修也较困难，故目前在大、中型龙门刨床上用得较少。

（3）插削加工

插削和刨削的切削方式基本相同，只是插削是在竖直方向进行切削。因此，可以认为插床是一种立式的刨床。

如图 7-65 所示，插床加工时，插刀安装在滑枕的刀架上，滑枕可沿床身导轨作垂直的主体往复直线运动。安装工件的工作台由下拖板、上拖板及圆工作台等三部分组成。下拖板可作横向进给，上拖板可作纵向进给，圆工作台则可带动工件回转。它的生产率较低，一般只在单件、小批生产时，插削直线的成形内、外表面，如键槽和方孔等，有时也用于加工成形内表面。

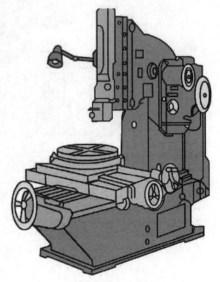

图 7-65　插床

7.4.3　磨削平面

高精度平面及淬火零件的平面加工，大多数采用平面磨削方法。磨削平面主要在平面磨床上进行。对于形状简单的铁磁性材料工件，采用电磁吸盘装夹，对于形状复杂或非铁磁性材料的工件，可采用精密虎钳或专用夹具装夹。如图 7-66 所示为平面磨床的两种磨削方式。

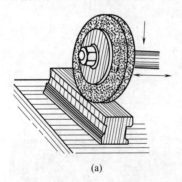
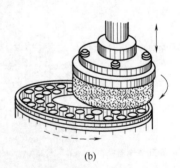

(a) (b)

图 7-66　平面磨床的两种磨削方式
(a) 卧轴矩台平面磨削　(b) 立轴圆台平面磨削

（1）周磨平面

周磨是以砂轮圆周面磨削平面的方法。磨削时，砂轮与工件的接触面积小，磨削力小，磨削热少，冷却和排屑条件较好，砂轮的磨损也均匀，一般可达 IT7~IT6，表面粗糙度为 $Ra0.8~0.2\mu m$。

（2）端磨平面

端磨是以砂轮端面磨削平面的方法。磨削时，砂轮与工件的接触面积大，磨削力大，磨削热多，冷却和排屑条件也较差，工件受热变形大。此外，砂轮端面径向各点的圆周速度也不相等，砂轮的磨损不均匀，因此，加工精度不高，一般可达 IT9~IT8，表面粗糙度为 $Ra6.3~3.2\mu m$。一般用于磨削加工精度要求不高的平面，也用于代替刨削和铣削加工。

7.4.4 平面加工方案分析

根据平面的技术要求以及零件的结构形状、尺寸、材料和毛坯种类，结合具体加工条件，平面可分别采用车、铣、刨、磨、拉等方法加工。要求更高的精密平面，可以用刮研、研磨等进行光整加工。回转体表面的端面，可采用车削和磨削加工。其他类型的平面以铣削或刨削为主。淬硬的平面则必须用磨削加工。

如表 7-13 所示给出了平面的加工方案，可以作为拟定加工方案的依据和参考。

表 7-13　　　　　　　　　　　　平面的加工方案

序号	加工方案	尺寸公差等级	表面粗糙度 $Ra/\mu m$	适用范围
1	粗车—半精车	IT10~IT9	6.3~3.2	用于加工回转体端面
2	粗车—半精车—精车	IT8~IT7	1.6~0.8	
3	粗车—半精车—磨削	IT8~IT6	0.8~0.2	
4	粗铣(粗刨)—精铣(精刨)	IT9~IT7	6.3~1.6	用于加工除高硬度材料以外的工件
5	粗铣(粗刨)—精铣(精刨)—刮研	IT6~IT5	0.8~0.1	
6	粗刨—精刨—宽刃精刨	IT6	0.8~0.2	
7	粗铣(粗刨)—精铣(精刨)—磨削	IT7~IT6	0.8~0.2	用于加工钢件、铸铁件等，但不宜加工硬度低、韧性大的有色金属
8	粗铣(粗刨)—精铣(精刨)—粗磨—精磨	IT6~IT5	0.4~0.1	
9	粗铣(粗刨)—精铣(精刨)—磨削—研磨	IT5~IT4	0.4~0.025	
10	拉	IT9~IT6	0.8~0.2	用于大批量加工除高硬度材料以外的工件

【学后测评】

1. 选择题

（1）机床型号中通用特性代号"G"表示的意思是（　　）。

A. 高精度　　　　　　　B. 精密　　　　　　　C. 仿形　　　　　　　D. 自动

（2）在机床型号规定中，磨床的代号是（　　）。

A. C　　　　　　　　　B. Z　　　　　　　　C. L　　　　　　　　D. M

（3）机床型号 CQ6140 中的"40"表示（　　）。

A. 中心高为 400mm　　　　　　　　　B. 中心高为 40mm

C. 床身上最大回转直径为 400mm　　　　D. 床身上最大回转直径为 40mm

（4）要改变运动的性质，如将转动变为直线移动，需采用的传动副是（　　）。

A. 带传动　　　　　　B. 齿轮传动　　　　C. 蜗轮蜗杆传动　　D. 齿轮齿条传动

（5）车床的溜板箱是车床的（　　）。

A. 主传动部件　　　　B. 进给传动部件　　C. 刀具安装部件　　D. 工件安装部件

（6）铣刀每转过一个刀齿，工件相对铣刀所移动的距离称为（　　）。

A. 每齿进给量　　　　　　　　　　B. 每转进给量

C. 每分钟进给量　　　　　　　　　D. 往返进给量

（7）周铣时用（　　）方式进行铣削，铣刀的耐用度较高，获得加工面的表面粗糙度值也较小。

A. 顺铣　　　　　　　　B. 逆铣　　　　　C. 对称铣　　　　D. 端铣

（8）在铣床上铣矩形直槽常用（　　）。

A. 圆柱铣刀　　　　　　B. 面铣刀　　　　C. 三面刃盘铣刀　　D. 角铣刀

（9）制造圆柱铣刀的材料一般采用（　　）。

A. 高速钢　　　　　　　B. 硬质合金　　　C. 陶瓷　　　　　　D. 人造金刚石

（10）逆铣与顺铣相比，其优点是（　　）。

A. 散热条件好　　　　　　　　　　　　B. 切削时工作台不会窜动

C. 加工质量好　　　　　　　　　　　　D. 生产率高

（11）刨削加工时，刀具容易损坏的主要原因是（　　）。

A. 切削不连续、冲击大　　B. 排屑困难　　C. 切削温度高　　D. 容易产生积屑瘤

（12）有色金属外圆精加工适合采用（　　）。

A. 磨削　　　　　　　　B. 车削　　　　　C. 铣削　　　　　　D. 镗削

2. 填空题

（1）机床传动系统中常用的传动副有_____、_____、_____、_____、丝杠螺母等。

（2）CK6140B 中，"C" 的含义是_____，"K" 的含义是_____，"40" 的含义是_____，"B" 的含义是_____。

（3）型号由_____与_____按一定规律排列组成，其中符号 C 代表_____。

（4）机床中最为常见的两种变速机构为_____和_____。

（5）M1432 中，"M" 的含义是_____，"1" 的含义是_____，"32" 的含义是_____。

（6）顺铣指的是铣刀旋转方向和工件进给方向_____铣削方式，逆铣指的是铣刀旋转方向和工件进给方向_____铣削方式。

（7）卧式升降台铣床的主轴是_____方向布置。

（8）平面磨削的方式有_____和_____两种。

（9）根据圆柱铣刀旋转方向与工件移动方向之间的相互关系，铣削可分为_____和_____两种方法。

（10）铣削时，_____是主运动，_____的运动是进给运动。

3. 简答题

（1）无心磨床与普通外圆磨床在加工原理及加工性能上有哪些区别？

（2）M1432A 型万能外圆磨床需要实现哪些运动？能进行哪些工作？

（3）磨削工件外圆的方法有哪些？各有何特点？

（4）简述车床的基本组成部分，并说明车削加工有何特点。

（5）什么是顺铣？什么是逆铣？顺铣和逆铣各有什么特点？平面加工中，与周铣相比，端铣工艺有哪些特点？

（6）使用标准麻花钻钻孔有何缺点？生产中是如何克服这些缺点的？

（7）用周铣法加工镁合金材料零件的平面，为了保证加工表面质量，应用顺铣还是

逆铣法好？为什么？

（8）简述拉刀的结构及拉削加工的工艺特点。拉削适用于什么批量生产的场合？为什么要将工件端面靠在球面垫圈上？

（9）平面磨削方式有哪两种？相比较而言哪种方法的加工精度和表面质量更高，但生产率较低？

（10）镗孔有哪几种方式？各有何工艺特点？

4. 计算题

（1）如图 7-67 所示为某机床传动系统图。

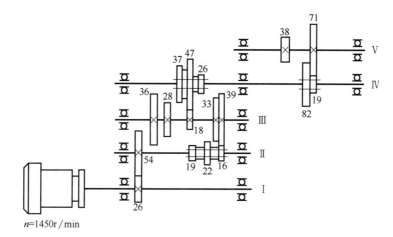

图 7-67　计算题（1）题图

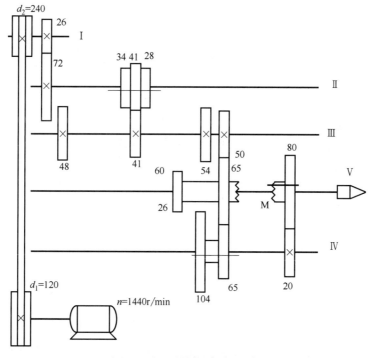

图 7-68　计算题（2）题图

①　试写出输出轴Ⅴ传动路线表达式；

②　求出输出轴Ⅴ转速级数；

③　求输出轴Ⅴ最高转速；

④　求输出轴Ⅴ最低转速。

（2）　如图 7-68 所示为某机床的传动系统图，已知各齿轮齿数，且已知电动机转速 $n = 1440\text{r/min}$。求：

①　写出系统的传动结构式；

②　输出轴Ⅴ的转速级数；

③　轴Ⅴ的极限的最大转速。（传动效率 0.98）

8 机械加工工艺规程的制订

【知识目标】

- 熟悉工艺过程的组成及工艺规程设计步骤。
- 掌握零件工艺性分析、毛坯选择以及定位基准的选择原则。
- 掌握工艺路线的拟定。
- 掌握工艺尺寸链的计算方法。
- 理解提高加工过程生产率及经济性的工艺措施。

【能力目标】

- 初步具备典型机械加工工艺规程编制的能力。
- 会对加工零件图进行加工工艺分析，包括：分析零件图样技术要求，检查零件图的完整性和正确性，分析零件的结构工艺性。
- 会拟定加工工艺路线，包括：选择加工方法，划分加工阶段，划分加工工序及工步，确定加工顺序，确定进给加工路线。

【引言】

随着机械加工方法的不断改进，机械产品的生产方式方法也越来越多，如电火花加工、线切割加工、电解加工等，不同的加工方法所能够达到的加工精度也各不相同，不管采用何种加工方法，都需要有一个系统的加工工艺过程作为指导，一个加工工艺的好与坏和设计得是否合理会直接影响加工零件质量的优劣，影响企业的生产效率和经济成本。所以，对于每一个零件的生产，企业都在不断地优化和改进工艺路线，希望制订出一个更加合理的工艺规程。

作为一个机械加工人员，提高产品的加工精度和劳动生产率是我们不断追求的目标，在实际加工中，利用现有设备加工出合格的产品是每一个机械加工人员应尽的职责。

8.1 基本概念

8.1.1 生产过程与工艺过程

（1）生产过程

制造机械产品时，将原材料转变为产品的所有劳动过程称为生产过程，它包括零件、部件和整机的制造。生产过程由一系列制造活动组成，它包括原材料运输和保管、生产技术准备工作、毛坯制造、零件的机械加工和热处理、表面处理、产品装配、调试、检验以及涂装和包装等过程。

机械产品的生产过程一般比较复杂，目前很多产品往往不是在一个工厂内单独生产，而是由许多专业工厂共同完成的。例如，飞机制造工厂就需要用到许多其他工厂的产品（如发动机、电器设备、仪表等），相互协作共同完成一架飞机的生产。因此，生产过程既可以指整台机器的制造过程，也可以是某一零部件的制造过程。

工厂的生产过程还可按车间分为若干车间的生产过程。某一车间的原材料或半成品可能是另一车间的成品，而它的成品又可能是其他车间的原材料或半成品。例如锻造车间的成品是机械加工车间的原材料或半成品；机械加工车间的成品又是装配车间的原材料或半成品等。在车间，生产过程包括直接改变工件形状、尺寸、位置和性质等主要过程，还包括运输、保管、磨刀、设备维修等辅助过程。

（2）工艺过程

工艺过程是指在生产过程中改变生产对象的形状、尺寸、相对位置和性能等，使其成为半成品或成品的过程，即生产过程中由毛坯制造起到油漆为止的过程。机械产品的工艺过程又可分为铸造、锻造、冲压、焊接、铆接、机械加工、热处理、电镀、涂装、装配等过程。本章主要讨论机械加工工艺过程。

机械加工工艺过程是利用切削加工、磨削加工、电加工、超声波加工、电子束及离子束加工等机械、电的加工方法，直接改变毛坯的形状、尺寸、相对位置和性能等，使其转变为合格零件的过程。机械加工工艺过程直接决定零件和产品的质量，对产品的成本和生产周期都有较大的影响，是机械产品整个工艺过程的主要组成部分。

8.1.2 机械加工工艺过程的组成

机械加工工艺过程由一系列的工序组成，毛坯依次通过各工序而变为零件。每个工序又可细分为工步、走刀，安装和工位等。

配套视频

单件阶梯轴加工　大批量阶梯轴加工　复合工步

（1）工序

工序是指一个（或一组）工人在一个工作地点（如一台机床），对一个（或同时对几个）工件连续完成的那部分工艺过程。它是组成工艺过程的基本单元，也是生产管理和经济核算的基本依据。划分工序的主要依据是工作地是否变动、工作是否连续和加工对象是否改变。

划分工序的依据是"三不变，一连续"。工人（操作者）、工作地（机床）和工件（加工对象）三个要素中任一要素的变更即构成新的工序；连续是指工序内对一个工件的加工内容必须连续完成，否则即构成另一工序。同一零件、同样的加工内容也可以安排在不同的工序中完成。一个工艺过程需要包括哪些工序，是由被加工零件结构复杂的程度、加工要求及生产类型来决定的。

如图 8-1 所示阶梯轴零件，其加工工艺过程如表 8-1 所示，其中图 8-1（a）为图 8-1（b）阶梯轴零件的毛坯图。铣端面、钻中心孔和车外圆不是在一台车床上连续进行的，而是先在一台专用机床上对一批零件逐个铣端面和钻中心孔，完成后再在另一台车床上逐个车外圆，故作为两道工序。而铣键槽、磨外圆和去毛刺是在不同的机床或地点进行的，故各作为一道工序。

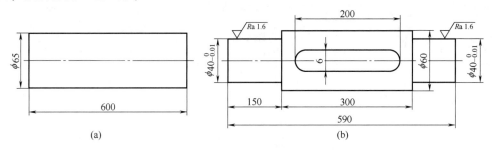

图8-1　阶梯轴的零件图

（a）毛坯　　（b）成品

表8-1　　　　　　　　　　　　　　阶梯轴加工工艺过程

工序号	工序名称	工作地点
1	铣端面、钻中心孔	专用机床
2	车外圆	车床
3	铣键槽	立式铣床
4	磨外圆	磨床
5	去毛刺	钳工台

（2）工步

在同一个工序中，往往需要使用不同的工具依次对不同的表面进行加工，这时工序需

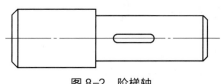

图8-2　阶梯轴

要分为不同的工步。工步是指加工表面、切削工具、切削用量（指切削速度、背吃刀量和进给量）不变时所连续完成的那一部分工序内容，即所谓"三不变、一连续"。

工步是构成工序的基本单元。每一工序可以包括好几个工步，也可以只有一个工步。如图8-2所示为阶梯轴零件图，如表8-2、表8-3所示为加工阶梯轴的工艺过程。

表8-2　　　　　　　　　　　　　单件、小批生产的工艺过程

工艺内容			加工内容	设备
工序号	安装次数	工步数		
1	2	4	(1)车端面 (2)打中心孔 (3)调头:车另一端面 (4)打中心孔	车床
2	2	4	(1)车外圆 (2)倒角 (3)调头:车小头外圆 (4)倒角	车床
3	1	1	钻孔	钻床
4	1	2	(1)铣键槽 (2)去毛刺	铣床

表 8-3　　　　　　　　　　　　大批大量生产的工艺过程

工艺内容			加工内容	设备
工序号	安装次数	工步数		
1	1	2	(1) 铣两端面 (2) 打中心孔	专用机床
2	1	2	(1) 车大外圆 (2) 倒角	车床
3	1	2	(1) 车小头外圆 (2) 倒角	车床
4	1	1	钻孔	钻床
5	1	1	铣键槽	铣床
6			去毛刺	钳工

应该说明的是，构成工步的三因素——加工表面、加工刀具和切削用量中的任一因素发生改变，一般就会变成另一个工步。但是对于连续进行的几个相同的工步，例如在法兰上依次钻四个 $\phi15$ 的孔〔图 8-3 (a)〕，习惯上算作一个工步，称为连续工步。有时为了提高生产率，用几把不同的刀具或复合刀具同时加工几个不同表面的工步，称为复合工步，如图 8-3 (b) 所示。

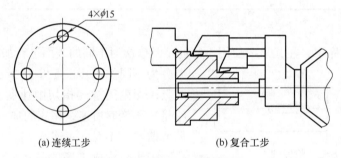

(a) 连续工步　　　　　　　(b) 复合工步

图 8-3　连续工步和复合工步

（3）走刀

加工表面由于被切去的金属层较厚，需要分几次切削。在加工表面上每切削一层金属所完成的那一部分工步称为走刀。一个工步可包括一次或几次走刀。例如车外圆表面，连续车削三次，每次切削的切削用量中仅切削深度这一项逐渐递减，我们将这三次切削作为同一工步，每次切削为一次走刀，即该工步包含三次走刀。

（4）安装

工件加工前，使其在机床或夹具中相对刀具占据正确位置并给予固定的过程，称为装夹。装夹包括定位和夹紧两个过程。而安装是指工件通过一次装夹后所完成的那一部分工序。

例如：表 8-1 中的第 1 道工序，若对工件的两端连续进行车端面、钻中心孔，就需要两次安装（分别进行加工），每次安装有两个工步（车端面和钻中心孔）。

在一道工序中，工件可能只装夹一次，也可能装夹几次。在同一工序中，安装次数应尽量少，既可以提高生产效率，又可以减少由于多次安装带来的加工误差。

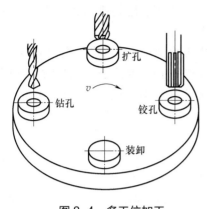

图 8-4 多工位加工

（5）工位

工位是指为了减少安装次数，常采用各种移动或转动工作台、回转夹具或移位夹具，使工件在一次安装中可先后在机床上占有不同的位置进行连续加工。工件在机床上所占据的每一个待加工位置称为工位。

工件可分为单工位和多工位。如图 8-4 所示，在三轴钻床上利用回转工作台，可在一次安装中按四个工位连续完成每个工件的装夹、钻孔、扩孔和铰孔。采用多工位加工，可提高生产率和保证被加工表面的相互位置精度。

8.1.3 生产纲领、生产类型及其工艺特征

企业根据市场需求和自身的生产能力决定生产计划。在计划期内应当生产的产品产量和进度计划称为生产纲领。计划期一般定为一年，所以生产纲领就是产品的年产量。零件的生产纲领应计入废品和备品的数量。因此，机械产品中某零件的年生产纲领 N 可按下式计算：

$$N = Qn(1+\alpha)(1+\beta)$$

式中　N——零件的生产纲领（年产量）（件/年）；

　　　Q——产品的生产纲领（年产量）（台/年）；

　　　n——为每台产品中该零件的数量（件/台）；

　　　α——备品率，以百分数计；

　　　β——废品率，以百分数计。

生产纲领的大小决定了产品（或零件）的生产类型，而各种生产类型下又有不同的工艺特征，制订工艺规程必须符合其相应的工艺特征。因此，生产纲领是制订和修改工艺规程的重要依据。

根据零件生产纲领和质量的大小，就可以确定零件的生产类型。生产类型是指企业（或车间、工段、班组、工作地）生产专业化程度的分类。不同的生产类型，其生产过程和生产组织、车间的机床布置、毛坯的制造方法、采用的工艺装备、加工方法以及工人的熟练程度等都有很大的不同，因此在制订工艺路线时必须明确该产品的生产类型。

生产类型反映了企业生产的专业化程度，一般分为三种不同的生产类型：单件生产、成批生产、大量生产。

（1）单件生产

单件生产不同结构和不同尺寸的产品，很少重复甚至不重复。其特点是品种多、产量小、工作地点的加工对象经常改变。重型机械制造、造船业、专用设备制造、新产品试制等都属于单件生产。

（2）成批生产

一年中分批、分期地制造同一产品或轮流制造几种不同的产品，每种产品均有一定的数量，工作地点的加工对象周期性重复。成批生产的特点是生产品种较多，每种品种均有

一定数量，加工对象周期性改变，加工过程周期性重复。机床、电动机制造、工程机械、液压传动装置等许多标准通用产品的生产都属于成批生产。

在一定的范围内，各种生产类型之间并没有十分严格的界限。根据产品批量大小，又分为小批量生产、中批量生产、大批量生产。小批量生产的工艺特征接近单件生产，常将两者合称为单件小批量生产。大批量生产的工艺特征接近于大量生产，常合称为大批大量生产。

（3）大量生产

全年中重复制造同一产品。特点是产品品种少、产量大，长期重复进行同一产品的加工，工作地点的加工对象较少改变。汽车、拖拉机、轴承等的生产都属于大量生产。

生产类型的划分一方面要考虑生产纲领，另一方面还必须考虑产品本身的大小和机构的复杂性，各种生产类型的规范，如表 8-4 所示。

表 8-4　　　　　　　　　　　　　　　各种生产类型的规范

生产类型		零件的年生产纲领/（件/年）		
		重型机械	中型机械	小型机械
单件生产		<5 件	<20 件	<100 件
成批生产	小批生产	5~100 件	20~200 件	101~200 件
	中批生产	101~300 件	201~500 件	501~5000 件
	大批生产	301~1000 件	501~5000 件	5001~50000 件
大量生产		>1000 件	>5000 件	>50000 件

生产类型不同时，采用的工艺过程也有所不同。为了获得最佳的经济效益，对于不同的生产类型，其生产组织、生产管理、车间管理、毛坯选择、设备工装、加工方法和操作者的技术等级要求均有所不同，具有不同的工艺特点，各种生产类型的工艺特征，如表 8-5 所示。

表 8-5　　　　　　　　　　　各种生产类型工艺过程的主要特点

工艺过程特点	生产类型		
	单件生产	成批生产	大批量生产
工件的互换性	一般是配对制造，没有互换性，广泛用钳工修配	大部分有互换性，少数用钳工修配	全部有互换性。某些精度较高的配合件用分组选择装配法
毛坯的制造方法及加工余量	铸件用木模手工造型；锻件用自由锻。毛坯精度低，加工余量大	部分铸件用金属模；部分锻件用模锻。毛坯精度中等，加工余量中等	铸件广泛采用金属模机器造型，锻件广泛采用模锻，以及其他高生产率的毛坯制造方法。毛坯精度高，加工余量小
机床设备	通用机床，或数控机床，或加工中心	数控机床加工中心或柔性制造单元。设备条件不够时，也采用部分通用机床、部分专用机床	专用生产线、自动生产线柔性制造生产线或数控机床

续表

工艺过程特点	生产类型		
	单件生产	成批生产	大批量生产
夹具	多用标准附件,极少采用夹具,靠划线及试切法达到精度要求	广泛采用夹具或组合夹具,部分靠加工中心一次安装	广泛采用高生产率夹具,靠夹具及调整法达到精度要求
刀具与量具	采用通用刀具和万能量具	可以采用专用刀具及专用量具或三坐标测量机	广泛采用高生产率刀具和量具,或采用统计分析法保证质量
对工人的要求	需要技术熟练的工人	需要一定熟练程度的工人和编程技术人员	对操作工人的技术要求较低,对生产线维护人员要求有高的素质
工艺规程	有简单的工艺路线卡	有工艺规程,对关键零件有详细的工艺规程	有详细的工艺规程

8.1.4 机械加工工艺规程

为保证产品质量、提高生产效率和经济效益,把根据具体生产条件(产品数量、设备条件和工人素质等情况)拟定的较合理的工艺过程,用图表(或文字)的形式写成的工艺文件称为工艺规程,该工艺规程是生产准备、生产计划、生产组织、实际加工及技术检验的重要技术文件。其中,规定零件机械加工工艺过程和操作方法等的工艺文件称为机械加工工艺规程。

(1)机械加工工艺规程的作用

机械加工工艺规程在机械加工中起着重要的作用,主要包括以下几个方面:

① 工艺规程是指导生产的主要技术文件。机械加工车间生产的计划、调度,工人的操作,零件的加工质量检验,加工成本的核算,都是以工艺规程为依据的。处理生产中的问题,也常以工艺规程作为共同依据,如处理质量事故应按工艺规程来确定各有关单位、人员的责任。

② 工艺规程是生产组织和管理工作的基本依据。生产计划的制订,产品投产前原材料和毛坯的供应、工艺装备的设计、制造与采购、机床负荷的调整、作业计划的编制、劳动力的组织、工时定额的确定和成本核算等,都是以工艺规程作为基本依据的。

③ 工艺规程是新建或扩建工厂或车间的基本资料。在新建和扩建工厂时,生产所需要的机床和其他设备的种类、数量和规格,车间的面积、机床的布置、生产工人的工种、技术等级及数量、辅助部门的安排等都是以工艺规程为基础,根据生产类型来确定。

④ 先进工艺规程也起着推广和交流先进经验的作用。新工艺是衡量生产部门技术力量的标志,是产品设计和技术革新的内容之一。典型工艺规程可以指导同类产品的生产,可以缩短工厂摸索和试制的过程。

总之,零件的机械加工工艺规程是每个机械制造厂或加工车间必不可少的技术文件。生产前用它做生产的准备,生产中用它做生产的指挥,生产后用它做生产的检验。工艺规程的制订对于工厂的生产和发展起着非常重要的作用。

（2）机械加工工艺规程格式

将工艺规程的内容填入一定格式的卡片，即成为生产准备和施工依据的工艺文件。最常用的是机械加工工艺过程卡片、机械加工工艺卡片和机械加工工序卡片。

① 机械加工工艺过程卡片。机械加工工艺过程卡片以工序为单位，简要地列出整个零件加工所经过的工艺路线（包括毛坯制造、机械加工和热处理等）。它是制订其他工艺文件的基础，也是生产准备、编排作业计划和组织生产的依据。在这种卡片中，由于工序的说明不够具体，故一般不直接指导工人操作，而作为生产管理方面使用。但在单件小批生产中，由于通常不编制其他较详细的工艺文件，就以这种卡片指导生产。如表 8-6 所示为机械加工工艺过程卡片范例。

② 机械加工工艺卡片。机械加工工艺卡片是以工序为单位，详细说明整个工艺过程的工艺文件。机械加工工艺卡片是用来指导工人生产和帮助车间管理人员和技术人员掌握整个零件加工过程的一种主要技术文件，广泛用于成批生产的零件和小批生产中的重要零件。如表 8-7 所示为机械加工工艺卡片范例。

③ 机械加工工序卡片。机械加工工序卡片是在工艺过程卡片的基础上按每道工序所编的一种工艺文件，一般具有工序简图，并详细说明该工序的每一个工步的加工内容、工艺参数、操作要求以及所用设备和工艺装备等。工序简图就是按一定比例用较小的投影绘出工序图，可略去图中的次要结构和线条，主视图方向尽量与零件在机床上的安装方向相一致，本工序的加工表面用粗实线或红色粗实线表示，零件的结构、尺寸要与本工序加工后的情况相符合，并标注出本工序加工尺寸及上下偏差、加工表面粗糙度和工件的定位及夹紧情况。机械加工工序卡片是用来具体指导工人操作的工艺文件，一般用于大批大量生产的零件。如表 8-8 所示为机械加工工序卡片范例。

（3）机械加工工艺规程基本要求、原始资料和步骤

机械加工工艺规程制订的原则是优质、高产和低成本，即在保证产品质量的前提下，争取最好的经济效益。因此，工艺规程必须遵循以下基本要求：

① 必须可靠保证零件图纸上所有技术要求的实现，即保证质量，并要提高工作效率，使产品能尽快投放市场。

② 保证经济上的合理性，即要成本低，消耗要小。

③ 保证良好的安全工作条件，尽量减轻工人的劳动强度，保障生产安全，创造良好的工作环境。

④ 要从企业实际出发，所制订的工艺规程应立足于企业实际条件，并具有先进性，尽量采用新工艺、新技术、新材料。

⑤ 所制订的工艺规程随着实践的检验和工艺技术的发展与设备的更新，应能不断地修订完善。

制订机械加工工艺规程需要如下原始资料：a. 产品的全套装配图和零件工作图；b. 产品验收的质量标准；c. 产品的生产纲领；d. 毛坯资料，包括各种毛坯制造方法的技术经济特征，各种钢型材的品种和规格、毛坯图等；在无毛坯图的情况下，需实地了解毛坯的形状、尺寸及力学性能等；e. 现场的生产条件，要了解毛坯的生产能力及技术水平，加工设备和工艺装备的规格及性能，工人的技术水平以及专用设备及工艺装备的制造能力等；f. 工艺规程设计时应尽可能多地了解国内外相应生产技术的发展情况，同时还要结合本厂实际，合理地引进、采用新技术、新工艺；g. 有关的工艺手册及图册。

表8-6

机械加工工艺过程卡片范例

	产品型号			零(部)件图号	万向节滑动叉		共1页
机械加工工艺过程卡片	产品名称	解放牌汽车		零(部)件名称			第1页
厂名							
材料牌号 45	毛坯种类 锻件	毛坯外形尺寸		每毛坯件数 1	每台件数 1		

工序号	工序名称	工序内容	车间	工段	设备	工艺装备	工时 准备	工时 单件
1	车	车外圆、螺纹及端面	机加		CA6140	车夹具、车刀、卡板		
2	车	钻、扩花键底孔及镗止口	机加		CA6140	车夹具、φ25、φ41钻头、φ43扩孔钻、YT5镗刀		
3	车	倒角	机加		CA6140	车夹具、成形刀		
4	钻	钻Z1/8'底孔	机加		Z525	钻模、φ8.8钻头		
5	拉	拉花键孔	机加		L6120	拉床夹具、拉刀、花键量规		
6	铣	粗铣二端面	机加		X62	铣夹具、φ175高速钢镶齿三面刃铣刀、卡板		
7	钻	扩φ39mm孔并倒角	机加		Z535	钻模、φ25、φ37钻头、φ38.7扩孔钻、90°全惣钻		
8	镗	粗、精镗φ39mm孔	机加		T740	镗刀头、专用夹具		
9	磨	磨端面	机加		M7130	GB46ZR₁、A6P350×40×127砂轮、卡板、专用夹具		
10	钻	钻M8底孔并倒角	机加		Z4112-2	钻模、φ6.7钻头、120°全惣钻		
11	钻	攻螺纹 M8,Z1/8"	机加		Z525	钻模、M8,Z1/8"机用丝锥		
12	冲	冲箭头	机加		油压机			
13	检	终检	机加					

			编制(日期)	审核(日期)	会签(日期)
描图					
描校					
底图号					
装订号					

标记	处数	更改文件号	签字	日期	标记	处数	更改文件号	签字	日期

表8-7　机械加工工艺卡片范例

			机械加工工艺卡片		产品型号		零(部)件图号			共3页
厂名					产品名称	万向节滑动叉	零(部)件名称	1		第1页

| 材料牌号 | 45 | 毛坯种类 | 锻件 | 毛坯外形尺寸 | | 解放牌汽车 | 每毛坯件数 | 1 | 每台件数 | 1 | 备注 | |

工序号	安装号	工步号	工序内容	切削用量				设备名称及编号	工艺装备名称及编号			工人技术等级	工时	
				切削深度(mm)	切削速度(m/min)	每分钟转数或往复次数	进给量(mm/r)		夹具	刀具	量具		准备	单件
1			模锻											
			退火											
	1		车外圆、螺纹及端面											
		1	车端面至 $\phi30$mm，保证尺寸 (185 ± 0.5)mm	3	154	760	0.4	CA6140	车夹具	YT15端面车刀	卡规			0.16
		2	车外圆 $\phi62$mm，$L_1=90$mm	1.5	154	760	0.6	CA6140	车夹具	45°YT15外圆车刀	卡规			0.22
		3	车外圆 $\phi60$mm，$L_2=20$mm	1	154	760	0.6	CA6140	车夹具	外圆车刀	卡规			0.06
		4	倒角 1.5×45°		154	760		CA6140	车夹具	外圆车刀				
		5	车螺纹 M60×1，$L_3=15$mm		35	185	1	CA6140	车夹具	螺纹车刀	螺纹环规			0.5
2			钻、扩花键底孔，镗止口											
		1	钻通孔 $\phi25$mm	12.5	14.4	183	0.38	CA6140	车夹具	$\phi25$钻头				2.3
		2	扩钻通孔 $\phi41$mm	8	7.46	58	0.56	CA6140	车夹具	$\phi41$钻头				4.57
		3	扩孔至 $\phi43$mm	0.9	7.8	58	0.92	CA6140	车夹具	$\phi43$扩孔钻				3
		4	镗止口 $\phi55$mm，保证尺寸 (140 ± 0.3)mm		74	430	0.21	CA6140	车夹具	YT5镗刀	塞规			0.27
			其余从略											

				编制(日期)	审核(日期)	会签(日期)	
描图							
描校							
底图号							
装订号							
标记	处数	更改文件号	签字	日期	标记	处数	更改文件号	签字	日期

表8-8　机械加工工序卡片范例

厂名		机械加工工序卡片		产品型号		零(部)件图号		共　页
				产品名称		零(部)件名称 万向节滑动叉		第　页

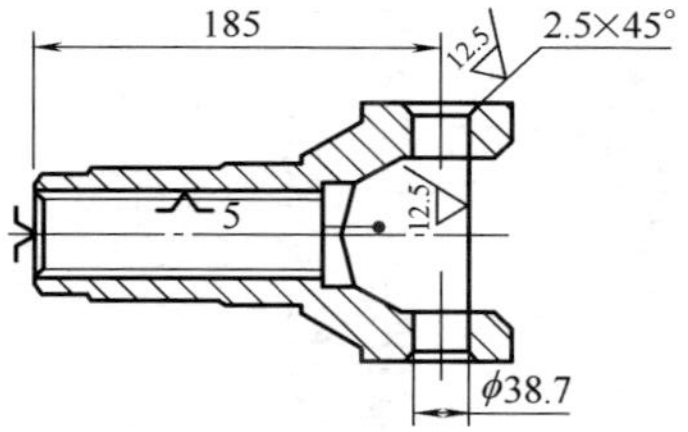

车间 解放牌汽车	工序号 7	工序名称 钻,扩 φ39孔,倒角	材料牌号 45
毛坯种类 锻件	毛坯外形尺寸	每坯件数 1	每台件数 1
设备名称 立式钻床	设备型号 Z535	设备编号	同时加工件数 1
夹具编号	夹具名称 钻模		冷却液

	工序工时
准备	单件 1.52

φ38.7　2.5×45°　185　195　1×5

工步号	工步内容	工艺装备	主轴转速/(r/min)	切削速度/(m/min)	走刀量/(mm/r)	吃刀深度/mm	走刀次数	工步工时 机动	工步工时 辅助
1	钻孔 φ25mm,保证尺寸185mm	φ25 钻头	195	15.3	0.32	12.5	1	0.5	
2	扩钻孔至 φ37mm	φ37 钻头	68	7.8	0.57	6	1	0.72	
3	扩孔至 φ38.7mm	φ38.7 扩孔钻	68	8.26	1.22	0.85	1	0.3	
4	倒角 2.5×45°								

	编制(日期)	审核(日期)	会签(日期)
标记 处数 更改文件号 签字 日期			
描图			
描校			
底图号			
装订号			

机械加工工艺规程的制订一般按以下十个步骤进行：

① 分析零件图和产品装配图。

② 对零件进行结构工艺性分析。

③ 由零件生产纲领确定零件生产类型。

④ 确定毛坯种类。

⑤ 拟定零件加工工艺路线，选定定位基准，划定加工阶段。

⑥ 确定各工序所用机床设备和工艺装备（含刀具、夹具、量具、辅具等）。

⑦ 确定各工序的加工余量，计算工序尺寸及公差。

⑧ 确定各工序的切削用量和工时定额。

⑨ 确定各工序的技术要求及检验方法。

⑩ 编制工艺文件。

在制订工艺规程的过程中，往往要对前面已初步确定的内容进行调整，以提高经济效益。在执行工艺规程过程中，可能会出现意料之外的情况，如生产条件的变化，新技术、新工艺的引进，新材料、先进设备的应用等，都要求及时对工艺规程进行修订和完善。

8.2　零件的结构工艺性分析

配套视频

退刀槽　　　越程槽

设计工艺规程时，首先应分析产品的零件图和所在部件的装配图，熟悉产品的用途、性能及工作条件，并找出其主要的技术要求和规定它的依据，然后对零件图进行结构工艺分析。

零件结构工艺性是指所设计的零件在能满足使用要求的前提下制造的可行性和经济性。它是评价零件结构设计好坏的一个重要指标。结构工艺性良好的零件，能够在一定的生产条件下，高效低耗地制造生产。因此机械产品设计在满足产品使用要求外，还必须满足制造工艺的要求，否则就有可能影响产品的生产效率和产品成本，严重时甚至无法生产。

零件结构工艺性包括零件的各个制造过程中的工艺性，有零件结构的铸造、锻造、冲压、焊接、热处理、切削加工等工艺性。由此可见，零件结构工艺性涉及面很广，具有综合性，必须全面综合地分析。在制订机械加工工艺规程时，机械加工对零件结构工艺性具体有以下几点要求：

① 加工表面的几何形状应尽量简单，尽量布置在同一个平面上、同一母线上或同一轴线上，减少机床的调整次数。

② 尽量减少加工表面的面积，不需要加工的表面，不要设计成加工面；要求不高的表面不要设计成高精度、低粗糙度的表面，以便降低加工成本。

③ 零件上必要的位置应设有退刀槽、越程槽，便于进刀和退刀，保证加工和装配质量。

④ 避免在曲面和斜面上钻孔，避免钻斜孔，避免在箱体内设计加工表面，以免造成加工困难。

⑤ 零件上的配合面不宜过长，轴头要有导向用倒角，便于装配。

⑥ 零件上需要用成形和标准刀具加工的表面，应尽可能设计成同一尺寸，减少刀具

的种类和规格。

表 8-9 列出了零件机械加工结构工艺性对比的一些实例。

表 8-9　　　　　　　　　　常见零件结构工艺性设计实例

序号	设计准则	不合理结构	合理结构	说明
1	外形不规则的零件,应设计工艺凸台,以利于装夹			为加工立柱导轨面,在斜面上设计工艺凸台 A
2	车削加工有利于装夹			增大卡爪的接触面
3	在一次安装中将轴上所有键槽都加工出来			轴上的键槽应布置在同一侧
4	尽可能减小加工表面面积			支架底面中间凹;连接孔端面设计凸台
5	减少走刀次数			被加工面位于同一平面上
6	方便刀具的引进和退出			铣刀从大圆孔进退,但对刀不便
				设计成开口形状

续表

序号	设计准则	不合理结构	合理结构	说明
7	方便加工和测量			将内孔切槽改为外圆切槽
				将研磨孔设计成通孔,加工后用堵头堵上
				避免在斜面钻孔或钻半边孔
8	避免箱体孔内端面加工			箱体孔内端面加工困难,采用镶套代替
9	方便加工,保证加工质量			车螺纹、磨削都应留退刀槽

续表

序号	设计准则	不合理结构	合理结构	说明
9	方便加工,保证加工质量			双联齿轮应设计退刀槽
				齿轮轴应设计退刀槽
10	加工面形状应与刀具轮廓相符	12.5 12.5	12.5 12.5	盲孔孔底、阶梯孔过渡部分应设计成与钻头顶角相同的圆锥面
			铣刀直径	凹槽的圆角半径应与立铣刀半径相同
11	有形位要求的表面,最好能一次加工	0.2 0.8 3.2	0.2 0.8 3.2	两端同轴孔、镶套外圆与端面均可在一次安装中加工
12	减少刀具种类和换刀时间	R1.5 R1.5	R1.5 R1.5	退刀槽宽度、圆角半径应尽量设计成相同尺寸
		2 3 1.5	2 2 2	

续表

序号	设计准则	不合理结构	合理结构	说明
13	尽量采用标准刀具		$s>d/2+(2\sim4)$ d	合理布置孔的位置,避免采用非标准刀具
14	提高刚性,减小变形			薄壁零件应增设必要的加强筋
				薄壁套筒增加刚度,减小夹紧变形
				增加刚度,减小切削变形

　　由于加工、装配自动化程度的不断提高,机械人、机械手的推广使用,以及新材料、新工艺的出现,出现了不少适合于新条件的新结构,与传统的机械加工有较大的差别,这些在设计中应该充分地予以注意与研究。可以说,评价机械产品(零件)工艺性的优劣是相对的,它随着科学技术的发展和具体生产条件(如生产类型、设计条件、经济性等)的不同而变化。

8.3　毛坯的选择

8.3.1　毛坯的种类

　　机械加工中常用的毛坯种类有铸件、锻件、焊接件、型材、冲压件、粉末冶金件和工程塑料件等。根据零件的材料和对材料力学性能的要求、零件结构形状和尺寸大小、零件的生产纲领和现场生产条件以及利用新工艺、新技术的可能性等因素,如表 8-10 所示给出了常用毛坯的种类及其特点。

表 8-10 常用毛坯种类及其特点

毛坯种类	毛坯制造方法	材料	形状复杂性	公差等级(IT)	特点及其适用的生产类型	
型材	热轧	钢、有色金属(棒、管、板、异性等)	简单	11~12	常用作轴、套类零件及焊接毛坯分件,冷轧坯尺寸精度高但价格昂贵,多用于自动机	
	冷轧(拉)			9~10		
铸件	木模手工造型	铸铁、铸钢和有色金属	复杂	12~14	单件小批生产	铸造毛坯可获得复杂形状
	木模机器造型			~12	成批生产	
	金属模机器造型			~12	大批大量生产	
	离心铸造	有色金属、部分黑色金属	回转体	12~14	成批或大批大量生产	灰铸铁成本低廉,耐磨性和吸振性好而广泛用作机架、箱体类零件毛坯
	压铸	有色金属	较复杂	9~10	大批大量生产	
	熔模铸造	铸钢、铸铁	复杂	10~11	成批以上生产	
	石蜡铸造	铸铁、有色金属		9~10	大批大量生产	
锻件	自由锻	钢	简单	12~14	单件生产	金相组织纤维化且走向合理,零件机械强度高
	模锻		较复杂	11~12	大批大量生产	
	精密锻造			10~11		
冲压件	板料加压	钢、有色金属	较复杂	8~9	适用于大批大量生产	
粉末冶金	粉末冶金	铁、铜、铝基材料	较复杂	7~8	机械加工余量极小或无机械加工余量,适用于大批大量生产	
	粉末冶金热模锻			6~7		
焊接件	普通焊件	铁、铜、铝基材料	较复杂	12~15	用于单件小批或成批生产。生产周期短、不需准备模具、刚性好、材料省,常用以代替铸件	
	精密焊件			10~11		
工程塑料	注射成形	工程塑料	复杂	9~10	适用于大批大量生产	
	吹塑成形					
	精密模压					

8.3.2 毛坯尺寸和形状的确定

零件的形状与尺寸基本上决定了毛坯的形状和尺寸,把毛坯上需要加工表面的余量去掉,毛坯就变成了零件,去掉的部分称为加工余量。毛坯上加工余量的大小,直接影响机械加工的加工量的大小和原材料的消耗量,从而影响产品的制造成本。因此,在选择毛坯形状和尺寸时应尽量与零件达到一致,力求做到少切削或者无切削加工。

毛坯尺寸及其公差与毛坯制造的方法有关,实际生产中可查有关手册或专业标准。精密毛坯还需根据需要给出相应的形位公差。

确定了毛坯的形状和尺寸后,还要考虑毛坯在制造、机械加工及热处理等多方面的工艺因素。如图 8-5 所示的零件,由于结构形状的原因,在加工时,为了装夹稳定,需要在毛坯上制造出工艺凸台。工艺凸台只是在零件加工中使用,一般加工完成后要切掉,对于不影响外观和使用性能的也可保留。对于一些特殊的零件如滑动轴承、发动机连杆和车床开合螺母等,常做成整体毛坯,加工到一定阶段再切开,如图 8-6 所示。

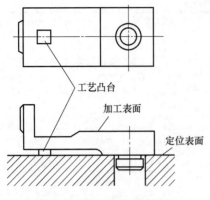

图 8-5 带工艺凸台的零件

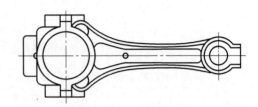

图 8-6 连杆体的毛坯

最后，还应绘制一张毛坯图，作为毛坯生产单位的产品图样。毛坯图是在零件图的基础上，在相应的加工表面"加上"毛坯余量。但绘制时还要考虑毛坯的具体制造条件，如铸件上的孔、锻件上的孔和空档、法兰等最小尺寸；铸件和锻件表面的拔模斜度和圆角；分型面和分模面的位置等，并用双点划线在毛坯图中表示出零件的表面，以区别加工表面和非加工表面。

8.4 定位基准的选择

制订机械加工工艺规程时，第一步是选择定位基准。定位基准的选择不当，往往会增加工序，或使工艺路线不合理，或使夹具设计困难等，甚至零件的加工精度达不到要求。

8.4.1 基准及其分类

用来确定生产对象上的几何要素之间的几何关系所依据的那些点、线、面，称为基准。需要指出的是：作为基准的点、线和面在工件上并不一定具体存在（例如：孔和轴的中心线、某两面的对称中心面等），而是通过有关的具体表面来体现的，这些表面称为基面。如圆柱面所体现的基准就是圆柱面的中心线。

根据基准的作用不同，基准分为设计基准和工艺基准两大类。

（1）设计基准

在零件图上用于标注尺寸和表面相互位置关系的基准，称为设计基准。对于距离尺寸精度，基准位于尺寸线的起点，对于相互位置精度，基准就是基准符号所处的位置。

如图 8-7（a）所示，平面 A 与平面 B 互为基准，即对于平面 A，平面 B 是它的设计基准，对于平面 B，平面 A 是它的设计基准；如图 8-7（b）所示，平面 C 是平面 D 的设计基准；如图 8-7（c）所示，虽然尺寸 ϕE 与 ϕF 之间没有直接的联系，但它们有同轴度的要求，因此，ϕE 的轴线是 ϕF 的设计基准。

（2）工艺基准

工艺基准是在机械加工工艺过程中用来确定加工表面加工后尺寸、形状、位置的基准，又称制造基准。工艺基准按不同的用途可分为工序基准、定位基准、测量基准和装配

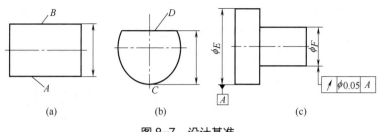

图8-7　设计基准

基准。

① 工序基准。在工序图上，用来确定本工序所加工表面加工后的尺寸、形状、位置的基准。

② 定位基准。加工过程中，使工件相对机床或刀具占据正确位置所使用的基准。定位基准除了是工件的实际表面外，也可以是表面的几何中心、对称线或对称面，但必须由相应的实际表面来体现，这些实际表面称为定位基面。工件以回转面与定位元件接触时，工件轴线为定位基准，其轴心线由回转面来体现，回转面即为定位基面。

③ 测量基准。测量已加工表面的尺寸及各表面之间位置精度的基准。一般情况下常采用设计基准为测量基准，主要用于零件的检验。

④ 装配基准。机器装配时用以确定零件或部件在机器中正确位置的基准。如齿轮装在轴上，内孔是它的装配基准；轴装在箱体孔上，支承轴颈的轴线是装配基准；主轴箱体装在床身上，箱体的底面是装配基准。

如图8-8（a）所示零件，加工端面 B 时的工序图如图8-8（b）所示，工序尺寸为 l_4，则工序基准为端面 A，而设计基准是端面 C。

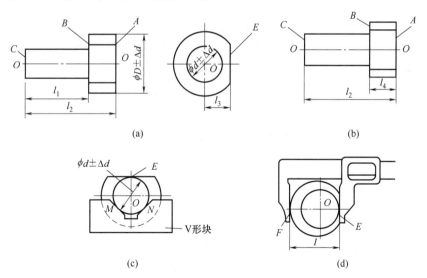

图8-8　各种基准范例

（a）零件图上的设计基准　　（b）工序图上的工序基准　　（c）加工时的定位基准　　（d）测量 E 面时的测量基准

如图8-8（c）所示，加工 E 面时工件是以外圆 ϕd 放在 V 形块 1 上定位，则其定位基准就是外圆 ϕd 的轴线，定位基面是 ϕd 的外圆表面。如图8-8（a）所示，当加工端面

A、B，并保证尺寸 l_1、l_2 时，测量基准就是它的设计基准端面 C。但当以设计基准为测量基准不方便或不可能时，也可采用其他表面为测量基准。如图 8-8（d）所示，表面 E 的设计基准为中心 O（尺寸 l_3），而测量基准为外圆 ϕD 的母线 F，则此时测量尺寸为 l。

8.4.2 定位粗基准的选择

定位基准有粗基准与精基准之分。在实际生产的第一道工序中，只能用毛坯表面作定位基准，这种定位基准称为粗基准；在以后的工序中，可以用已加工过的表面作为定位基准，这种定位基准称为精基准。选择粗基准时，主要是保证在各加工表面有足够的余量，使不加工表面的尺寸、位置符合要求。一般要遵循以下原则：

① 不加工的表面作为粗基准。如果必须保证零件上加工表面与不加工表面之间的位置要求，则应选择不需加工的表面作为粗基准。若零件上有多个不加工表面，要选择其中与加工表面的位置精度要求较高的表面作为粗基准。如图 8-9 所示，以不加工的外图表面作为粗基准，可以在一次装夹中把大部分要加工的表面加工出来，并保证各表面间的位置精度。

② 重要表面作为粗基准。如果必须保证零件某重要表面的加工余量均匀，则应以该表面作为粗基准。如图 8-10 所示机床导轨的加工，在铸造时，导轨面向下

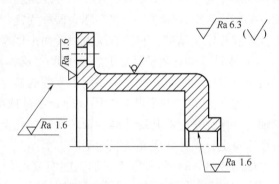

图 8-9 不加工的表面作为粗基准

放置，使其表层金属组织细致均匀，没有气孔、夹砂等缺陷，加工时要求只切除一层薄而均匀的余量，保留组织细密耐磨的表层，且达到较高的加工精度。因此，先以导轨面为粗基准加工床脚平面，然后以床脚平面为精基准加工导轨面。

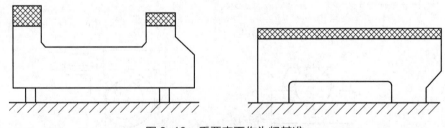

图 8-10 重要表面作为粗基准

③ 加工余量最小的加工表面作为粗基准。如果零件上所有的表面都需要机械加工，则应以加工余量最小的加工表面作为粗基准，以保证加工余量最小的表面有足够的加工余量。

如图 8-11 所示的阶梯轴，两圆柱轴心线不同轴，有 3mm 的偏心。$\phi 55$ 外圆的余量较小，故应选 $\phi 55$ 外圆为粗基准面。如果选 $\phi 108$ 外圆为粗基准加工 $\phi 55$ 外圆时，因两外圆有 3mm 的偏心，则由于余量不足使 $\phi 55$ 外圆加工不出而报废。

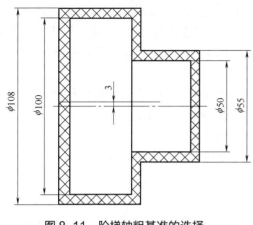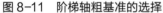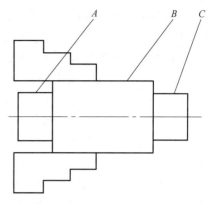

图 8-11　阶梯轴粗基准的选择　　　　　图 8-12　避免粗基准重复使用

④ 质量较高的表面作为粗基准。为了保证零件定位稳定、夹紧可靠，尽可能选用面积较大、平整光洁的表面作为粗基准。应避免使用有飞边、浇口、冒口或其他缺陷的表面作为粗基准。

⑤ 粗基准一般只能用一次。同一尺寸方向，粗基准一般只能用一次。重复使用容易导致较大的基准位移误差。如图 8-12 所示，若重复使用粗基准 B 加工表面 A 和 C，则 A 面和 C 面会产生较大的同轴度误差。

8.4.3　定位精基准的选择

当以粗基准定位加工了一些表面后，在后续的加工过程中就应以加工过的表面定位，也就是定位精基准。在选择精基准时，应保证零件的加工精度和装夹方便、可靠。一般要遵循以下原则：

① 基准重合原则。主要考虑减少由于基准不重合而引起的定位误差，即选择设计基准作为定位基准，尤其是在最后的精加工。采用基准重合原则，可以直接保证设计精度，避免基准不重合误差。如图 8-13 所示为一零件工序简图，A 面是 B 面的设计基准，B 面是 C 面的设计基准。在用调整法加工 B 面和 C 面时，先以 A 面定位加工 B 面，符合基准重合原则。然后再加工 C 面，此时有两种不同方案。第一种方案是以 A 面定位加工 C 面，直接保证尺寸 b。这时定位基准与设计基准不重合，设计尺寸 c 是由尺寸 a 和尺寸 b 间接

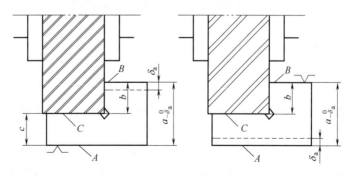

图 8-13　基准重合原则

保证的，它取决于尺寸 a 和 b 的加工精度。故采用这种方案，虽定位比较方便，但增加了本工序的加工难度。因此在选择定位基准时，应遵守"基准重合"原则，即尽可能选设计基准为定位基准。应当指出，基准重合原则对于保证表面间的相互位置精度（如平行度、垂直度、同轴度等）也完全适用。

第二种方案是以 B 面定位加工 C 面，直接保证尺寸 c。这时定位基准与设计基准重合，影响加工精度的只有本工序的加工误差，只要把此误差控制在 δ_c 范围以内，就可以保证加工精度要求。但这种方案定位不方便且不稳固。

② 基准统一原则。尽可能选用同一个表面作为各个加工表面的加工基准。如轴类零件用两个顶尖孔作为定位面；齿轮等圆盘类零件用其端面和内孔作为定位面；箱体类零件常用一个较大的平面和两个距离较远的孔作为精基准等。这样既可以减少设计和制造夹具的时间与费用，又可以避免因基准频繁变化所带来的定位误差，提高各加工表面的位置精度。

③ 互为基准原则。为了获得小而均匀加工余量和较高的位置精度，有关表面反复加工，互为基准。例如有同轴度要求的某轴套零件的外圆与内孔表面的加工，在进行精加工时，采用先以外圆为基准磨削内孔，再以磨好的内孔为基准磨外圆面，从而保证内孔与外圆的位置精度。

④ 自为基准原则。在精加工或光整加工工序加工中，加工余量很小的情况下，为保证加工精度，选择加工表面本身作为定位基准进行加工，如图 8-14 所示。采用自为基准原则，不能校正位置精度，只能保证加工表面的余量小而均匀，因此，表面的位置精度必须在前面的工序中予以保证。

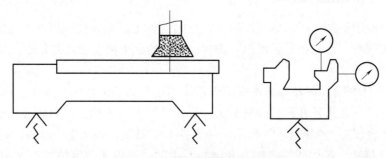

图 8-14　自为基准磨削导轨面

⑤ 便于装夹原则。所选的精基准，尤其是主要定位面，应有足够大的面积和精度，以保证定位准确、可靠，同时还应使夹紧机构简单，操作方便。

8.5　工艺路线的拟定

零件依次通过的全部加工过程称为工艺路线或工艺流程。工艺路线的拟定是制订工艺规程的关键，所拟定的工艺路线是否合理，直接影响到工艺规程的合理性、科学性和经济性。工艺路线拟定的主要任务是选择各个表面的加工方法和加工方案、确定各个表面的加工顺序以及工序集中与分散的程度、合理选用机床和刀具、确定所用夹具的大致结构等。关于工艺路线的拟定，经过长期的生产实践已总结出一些带有普遍性的工艺设计原则，但在具体拟定时，特别要注意根据生产实际灵活应用。

8.5.1 零件表面加工方法和加工方案的选择

　　机械零件是由大量的外圆、内孔、平面或复杂的成形表面组合而成的，零件表面加工方案的选择应根据零件各表面所要求的加工精度、表面粗糙度和零件结构特点，选用相应的加工方法和加工方案。在选用加工方法时，要结合考虑零件材料、结构形状、尺寸大小、热处理要求、加工经济性、生产效率、生产类型和企业生产条件等各个方面的情况。

　　（1）尽可能采用各种加工方法的经济加工精度和表面粗糙度

　　不同的加工方法如车、磨、刨、铣、钻、镗等，其用法各不相同，所能达到的精度和表面粗糙度也大不一样。即使是同一种加工方法，在不同的加工条件下所得到的精度和表面粗糙度也大不一样，这是因为在加工过程中，将有各种因素对精度和粗糙度产生影响，如工人的技术水平、切削用量、刀具的刃磨质量、机床的调整质量等。例如，精细的操作，选择低的切削用量可以获得较高的精度，但又会降低生产率，提高成本；反之，如增大切削用量提高生产率，虽然成本降低了，但精度也降低了。

　　（2）考虑被加工材料的性质

　　例如钢淬火后应用磨削方法加工；而有色金属则磨削困难，一般采用金刚镗或高速精密车削的方法进行精加工。

　　（3）考虑工件的结构形状和尺寸大小

　　例如对于加工精度要求为 IT7 的孔，采用镗削、铰削、拉削和磨削均可达到要求。对于回转体类零件的孔的加工常用用车削或磨削，而箱体类零件的孔，一般采用铰削或镗削，孔径小时宜采用铰削，孔径大时用镗削。

　　（4）考虑生产纲领

　　大批大量生产应选用高效率的加工方法，采用专用设备。例如，轴类零件可采用半自动液压仿型车床加工；盘类或套类零件可用单能车床加工等。用拉削方法加工孔和平面，用组合铣削或磨削同时加工几个表面，对于复杂的表面采用数控机床及加工中心等；单件小批生产时，宜采用刨削，铣削平面和钻、扩、铰孔等加工方法，避免盲目地采用高效加工方法和专用设备而造成经济损失。

　　（5）应考虑企业的现有设备和生产条件

　　充分利用现有设备，挖掘企业潜力，发挥工人的积极性和创造性，也考虑不断改进现有的加工方法和设备，采用新技术和提高工艺水平，还考虑设备负荷的平衡。有时，还应考虑一些其他因素，如加工表面力学性能的特殊要求、工件重量等。

8.5.2 加工顺序的安排

　　加工顺序包括切削加工顺序、热处理顺序和辅助工序的安排。

　　（1）加工阶段的划分

　　零件的加工，往往不可能在一道工序内完成一个或几个表面的全部加工内容。对于加工精度要求较高和表面粗糙度值要求较低的零件，通常将工艺过程划分为粗加工、半精加工、精加工三个阶段，当加工精度和表面质量要求特别高时，还应增加光整加工和超精密加工阶段。

　　① 粗加工阶段。粗加工主要是尽量切除各加工表面或主要加工表面的大部分加工余

量，并加工出精基准，因此一般就选用生产率较高的设备。

②半精加工阶段。半精加工是切除粗加工后可能产生的缺陷，为主要表面的精加工做准备，即要达到一定的加工精度，保证适当的加工余量，并完成一些次要表面的加工，如钻孔、攻丝、铣键槽等。

③精加工阶段。在此阶段主要是保证各主要表面达到图纸要求，主要任务是保证加工质量。

④光整加工阶段。目的是提高零件的尺寸精度，降低表面粗糙度值或强化加工表面，一般不能提高位置精度。主要用于表面粗糙度要求很细（IT6 以上，表面粗糙度值 $Ra \leqslant 0.32 \mu m$）的表面加工。

⑤超精密加工阶段。超精密加工是以超稳定、超微量切除等原则的亚微米级加工，其加工精度在 $0.03 \sim 0.2 \mu m$，表面粗糙度值 $Ra \leqslant 0.03 \mu m$。

当然，加工阶段的划分不是绝对的，例如加工重型零件时，由于装夹吊运不方便，一般不划分加工阶段，在一次安装中完成全部粗加工和精加工。为提高加工精度，可在粗加工后松开工件，让其充分变形，再用较小的力夹紧工件进行精加工，以保证零件的加工质量。另外，如果工件的加工质量要求不高、工件的刚度足够、毛坯的质量较好而切除的余量不多，则可不必划分加工阶段。

应当指出，加工阶段的划分是针对零件加工的整个过程而言，是针对主要加工表面而划分的，而不能从某一表面的加工或某一工序的性质来判断。例如，工件的定位基准，在半精加工甚至粗加工阶段就应加工得很精确，而某些钻小孔的粗加工工序，又常常安排在精加工阶段。

将零件的加工过程划分为加工阶段的主要目的是：

①保证加工质量。粗加工阶段切削用量大，产生的切削力和切削热较大，所需夹紧力也较大，故零件残余内应力和工艺系统的受力变形、热变形、应力变形都较大，所产生的加工误差可通过半精加工和精加工逐步消除，从而保证加工精度。

②合理地使用设备。粗加工要求功率大、刚性好、生产率高、精度要求不高的设备；精加工则要求精度高的设备。划分加工阶段后，就可充分发挥粗、精加工设备的长处，做到合理使用设备。

③便于安排热处理工序。划分加工阶段可以在各个阶段中插入必要的热处理工序，使冷、热加工工序配合得更好。实际上，加工中常常是以热处理作为加工分阶段的界线。例如，粗加工后零件残余应力大，可安排时效处理，消除残余应力；热处理引起的变形又可在精加工中消除等。

④便于及对发现问题。毛坯的各种缺陷如气孔、砂眼和加工余量不足等，在粗加工后即可发现，便于及时修补或决定是否报废，避免后续工序完成后才发现，造成工时浪费，增加生产成本。

⑤粗加工和光整加工的表面安排在最后加工，可保护零件少受磕碰、划伤等损坏。

加工阶段的划分不是绝对的，主要是以零件本身的结构形状、变形特点和精度要求来确定。例如对那些余量小、精度不高、零件刚性好的零件，可以在一次装夹中完成表面的粗加工和精加工；有些刚性好的重型零件，由于装夹及运输很费时，也常在一次装夹下完成全部粗、精加工，为了弥补不分阶段带来的缺陷，重型零件在粗加工完成后，松开夹紧机构，让零件有变形的可能，然后用较小的夹紧力重新夹紧零件，继续进行精加工工步。

（2）切削加工工序的安排

切削加工工序的安排有如下原则。

① 基准先行。被选定的零件的精基准表面应先加工，并应加工到足够的精度和表面粗糙度，再以基准面定位来加工其他表面，以保证加工质量。例如轴类零件先加工中心孔，齿轮零件应先加工孔和基准端面等。在精加工阶段之前，有时还需对精基准进行修复，以确保定位精度。如果精基准面有几个，则应按照基面转换顺序和逐步提高加工精度的原则来安排加工工序。

② 先粗后精。整个零件的加工工序，应该先进行粗加工，半精加工次之，最后安排精加工和光整加工。

③ 先主后次。根据零件功用和技术要求，往往先将零件各表面分为主要表面（加工精度和表面质量要求比较高的表面，如装配基面、工作表面等）和次要表面（即键槽、油孔、紧固用的光孔、螺纹孔等），然后先着重考虑主要表面的加工顺序，再把次要表面适当穿插在主要表面的加工工序之间。因为主要表面加工容易出废品，应放在前阶段进行，这样可以减少工时浪费，次要表面的加工一般安排在主要表面的半精加工之后，精加工或光整加工之前进行。但对于那些同主要表面相对位置关系密切的次要表面，通常多安排在精加工之后加工。如箱体零件上重要孔周围的紧固螺纹孔，安排在重要孔精加工后进行钻孔和攻螺纹。

④ 先面后孔。对于底座、箱体、支架及连杆类零件应先加工平面，后加工内孔，因为平面一般面积较大，轮廓平整，先加工好平面，便于加工孔时定位安装，有利于保证孔与平面的位置精度，同时也给孔加工带来方便，使刀具的初始工作条件得到改善。

综合以上原则，常见的切削加工顺序为：定位基准的加工→主要表面的粗加工→次要表面加工→主要表面的半精加工→次要表面加工→修基准→主要表面的精加工。以上是安排机械加工工序顺序的一些基本原则。实际工作时，为了缩短工件在车间内的运输距离，考虑加工顺序时，还应考虑车间设备布置情况，尽量减少工件往返流动。

此外，为了保证零件某些表面的加工质量，常常将最后精加工安排在部件装配之后或总装过程中。例如柴油机连杆大头孔，是在连杆体和连杆盖装配好后再进行精镗和珩磨的；车床主轴上连接三爪自定心卡盘的端盖，它的止口及平面需待端盖安装在车床主轴上后再进行最后加工。

（3）热处理工序的安排

工艺过程中的热处理按其目的，大致可分为预备热处理、中间热处理和最终热处理。

① 预备热处理。预备热处理通常安排在切削加工前进行，其主要目的是为了改善材料的切削加工性、消除毛坯制造时的残余应力。

正火和退火可以消除毛坯制造时产生的内应力、稳定金属组织和改善金属的切削性能，一般安排在粗加工之前。含碳量大于0.5%的碳钢和合金钢，为降低金属的硬度易于切削，常采用退火处理；含碳量低于0.5%的碳钢和合金钢，为避免硬度过低造成切削时粘刀，常采用正火处理。铸铁件一般采用退火处理，锻件一般采用正火处理。

② 中间热处理。中间热处理的目的主要消除粗加工产生的残余应力，它安排在粗加工之后、精加工之前，如时效和调质。时效处理主要用于消除毛坯制造和机械加工过程中

产生的内应力，一般安排在粗加工前后进行。例如对于大而复杂的铸件，为了尽量减少由于内应力引起的变形，常常在粗加工前采用自然时效，粗加工后进行人工时效。而对于精度高、刚性差的零件（如精密丝杆）为消除内应力、稳定精度，常在粗加工、半精加工、精加工之间安排多次时效处理。

调质处理可以改善材料的综合力学性能，获得均匀细致的索氏体组织，为表面淬火和氮化处理做组织准备。对硬度和耐磨性要求不高的零件，调质处理可作为最终热处理工序。调质处理一般安排在粗加工之后、半精加工之前。

正火、退火、时效处理和调质等预备热处理常安排在粗加工前后，其目的是改善加工性能，消除内应力和为最终热处理做好组织准备。

③ 最终热处理。淬火处理或渗碳淬火处理，可以提高零件表面的硬度和耐磨性，常需预先进行正火及调质处理。淬火处理一般安排在精加工或磨削之前进行，当用高频淬火时也可安排在最终工序。渗碳淬火处理适用于低碳钢和低碳合金钢，其目的是使零件表层含碳量增加，经淬火后方可使表层获得高的硬度和耐磨性，而心部仍可保持一定的强度和较高的韧性和塑性。渗碳淬火一般安排在半精加工之后进行。

常用热处理方法及其作用总结如表 8-11 所示。在机械加工过程中，热处理工艺的安排遵循以下的原则。如正火、退火、时效处理和调质等预备热处理常安排在粗加工前后，其目的是改善加工性能，消除内应力和为最终热处理做好组织准备；淬-回火、渗碳淬火、渗氮等最终热处理一般安排在精加工（磨削）之前，或安排在精加工之后，其目的是提高零件的硬度和耐磨性。为了保证加工质量，在机械加工工艺中还要安排检验（检验工序一般安排在粗加工后、精加工前；送往外车间前后；重要工序和工时较长的工序前后；零件加工结束后、入库前）、表面强化和去毛刺、倒棱、去磁、清洗、动平衡、防锈和包装等辅助工序。

表 8-11   常用热处理方法

热处理	工艺过程	作用及应用
退火	将钢加热到一定的温度，保温一段时间，随后由炉中缓慢冷却的一种热处理工序	消除内应力，提高强度和韧性，降低硬度，改善切削加工性。应用:高碳钢采用退火，以降低硬度;放在粗加工前，毛坯制造出来以后
正火	将钢加热到一定温度，保温一段时间后从炉中取出，在空气中冷却的一种热处理工序。注:加热到的一定的温度，其与钢的含 C 量有关，一般低于固相线 200℃左右	提高钢的强度和硬度，使工件具有合适的硬度，改善切削加工性。应用:低碳钢采用正火，以提高硬度。放在粗加工前，毛坯制造出来以后
回火	将淬火后的钢加热到一定的温度，保温一段时间，然后置于空气或水中冷却的一种热处理的方法	稳定组织、消除内应力、降低脆性
调质处理(淬火后再高温回火)	—	获得细致均匀的组织，提高零件的综合力学性能 应用:安排在粗加工后，半精加工前。常用于中碳钢和合金钢
时效处理	—	消除毛坯制造和机械加工中产生的内应力 应用:一般安排在毛坯制造出来和粗加工后，常用于大而复杂的铸件

续表

热处理	工艺过程	作用及应用
淬火	将钢加热到一定的温度，保温一段时间，然后在冷却介质中迅速冷却，以获得高硬度组织的一种热处理工艺	提高零件的硬度。一般安排在磨削前
渗碳处理	提高工件表面的硬度和耐磨性，可安排在半精加工之前或之后进行	
其他表面处理	为提高工件表面耐磨性、耐蚀性安排的热处理工序以及以装饰为目的而安排的热处理工序，例如镀铬、镀锌、发蓝等，一般都安排在工艺过程最后阶段进行	

因此，零件机械加工的一般工艺路线为：毛坯制造→退火或正火→主要表面的粗加工→次要表面加工→调质（或时效）→主要表面的半精加工→次要表面加工→淬火（或渗碳淬火）→修基准→主要表面的精加工。

8.5.3 工序的集中与分散

在选定了各表面的加工方法和划分加工阶段之后，就可以按工序集中原则和工序分散原则拟定零件的加工工序。

（1）工序集中原则

工序集中就是将工件的加工集中在少数几道工序内完成，此时工艺路线短，工序数目少，每道工序加工的内容多。最大限度的工序集中，就是在一个工序内完成工件所有表面的加工。

工序集中的工艺特点是减少了工件装夹次数，在一次安装中加工出多个表面，有利于提高表面间的相互位置精度，减少工序间运输，缩短生产周期，减少设备数量，相应地减少操作工人和生产面积。工序集中有利于采用高生产率的先进或专用设备、工艺装备，提高加工精度和生产率，但设备的一次性投资大，工艺装备复杂。

采用数控机床、加工中心按工序集中原则组织工艺过程，生产适应性反而好，转产相对容易，虽然设备的一次性投资较高，但由于有足够的柔性，仍然受到越来越多的重视。

（2）工序分散原则

工序分散就是将工件的加工内容分散在较多的工序内完成，此时工艺路线长，工序数目多，每道工序加工的内容少。最大限度的工序分散就是每个工序只包括一个简单工步。

工序分散的工艺特点是设备、工装比较简单，调整、维护方便，生产准备工作量少；每道工序的加工内容少，便于选择最合理的切削用量；设备数量多，操作人员多，占用生产面积大，组织管理工作量大。

传统的流水线、自动线生产基本是按工序分散原则组织工艺过程的，这种组织方式可以实现高生产率生产，但对产品改型的适应性较差，转产比较困难。

工序集中和分散的程度应根据生产规模、零件的结构特点、技术要求和设备等具体生产条件综合考虑后确定。例如在单件小批生产中，一般采用通用设备和工艺专备，尽可能在一台机床上完成较多的表面加工，尤其是对重型零件的加工，为减少装夹和往返搬运的次数，多采用工序集中的原则，主要是为了便于组织管理。在大批大量生产中，常采用高效率的设备和工艺装备，如多刀自动机床、组合机床及专用机床等，使工序集中，以便提高生产率和保证加工质量。但有些工件（如活塞、连杆等）可采用效率高、结构简单的专用机床和工艺装备，按工序分散原则进行生产，这样容易保证加工质量和使各工序的时间趋于平衡，便于组织流水线、自动线生产，提高生产率。面对多品种、中小批量的生产趋势，也多采用工序集中原则，选择数控机床、加工中心等高效、自动化设备，使一台设备完成尽可能多的表面加工。从技术发展方向来看，随着数控技术和柔性制造系统的发展，今后多采用工序集中的原则来组织生产。

8.6　工序设计

零件加工的工艺路线确定以后，需进一步细化各个工序的具体内容，正确地确定各工序的工序尺寸。

8.6.1　加工余量的确定

（1）加工余量

确定各工序的工序尺寸，首先应确定加工余量。加工余量大小与加工成本有密切关系，加工余量过大不仅浪费材料，而且增加切削工时，增大刀具和机床的磨损，从而增加成本；加工余量过小，会使前一道工序的缺陷得不到纠正，造成废品，从而也使成本增加，因此，合理地确定加工余量，对提高加工质量和降低成本都有十分重要的意义。

加工余量是指加工过程中从加工表面切除的金属层厚度。加工余量分为工序余量和加工总余量。

毛坯总余量是指由毛坯变为成品的过程中，在某加工表面上所切除的金属层总厚度，即毛坯尺寸与零件图设计尺寸之差，以 Z_0 表示。

工序余量该表面加工相邻两工序尺寸之差称为工序余量 Z_i，即某一表面在一道工序中切除的金属层厚度。总余量 Z_0 与工序余量 Z_i 的关系可用下式表示：

$$Z_0 = \sum_{i=1}^{n} Z_i$$

式中　Z_0——总加工余量；

　　　Z_i——第 i 道工序加工余量；

　　　n——某一表面所经历的工序数。

根据零件的不同结构，加工余量有双边余量和单边余量之分。对于平面（或非对称面），加工余量单向分布，称为单边余量。它等于实际切削的金属层厚度；对于外圆和孔等回转表面，加工余量在直径方向上是对称分布，称为双边余量。即以直径方向计算，实际切削的金属为加工余量数值的一半，如图 8-15 所示。

非对称结构的非对称表面的加工余量，称为单边余量，用 Z_b 表示。

$$Z_b = l_a - l_b$$

式中　Z_b——本工序的工序余量；

　　　l_b——本工序的基本尺寸；

　　　l_a——上工序的基本尺寸。

对称结构的对称表面的加工余量，称为双边余量。对于外圆与内孔这样的对称表面，

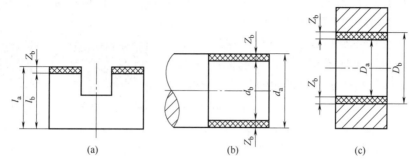

图 8-15 单边余量与双边余量

其加工余量用双边余量 $2Z_b$ 表示。

对于外圆表面有：$2Z_b = d_a - d_b$；对于内圆表面有：$2Z_b = D_b - D_a$。

由于各工序尺寸都有公差，所以实际加工余量值也是变化的，一般工序尺寸公差都是按"入体原则"单向标注。即被包容尺寸的上偏差为 0，其最大尺寸就是基本尺寸；包容尺寸的下偏差为 0，其最小尺寸就是基本尺寸。孔距和毛坯尺寸公差带常取对称公差带标注。工序尺寸公差的标注方法，如图 8-16 所示。

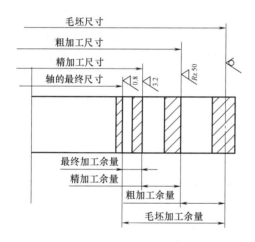

图 8-16 工序尺寸及其公差

（2）确定加工余量的方法

确定加工余量时常采用计算法、查表法和经验法三种方法。

① 计算法。根据有关加工余量计算公式和一定的试验资料，对影响加工余量的各项因素进行分析和综合计算来确定加工余量。用这种方法确定加工余量数据较准确，比较经济合理，一般用于大批大量生产，但必须有比较全面和可靠的试验资料。目前，此方法应用较少，只在材料十分贵重，以及军工生产或少数大量生产的工厂中采用。

② 查表法。查表法是以在长期的生产实践和试验研究中积累的有关加工余量的资料数据为基础，并结合具体加工情况加以修正后制定的手册中推荐的数据作为加工余量。这些余量标准可在《金属切削工艺人员手册》中查找。在查表时应注意表中数据是公称（基本）余量值，对称表面（如孔或轴）的余量是双边的，非对称表面余量是单边的。查表法准确、简单方便，在实际生产中比较适用，各工厂应用最广。

③ 经验法。经验法是工艺人员根据工厂的生产技术水平，依靠实际经验确定加工余量的方法。为了防止工序余量不够而产生废品，所估余量一般偏大，不经济、不太可靠，所以常用于单件小批生产。

8.6.2 工序尺寸及其公差的确定

零件图上规定的设计尺寸和公差，是经过多道工序加工后达到的。工序尺寸是零件的加工过程中每道工序应保证的尺寸，其公差即工序尺寸公差。正确地确定工序尺寸及其公差，是制订工艺规程的重要工作之一。

工序尺寸及其公差的确定，不仅取决于设计尺寸及加工余量，而且还与工序尺寸的标注方法以及定位基准选择和转换有着密切的关系。所以，计算工序尺寸时应根据不同的情况采用不同的方法。在确定工序尺寸及其公差时，有定位基准与设计基准重合和不重合两种情况，在两种情况下工序尺寸及其公差的计算是不同的。

配套视频

工艺尺寸链的组成　　工艺尺寸链的建立

（1）基准重合时工序尺寸和公差的计算

当工序基准、定位基准或测量基准与设计基准重合，表面多次加工时，工序尺寸及公差的计算是比较容易的。属于这种情况的有外圆、内孔和某些平面的加工，同一表面需经过多道工序加工才能达到图纸的要求。此时，各工序尺寸及公差取决于各工序的加工余量及加工精度。其计算顺序是由最后一道工序开始向前推算。首先根据各工序不同的加工方法、加工精度确定所需工序余量，再由各工序余量计算毛坯总余量；最终工序尺寸公差等于设计尺寸公差，其余工序公差按经济精度确定，查有关手册确定；从零件图上的设计尺寸开始，一直往前推算到毛坯尺寸，其工序基本尺寸等于后道工序基本尺寸加上或减去后道工序余量。计算好后，最后一道工序的公差按设计尺寸标注，毛坯尺寸公差为双向分布，其余工序尺寸公差按入体原则标注。如图8-17所示为加工余量与工序尺寸之间的关系，如图8-18所示为加工余量示意图。

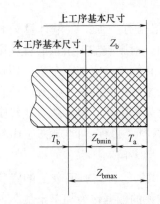

图8-17　加工余量及公差

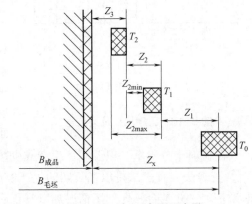

图8-18　加工余量示意图

现以查表法确定余量以及各加工方法的经济精度和相应公差值。

[例8-1]　如图8-19所示小轴零件，毛坯为普通精度的热轧圆钢，装夹在车床前、后顶尖间加工，主要工序：下料→车端面→钻中心孔→粗车外圆→精车外圆→磨削外圆，求各工序尺寸及其公差。

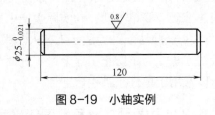

图8-19　小轴实例

解：首先，通过查表确定毛坯总余量与其公差、各工序余量以及各工序的经济精度和公差值，然后计算工序基本尺寸。计算结果如表 8-12 所示。

表 8-12   主轴孔工序尺寸及公差的计算   单位：mm

工序名称	工序加工余量	基本工序尺寸	工序经济精度及工序尺寸公差
磨削	0.3	25.00	$25H7\left(^{0}_{-0.021}\right)$
精车	0.8	25+0.3=25.3	$25.3H10\left(^{0}_{-0.084}\right)$
粗车	1.9	25.3+0.8=26.1	$26.1H12\left(^{0}_{-0.210}\right)$
毛坯	3.0	26.1+1.9=28.0	$28H14(\pm0.5)$

以上是基准重合时工序尺寸及其公差的确定方法。当基准不重合时，就必须应用尺寸链的原理进行分析计算。

（2）基准不重合时工序尺寸和公差的计算——工艺尺寸链

在拟定加工工艺时，当零件加工过程中多次转换工艺基准，引起测量基准、定位基准或工序基准与设计基准不重合时，需通过工艺尺寸链原理进行工序尺寸及其公差的计算。

① 尺寸链的基本概念。在零件加工和机器装配过程中，由相互联系的尺寸按一定顺序首尾相接排列成的尺寸封闭图形，称为尺寸链。

如图 8-20 所示零件，先按尺寸 A_2 加工台阶，再按尺寸 A_1 加工左右两侧端面，而 A_0 由 A_1 和 A_2 所确定，即 $A_0=A_1-A_2$。那么，这些相互联系的尺寸 A_1、A_2 和 A_0 就构成了工艺尺寸链。

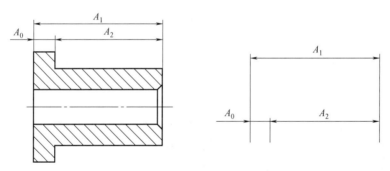

图 8-20 零件加工与测量中的尺寸关系

在机械加工过程中，同一个工件的各有关工艺尺寸所组成的尺寸链，称为工艺尺寸链。根据以上尺寸链的定义可知，工艺尺寸链有以下两个特征：

a. 封闭性。尺寸链必须是一组相关尺寸首尾相接构成封闭形式的尺寸。其中应包含一个间接保证的尺寸和若干个对此有影响的直接保证的尺寸。

如图 8-20 所示，尺寸 A_1、A_2 是直接获得的，A_0 是间接形成的。其中，间接形成的尺寸大小和精度受直接获得的尺寸大小和精度的影响，并且，间接形成尺寸的精度必然低于任何一个直接获得尺寸的精度。

b. 关联性。关联性是指某个尺寸及精度的变化必将影响其他尺寸和精度变化，即它们的尺寸和精度互相联系、互相影响。间接形成的尺寸大小和精度受直接获得的尺寸大小和精度的影响，并且，间接形成尺寸的精度必然低于任何一个直接获得尺寸的精度。

工艺尺寸链由一系列的环组成，组成工艺尺寸链的各个尺寸都称为工艺尺寸链的环。如图 8-20 所示尺寸 A_1、A_2、A_0 都是工艺尺寸链的环。环又分为以下几种：

　　a. 封闭环。在加工过程中，间接获得的尺寸称为封闭环。封闭环（终结环）是工艺尺寸链中唯一的一个特殊环，它是在加工、测量或装配等工艺过程完成时最后间接形成的。如图 8-20 所示尺寸链中，A_0 是间接得到的尺寸，它就是封闭环，封闭环以下角标"0 或 △"表示，如"A_0"、$A_\triangle$。

　　b. 组成环。在加工过程中，直接获得的尺寸称为组成环。尺寸链中 A_1 与 A_2 都是通过加工直接得到的尺寸，A_1、A_2 都是尺寸链的组成环，组成环分增环和减环两种。

　　在尺寸链中，当其余各组成环保持不变，自身增大或减小，会使封闭环随之增大或减小的组成环，称为增环。一般在表示增环字母上面加一个向右的箭头 → 表示，如 $\vec{A_1}$。

　　在尺寸链中，当其余各组成环保持不变，自身增大或减小，会使封闭环反而随之减小或增大的组成环，称为减环。一般在表示减环字母上面加一个向左的箭头 ← 表示。

　　② 工艺尺寸链的建立。应用工艺尺寸链解决实际问题的关键是找出工艺尺寸之间的内在联系，也就是要确定封闭环和组成环，画出尺寸链图。封闭环判断错了，整个尺寸链的解算必将得出错误的结果；组成环查找不对，将得不到正确的尺寸链，解算出来的结果也是错误的。工艺尺寸链建立的步骤为：

　　a. 确定封闭环。在工艺尺寸链的建立中，首先要正确判定封闭环。封闭环不是在加工过程中直接得到的，而是通过其他工序尺寸而间接获得的，它是随着零件加工工艺方案的变化而变化。

　　b. 查找组成环。封闭环确定后接着要查找各个组成环。组成环的基本特点是加工过程中直接获得且对封闭环有影响的工序尺寸。组成环一般是指从定位基准面（或测量基准面）到加工面之间的尺寸。所有组成环都必须是直接得到的尺寸。组成环的查找方法是从构成封闭环的两面开始，同步地按照工艺过程的顺序，分别向前查找各该表面最近一次加工的尺寸，之后再进一步向前查找此加工尺寸的工序基准的最近一次加工时的加工尺寸，如此继续向前查找，直到两条路线最后得到的加工尺寸的工序基准重合（即两者的工序基准为同一表面），至此上述尺寸系统即形成封闭轮廓，从而构成了工艺尺寸链。注意在查找组成环时，要求其组成环的数量应最少。

　　c. 判断各组成环的性质。对于环数较少的尺寸链，可以用增、减环的定义来判别组成环的增减性质，但对环数较多的尺寸链用定义来判别增减环就很费时且易弄错。为了迅速且正确判断增、减环，可在尺寸链图上，先给尺寸链图中封闭环任意规定一个方向，然后沿此方向，绕工艺尺寸链依次给各组成环画出单向箭头，用首尾相接的单向箭头顺序表示各尺寸环，其中与封闭环箭头方向相反者为增环，与封闭环箭头方向相同者为减环。

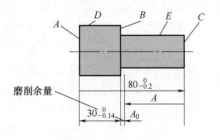

图 8-21　例 8-2 轴

　　[例 8-2]　如图 8-21 所示一短轴已钻好顶尖孔，现以顶尖孔定位加工端面，工艺过程如下：车外圆 D，车端面 A（保留 A 面顶尖孔）；以 A 面定位，车端面 C（保留顶尖孔），得到 $80_{-0.2}^{\ 0}$，车外圆 E，得到尺寸 A；热处理；磨 B 面，得到尺寸 $30_{-0.14}^{\ 0}$（A 面定位）。求：寻找封闭环，建立工艺尺寸链。

分析：因 B 面需磨，故对尺寸 A 要控制，否则 B 面会因余量太小而磨不出，造成废品，而余量过大，加工会既消耗较多的动力又会加剧刀具磨损，不经济。尺寸 A、$80_{-0.2}^{0}$、$30_{-0.14}^{0}$ 都是直接得到的，不可能是封闭环；显然只有磨削余量 Z 是间接保证的，为封闭环。根据工艺过程和加工方法间接（或最后）形成的尺寸，为封闭环。

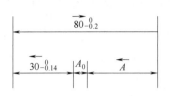

图8-22　例8-2 轴的尺寸链图

从封闭环的两端分别寻找各表面前一次的加工尺寸，然后再查找这两个加工尺寸的工序基准面前一次的加工尺寸，如此不断进行，直到两条路线得到的加工尺寸的工序基准面重合为止，依次找到组成环 $30_{-0.14}^{0}$、$80_{-0.2}^{0}$、A，并判断出 $80_{-0.2}^{0}$ 为增环，$30_{-0.14}^{0}$、A 为减环，画出如图 8-22 所示尺寸链图。

③ 工艺尺寸链的计算方法。用极值法解尺寸链是从尺寸链各环均处于极值条件来求解封闭环尺寸与组成环尺寸之间关系的。极值法是从最坏情况出发来考虑问题的，即当所有增环都为最大极限尺寸而减环恰好都为最小极限尺寸，或所有增环都为最小极限尺寸而减环恰好都为最大极限尺寸，来计算封闭环的极限尺寸和公差。事实上，一批零件的实际尺寸是在公差带范围内变化的。在尺寸链中，所有增环不一定同时出现最大或最小极限尺寸，即使出现，此时所有减环也不一定同时出现最小或最大极限尺寸。极值法的特点是简单、可靠。对于组成环数较少或环数虽多，但封闭环的公差较大的场合，生产中一般采用极值法。

如表 8-13 所示列出了尺寸链计算所用的符号。

表 8-13　　　　　　　　　　　　尺寸链计算所用的符号

环名	符 号 名 称					
	基本尺寸	最小尺寸	最大尺寸	上偏差	下偏差	公差
封闭环	A_0	A_{0min}	A_{0max}	ES_0	EI_0	T_0
增环	$\vec{A}_i$	$\vec{A}_{imin}$	$\vec{A}_{imax}$	$\vec{ES}_i$	$\vec{EI}_i$	$\vec{T}_i$
减环	$\overleftarrow{A}_i$	$\overleftarrow{A}_{imin}$	$\overleftarrow{A}_{imax}$	$\overleftarrow{ES}_i$	$\overleftarrow{EI}_i$	$\overleftarrow{T}_i$

a. 封闭环的基本尺寸等于所有增环的基本尺寸之和减去所有减环的基本尺寸之和，即

$$A_0 = \sum_{i=1}^{n} \vec{A}_i - \sum_{i=n+1}^{m} \overleftarrow{A}_i$$

式中　n——增环数目；

　　　m——组成环数目。

b. 封闭环的最大极限尺寸等于所有增环最大极限尺寸之和减去所有减环最小极限尺寸之和，即

$$A_{0max} = \sum_{i=1}^{n} \vec{A}_{imax} - \sum_{i=n+1}^{m} \overleftarrow{A}_{imin}$$

c. 封闭环的最小极限尺寸等于所有增环最小极限尺寸之和减去所有减环最大极限尺寸之和，即

$$A_{0\min} = \sum_{i=1}^{n} \overrightarrow{A}_{i\min} - \sum_{i=n+1}^{m} \overleftarrow{A}_{i\max}$$

d. 封闭环的上偏差等于所有增环的上偏差之和减去所有减环的下偏差之和。即

$$\mathrm{ES}_0 = \sum_{i=1}^{n} \overrightarrow{\mathrm{ES}}_i - \sum_{i=n+1}^{m} \overleftarrow{\mathrm{EI}}_i$$

e. 封闭环的下偏差等于所有增环的下偏差之和减去所有减环的上偏差之和。即

$$\mathrm{EI}_0 = \sum_{i=1}^{n} \overrightarrow{\mathrm{EI}}_i - \sum_{i=n+1}^{m} \overleftarrow{\mathrm{ES}}_i$$

f. 封闭环的公差等于各组成环公差之和。即

$$T_0 = \sum_{i=1}^{n} \overrightarrow{T}_i + \sum_{i=n+1}^{m} \overleftarrow{T}_i = \sum_{i=1}^{m} T_i$$

[例 8-3]　　如图 8-23 所示零件，设计尺寸为 A_1 和 A_3，因 A_3 不易测量，现改为测量尺寸 A_2，试计算 A_2 的基本尺寸和偏差。

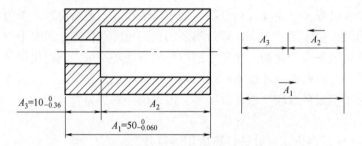

图 8-23　测量基准与设计基准不重合时的尺寸换算

解： 如图 8-23 所示，尺寸 A_3 为测量时间接获得的尺寸，为封闭环。尺寸 A_1 和 A_2 的尺寸在测量时直接获得，为组成环。其中尺寸 A_1 为增环，尺寸 A_2 为减环。

由公式：$A_0 = \sum\limits_{i=1}^{n} \overrightarrow{A}_i - \sum\limits_{i=n+1}^{m} \overleftarrow{A}_i$

$A_3 = A_1 - A_2$ 得：$A_2 = 40\mathrm{mm}$

由公式：$\mathrm{ES}_{A_0} = \sum\limits_{z}^{m} \mathrm{ES}_{A_z} - \sum\limits_{j=m+1}^{n-1} \mathrm{EI}_{A_j}$

$\mathrm{ES}_3 = \mathrm{ES}_1 - \mathrm{EI}_2$ 得：$\mathrm{EI}_2 = 0$

由公式：$\mathrm{EI}_{A_0} = \sum\limits_{z=1}^{m} \mathrm{EI}_{A_z} - \sum\limits_{j=m+1}^{n-1} \mathrm{ES}_{A_j}$

$\mathrm{ES}_3 = \mathrm{EI}_1 - \mathrm{ES}_2$ 得：$\mathrm{ES}_2 = 0.3$

因而 $A_2 = 40^{+0.3}_{0}$（mm）

[例 8-4]　　如图 8-24（a）所示套类零件的 A、B、C 面均已加工完毕，现欲以调整法加工 D 面，并选端面 A 为定位基准，且按工序尺寸 L_3 对刀进行加工，为保证车削过 D 面后间接获得的尺寸 L_0 能符合图纸规定的要求，必须将 L_3 的加工误差控制在一定范围之内，试求工序尺寸 L_3 及其极限偏差。

解： ① 画尺寸链图并判断封闭环。

根据加工情况判断 L_0 为封闭环，并画出尺寸链如图 8-24（b）所示。

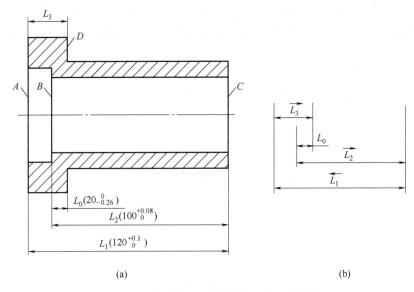

（a）   （b）

图 8-24   轴套加工（轴向）工序尺寸换算

② 判断增、减环 ［图 8-24（b）］。

③ 计算工序尺寸的基本尺寸。

由公式：

$$A_0 = \sum_{i=1}^{n} \overrightarrow{A_i} - \sum_{i=n+1}^{m} \overleftarrow{A_i}$$
$$20 = (100 + L_3) - 120$$

故 $L_3 = 20 + 120 - 100 = 40$

④ 计算工序尺寸的极限偏差。

由公式：

$$ES_{A_0} = \sum_{z}^{m} ES_{A_z} - \sum_{j=m+1}^{n-1} EI_{A_j},$$
$$0 = (0.08 + ES_3) - 0$$

得 L_3 的上偏差为：$ES_3 = -0.08$

由公式：

$$EI_{A_0} = \sum_{z=1}^{m} EI_{A_z} - \sum_{j=m+1}^{n-1} ES_{A_j}$$
$$-0.26 = (0 + EI_3) - 0.1$$

得 L_3 的下偏差为：$EI_3 = -0.16$

因此工序尺寸 L_3 及其上、下偏差为：

$$L_3 = 40_{-0.16}^{-0.08}(\text{mm})$$

按入体方向标注为：

$$L_3 = 39.92_{-0.08}^{0}(\text{mm})$$

8.7   机械加工的生产率和技术经济性分析

8.7.1   机械加工时间定额的组成

（1）时间定额的概念

时间定额指在一定生产条件下，规定生产一件产品或完成一道工序所需消耗的时间。它是安排作业计划、核算生产成本、确定设备数量、人员编制以及规划生产面积的重要依据。

（2）时间定额的组成

① 基本时间。基本时间是指直接改变生产对象的尺寸、形状、相对位置以及表面状态或材料性质等工艺过程所消耗的时间。对于切削加工来说，基本时间就是切除金属所消耗的时间（包括刀具的切入和切出时间在内）。

② 辅助时间。辅助时间是为实现工艺过程所必须进行的各种辅助动作所消耗的时间。它包括装卸工件、开停机床、引进或退出刀具、改变切削用量、试切和测量工件等所消耗的时间。

辅助时间的确定方法随生产类型而异。大批大量生产时，为使辅助时间规定得合理，需将辅助动作分解，再分别确定各分解动作的时间，最后予以综合；中批生产则可根据以往统计资料来确定；单件小批生产常用基本时间的百分比进行估算。

基本时间和辅助时间的总和称为作业时间。它是直接用于制造产品或零部件所消耗的时间。

③ 布置工作地时间。布置工作地时间是为了使加工正常进行，工人照管工作地（如更换刀具、润滑机床、清理切屑、收拾工具等）所消耗的时间。它不是直接消耗在每个工件上，而是消耗在一个工作班内的时间，再折算到每个工件上。

④ 休息与生理需要时间。休息与生理需要时间是工人在工作班内恢复体力等所消耗的时间，是按一个工作班为计算单位，再折算到每个工件上的。对机床操作工人一般按作业时间的 2% 估算。

以上四部分时间的总和称为单件时间，可用 T_d 表示。

⑤准备与终结时间。准备与终结时间（T_z）是指工人为了生产一批产品或零部件，进行准备和结束工作所消耗的时间。在单件或成批生产中，每当开始加工一批工件时，工人需要熟悉工艺文件，领取毛坯、材料、工艺装备、安装刀具和夹具，调整机床和其他工艺装备等所消耗的时间以及加工一批工件结束后，需拆下和归还工艺装备，送交成品等所消耗的时间。准备与终结时间既不是直接消耗在每个工件上的，也不是消耗在一个工作班内的时间，而是消耗在一批工件上的时间。因而，分摊到每个工件的时间为 T_z/n，其中 n 为批量。

故单件和成批生产的单件工时定额的计算公式 T 应为：

$$T = T_d + T_z/n$$

大批大量生产时，由于 n 的数值很大，$T_z/n \approx 0$，故不考虑准备终结时间，即

$$T = T_d$$

8.7.2　提高机械加工生产率的途径

劳动生产率是指工人在单位时间内制造的合格产品的数量或制造单件产品所消耗的劳动时间。劳动生产率是一项综合性的技术经济指标。提高劳动生产率，必须正确处理好质量、生产率和经济性三者之间的关系。应在保证质量的前提下，提高生产率，降低成本。劳动生产率提高的措施很多，涉及产品设计，制造工艺和组织管理等多方面。缩短单件时

间也可以提高机械加工生产率，缩短单件时间的工艺措施可有以下几个方面。

（1）缩短基本时间

在大批大量生产时，由于基本时间在单位时间中所占比重较大，因此通过缩短基本时间即可提高生产率。缩短基本时间的主要途径有以下几种：

① 提高切削用量。增大切削速度、进给量和背吃刀量，都可缩短基本时间，但切削用量的提高受到刀具耐用度和机床功率、工艺系统刚度等方面的制约。随着新型刀具材料的出现，切削速度得到了迅速提高，目前硬质合金车刀的切削速度可达 200m/min，陶瓷刀具的切削速度可达 500m/min。近年来出现的聚晶人造金刚石和聚晶立方氮化硼刀具切削普通钢材的切削速度可达 900m/min。

在磨削方面，近年来发展的趋势是高速磨削和强力磨削。国内生产的高速磨床和砂轮磨削速度已达 60m/s，国外已达 90~120m/s；强力磨削的切入深度已达 6~12mm，从而使生产率大大提高。

② 采用多刀同时切削。如图 8-25（a）所示，每把车刀实际加工长度只有原来的 1/3；如图 8-25（b）所示，每把刀的切削余量只有原来的 1/3；如图 8-25（c）所示，用三把刀具对同一工件上不同表面同时进行横向切入法车削。显然，采用多刀同时切削比单刀切削的加工时间大大缩短。

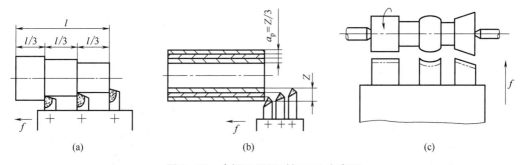

图 8-25　多把刀具同时加工几个表面

③ 多件加工。这种方法是通过减少刀具的切入、切出时间或者使基本时间重合，从而缩短每个零件加工的基本时间来提高生产率。多件加工的方式有以下三种：

a. 顺序多件加工。即工件顺着走刀方向一个接着一个地安装，如图 8-26（a）所示。这种方法减少了刀具切入和切出的时间，也减少了分摊到每一个工件上的辅助时间。

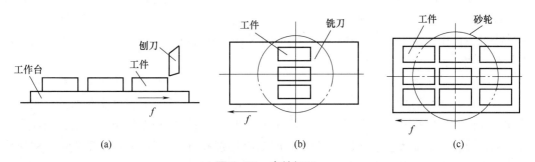

图 8-26　多件加工

b. 平行多件加工。即在一次走刀中同时加工 n 个平行排列的工件。加工所需基本时间和加工一个工件相同，所以分摊到每个工件的基本时间就减少到原来的 $1/n$，其中 n 是同时加工的工件数。这种方式常见于铣削和平面磨削，如图 8-26（b）所示。

c. 平行顺序多件加工。这种方法为顺序多件加工和平行多件加工的综合应用，如图 8-26（c）所示。这种方法适用于工件较小，批量较大的情况。

④ 减少加工余量。采用精密铸造、压力铸造、精密锻造等先进工艺提高毛坯制造精度，减少机械加工余量，以缩短基本时间，有时甚至无需再进行机械加工，这样可以大幅度提高生产效率。

（2）缩短辅助时间

辅助时间在单件时间中也占有较大比重，尤其是在大幅度提高切削用量之后，基本时间显著减少，辅助时间所占比重就更高。此时采取措施缩减辅助时间就成为提高生产率的重要方向。缩短辅助时间有两种不同的途径：一是使辅助动作实现机械化和自动化，从而直接缩减辅助时间；二是使辅助时间与基本时间重合，间接缩短辅助时间。

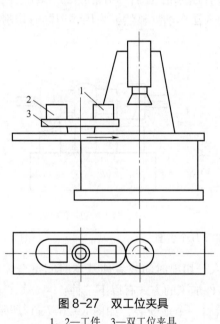

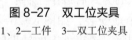

图 8-27　双工位夹具

1、2—工件　3—双工位夹具

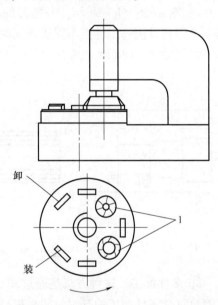

图 8-28　立式连续回转工作台铣床

1—铣刀

① 直接缩减辅助时间。采用专用夹具装夹工件，工件在装夹中不需找正，可缩短装卸工件的时间。大批大量生产时，广泛采用高效气动、液动夹具来缩短装卸工件的时间。单件小批生产中，由于受专用夹具制造成本的限制，为缩短装卸工件的时间，可采用组合夹具及可调夹具。

此外，为减小加工中停机测量的辅助时间，可采用主动检测装置或数字显示装置在加工过程中进行实时测量，以减少加工中需要的测量时间。主动检测装置能在加工过程中测量加工表面的实际尺寸，并根据测量结果自动对机床进行调整和工作循环控制，例如磨削自动测量装置。数显装置能把加工过程或机床调整过程中机床运动的移动量或角位移连续精确地显示出来，这些都大大节省了停机测量的辅助时间。

② 间接缩短辅助时间。为了使辅助时间和基本时间全部或部分地重合，可采用多工位夹具和连续加工的方法，如图8-27所示为立式铣床上采用双工位夹具工作的实例。加工工件1时，工人在工作台的另一端装上工件2；工件1加工完后，工作台快速退回原处，将夹具转过180°即可加工另一工件2。如图8-28所示为立式连续回转工作台铣床，辅助时间和基本时间全部重合。

（3）缩短布置工作地时间

布置工作地时间，大部分消耗在更换刀具上，因此必须减少换刀次数并缩减每次换刀所需的时间，提高刀具的耐用度可减少换刀次数。而换刀时间的减少，则主要通过改进刀具的安装方法和采用装刀夹具来实现。如采用各种快换刀夹，刀具微调机构，专用对刀样板或对刀样件以及自动换刀装置等，以减少刀具的装卸和对刀所需时间。例如在车床和铣床上采用可转位硬质合金刀片刀具，既减少了换刀次数，又可减少刀具装卸，对刀和刃磨的时间。

（4）缩短准备与终结时间

缩短准备与终结时间的途径有两种：第一，扩大产品生产批量，可以相对减少分摊到每个零件上的准备与终结时间；第二，直接减少准备与终结时间。扩大产品生产批量，可以通过零件标准化和通用化实现，并可采用成组技术组织生产。

8.7.3 机械加工技术经济分析的方法

制订机械加工工艺规程时，在同样能满足工件的各项技术要求下，一般可以拟订出几种不同的加工方案，而这些方案的生产效率和生产成本会有所不同。为了选取最佳方案就需进行技术经济分析。所谓技术经济分析就是通过比较不同工艺方案的生产成本，优选最经济的加工工艺方案。

生产成本是指制造一个零件或一台产品所必需的一切费用的总和。生产成本包括两大类费用：第一类是与工艺过程直接有关的费用称为工艺成本，占生产成本的70%~75%；第二类是与工艺过程无关的费用，如行政人员工资、厂房折旧、照明取暖等费用。由于在同一生产条件下与工艺过程无关的费用基本上是相等的，因此对零件工艺方案进行经济分析时，只要分析与工艺过程直接有关的工艺成本即可。

（1）工艺成本的组成

工艺成本由可变费用和不变费用两大部分组成。

① 可变费用。可变费用是与年产量有关并与之成正比的费用，用"V"表示（元/件）。包括材料费、操作工人的工资、机床电费、通用机床折旧费、通用机床修理费、刀具费、通用夹具费。

② 不变费用。不变费用是与年产量的变化没有直接关系的费用。当产量在一定范围内变化时，全年的费用基本上保持不变，用"S"表示（元/年）。包括：机床管理人员、车间辅助工人、调整工人的工资，专用机床折旧费，专用机床修理费，专用夹具费等。

（2）工艺成本的计算

① 零件的全年工艺成本用下式计算：

$$E = VN + S$$

式中　E——零件（或零件的某工序）全年的工艺成本（元/年）；

　　　V——可变费用（元/件）；

　　N——年产量（件/年）；

　　S——不变费用（元/年）。

　　由上述公式可知，全年工艺成本 E 和年产量 N 呈线性关系，如图8-29所示。它说明全年工艺成本的变化 ΔE 与年产量的变化 ΔN 成正比；又说明 S 为投资定值，不论生产多少，其值不变。

　　② 零件的单件工艺成本。将零件的全年工艺成本除以年产量即是零件的单件工艺成本 E_d，单位为：元/件。

$$E_d = V + \frac{S}{N}$$

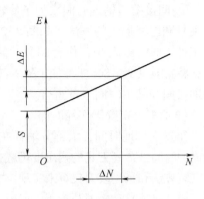

图8-29　全年工艺成本

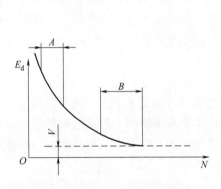

图8-30　单件工艺成本

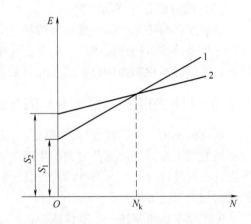

图8-31　两种方案全年工艺成本的比较

　　单件工艺成本 E_d 与年产量 N 呈双曲线关系，如图8-30所示。在曲线的 A 段，N 很小，设备负荷也低，即单件小批生产区，单件工艺成本 E_s 就很高，此时若产量 N 稍有增加（ΔN）将使单件成本迅速降低（ΔE）。在曲线 B 段，N 很大，即大批大量生产区。此时曲线渐趋水平，年产量虽有较大变化，而对单件工艺成本的影响却很小。这说明对于某一个工艺方案，当 S 值（主要是专用设备费用）一定时，就应有一个与此设备能力相适应的产量范围，类似临界点（图8-31中 N_k 点）。产量小于这个范围时，由于 S/N 比值增大，工艺成本就增加。这时采用这种工艺方案显然是不经济的，应减少使用专用设备数，即减少 S 值来降低工艺成本。当产量超过这个范围时，由于 S/N 比值变小，就需要投资更大而生产率更高的设备，以便减少 V 而获得更好的经济效益。

【学后测评】

1. 选择题

（1）工艺设计的原始资料中不包括（　　）。

A. 零件图及必要的装配图　　　　　　B. 零件生产纲领

C. 工厂的生产条件　　　　　　　　　D. 机械加工工艺规程

（2）下面包括工序简图的是（　　　）。

A. 机械加工工艺过程卡片　　　　　　B. 机械加工工艺卡片

C. 机械加工工序卡片　　　　　　　　D. 机械加工工艺卡片和机械加工工序卡片

（3）淬火一般安排在（　　　）。

A. 毛坯制造之后　　　　　　　　　　B. 磨削加工之前

C. 粗加工之后　　　　　　　　　　　D. 磨削加工之后

（4）在工艺尺寸链中，封闭环是指（　　　）。

A. 要计算的减环　　　　　　　　　　B. 要计算的增环

C. 直接获得的环　　　　　　　　　　D. 间接获得的环

（5）下面情况需按工序分散来安排生产的是（　　　）。

A. 重型零件加工时　　　　　　　　　B. 工件的形状复杂，刚性差而技术要求高

C. 加工质量要求不高时　　　　　　　D. 工件刚性大，毛坯质量好，加工余量小

（6）退火处理一般安排在（　　　）。

A. 毛坯制造之后　　　B. 粗加工之后　　　C. 半精加工之后　　　D. 精加工之后

（7）下列不属于工艺基准的是（　　　）。

A. 定位基准　　　　　B. 设计基准　　　　C. 工序基准　　　　D. 测量基准

（8）工序余量等于（　　　）。

A. 上道工序尺寸与本道工序尺寸之差

B. 上道工序尺寸公差与本道工序尺寸公差之差

C. 上道工序尺寸公差与本道工序尺寸公差之和的 1/2

D. 上道工序尺寸公差与本道工序尺寸公差之差的 1/2

（9）在每一工序中确定加工表面的尺寸和位置所依据的基准，称为（　　　）。

A. 设计基准　　　　　B. 工序基准　　　　C. 定位基准　　　　　D. 测量基准

（10）安排热处理工序时，调质一般安排在（　　　）。

A. 毛坯制造之后　　　B. 粗加工之后　　　C. 半精加工之后　　　D. 精加工之后

2. 填空题

（1）基准重合是指_____基准和_____基准重合。

（2）设计基准指的是_____。

（3）工艺基准一般包括_____、_____、_____、_____四种。

（4）切削加工顺序安排原则有基准先行、_____、_____、_____。

（5）_____指的是将零件的加工内容分散在较多工序中完成；_____指的是将零件的加工内容集中在几道工序中完成。

（6）大批量生产中常用的工艺文件有_____和_____。

（7）机械加工中定位基准与设计基准不重合时，工序尺寸及其偏差一般可利用_____进行计算获得。

（8）确定机械加工各中间工序的公差时，一般按各加工方法的_____精度而定，再按"_____原则"确定各工序尺寸的上、下偏差。

（9）加工轴类零件时，通常用两端中心孔作为定位基准，这符合_____和_____的原则。

（10）尺寸链中，_____环的公差最大，_____环是直接保证的。

3. 简答题

（1）安排切削加工顺序的原则是什么？

（2）什么是加工余量、工序余量和总余量？影响加工余量的因素有哪些？

（3）简要说明机械加工定位粗基准和精基准的选择原则及其理由。

（4）什么叫工艺成本？由哪些部分组成？如何对不同工艺方案进行技术经济分析？

（5）何谓工艺尺寸链？如何确定封闭环、增环和减环？

（6）什么是工序集中和工序分散的原则？各有何特点？影响工序集中与工序分散的主要因素有哪些？各用于什么场合？

（7）为什么机械加工过程一般都要划分为几个阶段进行？

（8）工艺路线划分加工阶段的目的是什么？

（9）什么叫机械加工工艺规程？机械加工工艺规程有什么作用？

（10）机械加工过程当零件的加工精度要求较高时，通常要划分加工阶段，为什么？说明是哪四个加工阶段？

4. 计算题

（1）如图 8-32 所示某零件加工时，图纸要求保证尺寸 6 ± 0.1，因这一尺寸不便直接测量，只好通过度量尺寸 L 来间接保证，试求工序尺寸 L 及其上下偏差。

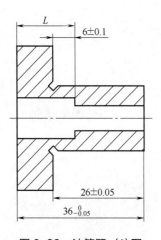

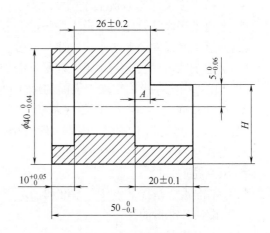

图 8-32　计算题（1）图　　　　　　　　图 8-33　计算题（2）图

（2）如图 8-33 所示，一批轴套零件，在车床上已加工好外圆、内孔及端面，现须在铣床上铣右端缺口，并保证尺寸 $5_{-0.06}^{0}$ 及 26 ± 0.2，求采用调整法加工时的控制尺寸 H、A 及其偏差，并画出尺寸链。

（3）如图 8-34 所示，工件中 A_1、A_2、A_3 的尺寸为设计要求尺寸，其中 A_3 不便直接控制和测量，通常采用控制大端孔深的方法进行加工。画出尺寸链图，计算大端孔深的尺寸及其偏差，并在图上标注。

（4）如图 8-35 所示，轴套零件加工 $\phi40mm$ 沉孔的工序参考图，其余表面均已加工，因沉孔孔深的设计基准为小孔轴线，而尺寸 $30\pm0.15mm$ 又很难直接测量，问能否以测量孔深 A 来保证？并计算 A 的尺寸与偏差。

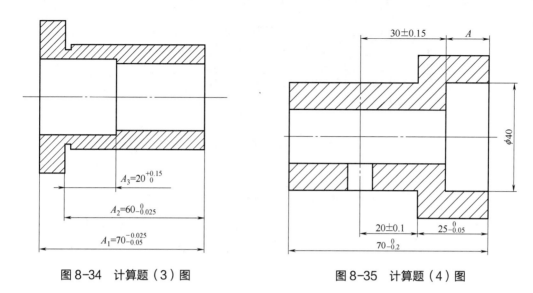

图 8-34 计算题（3）图   图 8-35 计算题（4）图

5. 分析题

（1）何为零件结构工艺性？如图 8-36 所示，改正图中零件结构工艺性不合理之处。

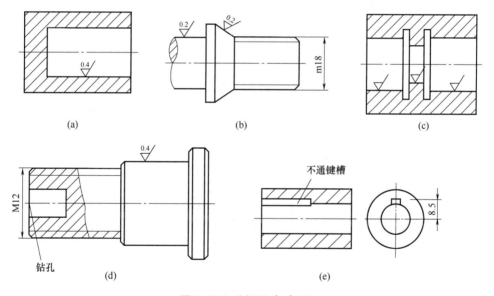

图 8-36 分析题（1）图

（2）如图 8-37 所示，指出图中零件结构工艺性不合理之处，并另外画图上加以改正。

（3）在大批大量生产条件下，加工一批直径为 ϕ45h6mm 长度为 68mm 的光轴，$Ra<0.16\mu m$，材料为 45 钢，试安排其加工路线。

（4）如图 8-38 所示，试拟定出各零件的加工工艺规程。零件均采用 45 钢，成批生产。

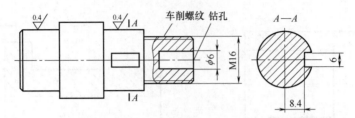

图 8-37　分析题（2）图

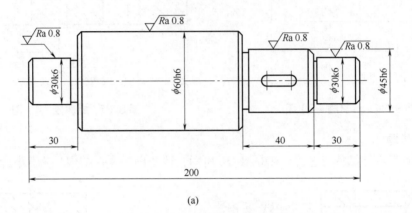

(a)

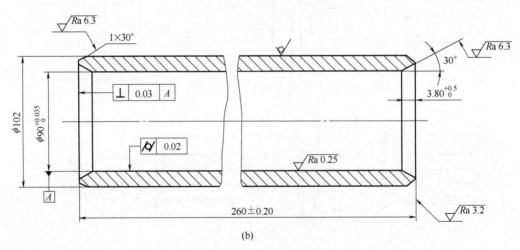

(b)

图 8-38　分析题（4)图

（a）零件采用锻件　　（b）零件采用无缝钢管

9 典型零件机械加工工艺实例

9.1 轴类零件机械加工工艺设计与实施

9.1.1 轴类零件的结构特点与技术要求

一般轴类零件按其结构特点分为光轴、阶梯轴、空心轴和异形轴（包括曲轴、半轴、凸轮轴、偏心轴、十字轴和花键轴等）四类。若按轴的长度和直径的比例（L/d）来分，又可分为刚性轴（$L/d \leqslant 12$）和挠性轴（$L/d \geqslant 12$）两类。

（1）轴类零件的结构特点

轴类零件是旋转体零件，其长度大于直径，通常由外圆柱面、圆锥面、螺纹、花键、键槽、横向孔、沟槽等表面构成。

（2）轴类零件的技术要求

① 尺寸公差。轴类零件的主要表面常分为两类：一类是与轴承的内圈配合的外圆轴颈，即支承轴颈，用于确定轴的位置并支承轴，尺寸公差等级要求较高，通常为 IT5～IT7；另一类为与各类传动件配合的轴颈，即配合轴颈，其公差等级稍低，通常为 IT6～IT9。

② 几何公差。几何公差包括形状公差、方向公差、位置公差、跳动公差。

a. 形状公差主要指轴颈表面、外圆锥面、锥孔等重要表面的圆度公差、圆柱度公差。其误差一般应限制在尺寸公差范围内；对于精密轴，应在零件图上另行规定其形状公差。

b. 方向公差主要指重要端面对轴心线的垂直度公差、端面间的平行度公差等。

c. 位置公差主要指内外表面重要轴面的同轴度公差等。

d. 跳动公差主要指内外表面、重要轴面的径向圆跳动公差等。

③ 表面粗糙度。轴的加工表面都有表面粗糙度要求，一般根据加工的可行性和经济性来确定。支承轴颈的表面粗糙度常为 $Ra0.2～1.6\mu m$，传动件配合轴颈为 $Ra0.4～3.2\mu m$。

9.1.2 轴类零件的加工工艺分析和定位基准选择

（1）轴类零件的加工工艺分析

对精度要求较高的零件，其粗、精加工应分开，以保证零件的质量。轴类零件加工一般可分为三个阶段：粗车（粗车外圆、钻中心孔等），半精车（半精车各处外圆、台阶和修研中心孔及次要表面等），粗、精磨（粗、精磨各处外圆）。各阶段划分大致以热处理工序为界。

（2）轴类零件的定位基准选择

一般轴类零件的定位基准最常用的是两中心孔。因为轴类零件各外圆表面、螺纹表面的同轴度及端面对轴线的垂直度是几何公差的主要项目，而这些表面的设计基准一般都是轴的中心线，采用两中心孔定位就能符合基准重合原则；而且由于多数工序都采用中心孔作为定位基面，能最大限度地加工出多个外圆和端面，这也符合基准统一原则。但下列情况不能用两中心孔作为定位基准：

① 粗加工外圆时，为提高工件刚度，则采用轴外圆表面为定位基面，或以外圆和中心孔同作定位基面，即"一夹一顶"。

② 当轴为通孔零件时，在加工过程中，作为定位基面的中心孔因钻出通孔而消失，为了在通孔加工后还能用中心孔作为定位基面，工艺上常采用三种方法：当中心通孔直径较小时，可直接在孔口倒出宽度不大于 2mm 的 60° 内锥面来代替中心孔；当轴有圆柱孔时，可采用锥堵，锥度为 1∶500。当轴孔锥度较小时，锥堵锥度与工件两端定位孔锥度相同；若轴孔为锥度孔，当轴通孔的锥度较大时，可采用带锥堵的心轴，简称锥堵心轴。

使用锥堵或锥堵心轴时应注意，一般中途不得更换或拆卸，直到精加工完各处加工面，不再使用中心孔时才能拆卸。

9.1.3　轴类零件的材料及热处理

（1）轴类零件的材料

轴类零件材料常用 45 钢；对于中等精度且转速较高的轴，可选用 40Cr 等合金结构钢；精度较高的轴，可选用轴承钢 GCr15 和弹簧钢 65Mn 等，也可选用球墨铸铁；对于高转速、重载荷条件下工作的轴，选用 20CrMnTi、20Mn2B、20Cr 等低碳合金钢或 38CrMoAl 氮化钢。

（2）轴类零件的毛坯

轴类零件最常用的毛坯是圆棒料和锻件；有些大型轴或结构复杂的轴采用铸件。毛坯经过加热锻造后，可使金属内部纤维组织沿表面均匀分布，从而获得较高的抗拉、抗弯及抗扭强度，故一般比较重要的轴多采用锻件。依据生产批量的大小，毛坯的锻造方式分为自由锻造和模锻两种。

（3）轴类零件的热处理

轴类零件的使用性能除与所选钢材种类有关外，还与所采用的热处理有关。锻造毛坯在加工前，均需安排正火或退火处理（含碳量大于 0.7% 的碳钢和合金钢），以使钢材内部晶粒细化，消除锻造应力，降低材料硬度，改善切削加工性能。

为了获得较好的综合力学性能，轴类零件常要求调质处理。毛坯余量大时，调质安排在粗车之后、半精车之前，以便消除粗车时产生的残余应力；毛坯余量小时，调质可安排在粗车之前进行。表面淬火一般安排在精加工之前，这样可纠正因淬火引起的局部变形。对精度要求高的轴，在局部淬火后或粗磨之后，还需进行低温时效处理（在 160℃ 油中进行长时间的低温时效），以保证尺寸的稳定。

对于氮化钢（如 38CrMoAl），需在渗氮之前进行调质和低温时效处理。对调质的质量要求也很严格，不仅要求调质后索氏体组织要均匀细化，而且要求离表面 8∼10mm 层内铁素体含量不超过 5%，否则会造成氮化脆性而影响其质量。

9.1.4 案例实施

（1）零件图样分析

① 如图 9-1 所示花键轴以 ϕ45js5 两轴颈的公共轴线为基准，ϕ53.55g6 对基准的同轴度公差为 ϕ0.005mm，两 ϕ53.55g6 端面对基准的轴向圆跳动公差为 0.005mm。

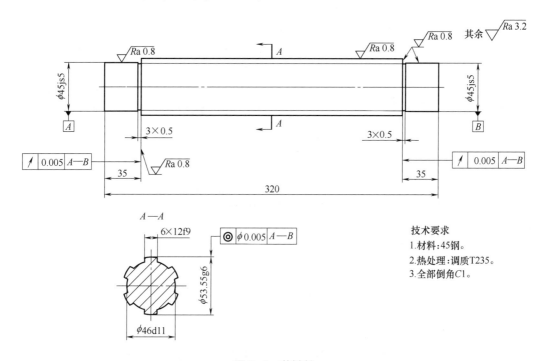

图 9-1　花键轴

② 零件材料为 45 钢。

③ 调质硬度为 HBW220~250。

（2）工艺分析

① 该零件为花键轴，定心方式为外。

② 在加工工艺流程中，粗加工后整体进行调质处理，再精加工。

③ 在单件或小批生产时，采用卧式车床加工，粗、精车可在一台车床上完成；批量较大时，粗、精车应在不同的车床上完成。

④ ϕ45js5、ϕ53.55g6 外圆精度要求较高，精车工序留磨削余量，最后用外圆磨床来磨削。

⑤ 为了保证两端中心孔同心，该轴中心孔在开始时仅作为临时中心孔；最后在精加工时，修研中心孔或磨中心孔，再以精加工过的中心孔定位。

（3）机械加工工艺过程

花键轴的加工工艺过程，如表 9-1 所示。

表 9-1 　　　　　　　　　　　花键轴机械加工工艺过程 　　　　　　　　　　　单位：mm

零件名称		毛坯种类	材料	生产类型
花键轴		圆钢	45 钢	小批量

工序	工步	工序内容	设备	刀具、量具、辅具
10		下料 $\phi60×325$	锯床	
20		粗车	卧式车床	
	1	夹坯料的外圆,车端面,见光即可		45°弯头车刀
	2	钻一端中心孔 A2.5/5.3		中心钻
	3	调头,夹坯料的外圆,车端面,保证总长 322		45°弯头车刀
	4	钻另一端中心孔 A2.5/5.3		中心钻
	5	夹坯料左端外圆,另一端用顶尖顶住中心孔,粗车 $\phi45js5$ 外圆至 $\phi47$,长度至 35		90°外圆车刀
	6	车 $\phi53.55g6$ 外圆至 $\phi56$		90°外圆车刀
	7	调头。用自定心卡盘夹 $\phi45js5$ 外圆处,另一端用顶尖顶住中心孔,夹紧,车 $\phi45js5$ 外圆至 $\phi47$,长度至 35		90°外圆车刀
30		热处理:调质,硬度为 HBW220~250	箱式炉	
40		精车	卧式车床	
	1	用自定心卡盘夹 $\phi45js5$ 外圆处,另一端用顶尖顶住中心孔,夹紧,在 $\phi53.55g6$ 外圆车一段架位,表面粗糙度 $Ra3.2\mu m$		90°外圆车刀
	2	在 $\phi53.55g6$ 外圆架位处装上中心架,找正,移去顶尖。车端面,保证总长 321		45°弯头车刀
	3	修中心孔至 A3.15/6.7		中心钻
	4	调头,用自定心卡盘夹 $\phi45js5$ 外圆处,另一端用顶尖顶住中心孔,夹紧,在 $\phi53.55g6$ 架位处装处中心架,找正,移去顶尖。车端面,保证总长 320		45°弯头车刀
	5	修中心孔至 A3.15/6.7		中心钻
	6	顶住中心孔,夹紧,移去中心架,车 $\phi45js5$ 外圆留磨削余量 0.25,长至 35		90°外圆车刀
	7	车 $\phi45js5$ 外圆,留磨削余量 0.25		90°外圆车刀
	8	车 35 尺寸,左面留磨削余量 0.10		45°弯头车刀
	9	切 3×0.5 退刀槽至要求		切槽刀
	10	车外圆倒角 C1		45°弯头车刀
	11	调头,用自定心卡盘夹 $\phi45js5$ 外圆,另一端用顶尖顶住中心孔,夹紧,车 $\phi45js5$,留磨削余量 0.25		45°弯头车刀
	12	车 35 尺寸,右面留磨削余量 0.10		45°弯头车刀
	13	切 3×0.5 退刀槽至要求		切槽刀
	14	车外圆倒角 C1		45°弯头车刀
50		铣外花键至图样要求	立式加工中心	
60		钳工去刺	钳工台	
70		磨两端中心孔	中心孔磨床	
80		磨外圆	外圆磨床	
	1	磨左端 $\phi45js5$ 外圆至要求,表面粗糙度 $Ra0.8\mu m$		
	2	靠磨 35 尺寸右面至要求,表面粗糙度 $Ra0.8\mu m$		
	3	磨右端 $\phi45js5$ 外圆至要求,表面粗糙度 $Ra0.8\mu m$		
	4	靠磨 35 尺寸左面至要求,表面粗糙度 $Ra0.8\mu m$		

续表

零件名称		毛坯种类	材料		生产类型
花键轴		圆钢	45 钢		小批量
工序	工步	工序内容		设备	刀具、量具、辅具
	5	磨 $\phi53.55g6$ 外圆至要求,表面粗糙度 $Ra0.8\mu m$			
90		检验:检验各部尺寸、几何公差及表面粗糙度等		检验站	
100		涂油、包装、入库		库房	

9.2 板类零件机械加工工艺设计与实施

9.2.1 板类零件的结构特点与技术要求

板类零件按其结构特点分为盖板、平板、集成电路板、支撑板（包括支架、支座、支板等）、导轨板等。

（1）板类零件的结构特点

板类零件是以平板为主体的零件，通常由螺纹孔、小的支撑面、轴承孔、密封槽、定位键等表面构成。

（2）板类零件的技术要求

① 尺寸公差。板类零件主要分为两类：一类是作为检具使用，是各测量件的标准，其表面的精度较高，公差等级通常为 IT3~IT4，要求是检测零件公差等级的最少 3 倍；另一类作为与大型零件配合使用的零件，其表面的公差等级一般要求为 IT5~IT6，比与之配合的大型零件高一个等级。

② 几何公差。对于板类零件上下表面、外侧面、凸台面等重要表面的平面度、垂直度、平行度，其误差一般应限制在尺寸公差范围内。

③ 表面粗糙度。板的加工表面有表面粗糙度的要求，一般根据加工的可能性和经济性，以及产品的使用精度来确定。检具类平面的表面粗糙度常为 $Ra0.2~0.6\mu m$，零件类平面的表面粗糙度为 $Ra0.6~1.0\mu m$。

9.2.2 板类零件的加工工艺分析和定位基准选择

（1）板类零件的加工工艺分析

对精度要求较高的零件，其粗、精加工应分开，以保证零件的质量。板类零件加工一般可分为三个阶段：粗铣（粗铣端面、粗镗孔）、半精铣（半精铣端面、半精镗孔、钻攻各螺纹孔）、精铣和精镗，有时为达到非常高的表面质量、平面度要求还要增加平磨工序。

（2）板类零件的定位基准选择

板类零件以精度要求高的孔为定位基准。因为板类零件外轮廓表面一般不加工，螺纹孔的位置度及端面对轴线的垂直度有相互位置公差要求，而这些表面的设计基准一般都是板的孔中心线，采用两中心孔定位就能符合基准重合原则；而且由于多数工序都采用中心孔作为定位基准，能最大限度地保证孔和面的精度，这也符合基准统一原则。但粗加工时，不能用孔中心作为定位基准，通常以不加工表面作为定位和找正基准，以不加工表面来确定孔位置坐标。

9.2.3 板类零件的材料及热处理

（1）板类零件的材料和毛坯

① 板类零件的材料。板类零件常采用铸铁制造。要求精度高、刚性好的板可选用45钢、40Cr，也可选用球墨铸铁；对高速、重载的板，可选用20CrMnTi、20Mm2B、20Cr等低碳合金钢或38CrMoAl渗氮钢。

② 板类零件的毛坯。45钢等的毛坯经过加热锻造后，可使金属内部纤维组织沿表面均匀分布，获得较高的抗拉强度、抗弯强度及抗扭强度。大型板或结构复杂的板可采用铸件。

（2）板类零件的热处理

① 锻造毛坯在加工前，均须安排正火或退火处理，使钢材内部晶粒细化，消除锻造应力，降低材料硬度，改善可加工性。

② 调质一般安排在粗铣之后、半精铣之前，以获得良好的综合力学性能。

③ 表面淬火一般安排在精加工之前，可以纠正因淬火引起的局部变形。

④ 精度要求高的板，在局部淬火或粗磨之后，还须进行低温时效处理。

9.2.4 案例实施

（1）零件图样分析

① 如图9-2所示，22mm±0.02mm尺寸两面平行度公差为0.005mm，8×ϕ50K6孔精度要求高。

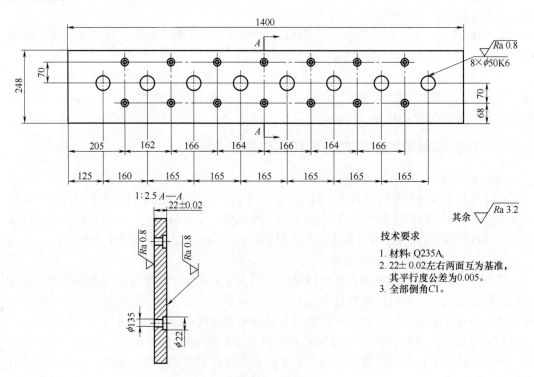

图9-2 支板

② 零件材料为 Q235A。

（2）工艺分析

① 为了保证 22mm±0.02mm 两面的平行度要求，须增加平面磨工序。

② 由于 8×ϕ50K6 孔精度高，加工此孔时工艺须安排粗镗孔、半精镗孔、精镗孔三道工序。

③ 为了减少变形，半精镗 8×ϕ50K6 孔后，工艺须安排一道热处理低温时效工序。

（3）机械加工工艺过程

支板的加工工艺过程，如表9-2所示。

表9-2　　　　　　　　　　支板机械加工工艺过程　　　　　　　　单位：mm

零件名称		毛坯种类		材料		生产类型	
支板		锻件		Q235A		小批量	
工序	工步	工序内容				设备	刀具、量具、辅具
10		锻造				锻压机床	
20		划线:保证外形尺寸加工余量				划线台	
30		粗铣				立铣机床	
	1	按线找正,粗铣 22±0.02 尺寸左面,留精铣余量 2					盘铣刀
	2	重新装夹,铣 22±0.02 尺寸右面,留精铣余量 2					盘铣刀
	3	铣 1400 尺寸左面,留精铣余量 2					杆铣刀
	4	铣 1400 尺寸右面,留精铣余量 2					杆铣刀
	5	镗 8×ϕ50K6 孔至 ϕ45					镗刀
40		精铣				立式铣床	
	1	铣 22±0.02 尺寸左面,留精磨余量 0.5					盘铣刀
	2	铣 22±0.02 尺寸右面,留精磨余量 0.5					盘铣刀
	3	铣 1400 尺寸左面至图样要求,表面粗糙度 Ra3.2μm					杆铣刀
	4	铣 1400 尺寸右面至图样要求,表面粗糙度 Ra3.2μm					杆铣刀
	5	镗 8×ϕ50K6 孔至 ϕ48					镗刀
50		热处理:低温时效				热处理	
60		磨平面				平面磨床	
	1	磨 22±0.02 尺寸左面至图样要求,表面粗糙度 Ra0.8μm					
	2	磨 22±0.02 尺寸右面至图样要求,表面粗糙度 Ra0.8μm					
70		精镗孔、钻孔				立式加工中心	
	1	镗 8×ϕ50K6 孔至图样要求,表面粗糙度 Ra1.6μm					
	2	钻 14×ϕ13.5 孔至图样要求,表面粗糙度 Ra3.2μm					ϕ13.5 麻花钻
	3	锪 14×ϕ22 孔至图样要求,表面粗糙度 Ra3.2μm					ϕ22 锪钻
80		钳工				钳工台	
	1	打印标记:年、月、日					
	2	清洗、去毛刺、倒角					
90		检验				检验台	

续表

零件名称		毛坯种类	材料		生产类型
支板		锻件	Q235A		小批量
工序	工步	工序内容		设备	刀具、量具、辅具
	1	检验各部尺寸、表面粗糙度			
	2	填写检验报告			
100		入库			

9.3　盘类零件机械加工工艺设计与实施

9.3.1　盘类零件的结构特点与技术要求

盘类零件是机械加工中常见的典型零件之一，在机器中主要起支承、连接作用。盘类零件主要由端面、外圆、内孔等组成，一般零件直径大于零件的轴向尺寸。

盘类零件的种类主要有支撑传动轴的各种轴承、法兰盘、轴承盘、压盘、端盖、套环透盖等。盘类零件应用范围很广，例如：支撑传动轴的各种形式的轴承，夹具上的导向套，气缸套等。不同的盘类零件也有很多相同点，例如主要表面基本上都是圆柱形的，主要为同轴度要求较高的内外旋转表面；多为薄壁件，容易变形；零件尺寸大小各异；盘类零件一般长度比较短，直径比较大；它们有较高的尺寸精度、形状精度和表面粗糙度要求，而且有高的同轴度要求等诸多共同之处。典型航天零件中，盘类零件主要有发动机涡轮盘、压气机盘、飞轮、轴承端盖、垫片、齿轮等。

9.3.2　盘类零件的加工工艺分析和定位基准选择

（1）盘类零件的加工工艺分析

盘类零件加工的主要工序多为内孔与外圆表面的粗、精加工，尤以孔的粗、精加工最为重要。常采用的加工方法有钻孔、扩孔、铰孔、镗孔、磨孔、拉孔及研磨孔等，其中钻孔、扩孔、镗孔一般作为孔的粗加工与半精加工，铰孔、磨孔、拉孔及研磨孔为孔的精加工。在确定孔的加工方案时一般按以下原则进行。

① 孔径较小的孔，大多采用钻—扩—铰的方案。

② 孔径较大的孔，大多采用钻孔后镗孔及进一步精加工的方案。

③ 淬火钢或精度要求较高的套筒类零件，则须采用磨孔的方案。

（2）盘类零件的定位基准选择

盘类零件定位基准的选择根据零件不同的作用，主要基准的选择会有所不同：一是以端面为主，其零件加工中的主要定位基准为平面；二是以内孔为主，由于盘的轴向尺寸小，往往在以孔为定位基准（径向）的同时，辅以端面的配合；三是以外圆为主定位基准。

盘类零件的主要定位基准应为内外圆中心。外圆表面与内孔中心有较高同轴度要求，加工中常互为基准，反复加工，保证图样技术要求。

零件以外圆定位时，可直接采用自定心卡盘安装。当壁厚较小时，直接采用自定心卡盘装夹会引起工件变形，可通过径向夹紧、软爪装夹、刚性开口环夹紧或适当增大卡爪面积等方法解决。当外圆轴向尺寸较小时，可与已加工过的端面组合定位，如采用反爪安装；工件较长时，可采用"一夹一托"法安装。

零件以内孔定位时，可采用心轴安装（圆柱心轴、可胀式心轴）。当零件的内、外圆同轴度要求较高时，可采用小锥度心轴和液性塑料心轴安装。当工件较长时，可在两端孔口各加工出一小段 60° 锥面，用两个圆锥对顶定位。当零件的尺寸较小时，尽量在一次装夹下加工出较多表面，既减少装夹次数及装夹误差，又容易获得较高的位置精度。零件也可根据其结构形状及加工要求设计专用夹具安装。

9.3.3 盘类零件的材料及热处理

（1）盘类零件的材料

盘类零件常采用钢、铸铁、青铜或黄铜制成。孔径小的盘一般选择热轧或冷拔棒料。根据不同材料，可选择实心铸件；孔径较大时，可做出预孔。若生产批量较大，可选择冷挤压等先进毛坯制造工艺，既可提高生产率，又节约材料。

（2）盘类零件的热处理

① 盘类零件的热处理工序有正火、退火、调质、渗碳淬火、高频感应淬火、渗氮、时效、油煮定性等。

② 常用热处理设备有箱式炉、多用炉、高频感应淬火机床、渗碳炉、渗氮炉、回火炉等。

9.3.4 案例实施

（1）零件图样分析

① 如图 9 - 3 所示，$\phi50f8$ 外圆、$\phi90h5$ 外圆对 $\phi130g6$ 外圆的同轴度公差为

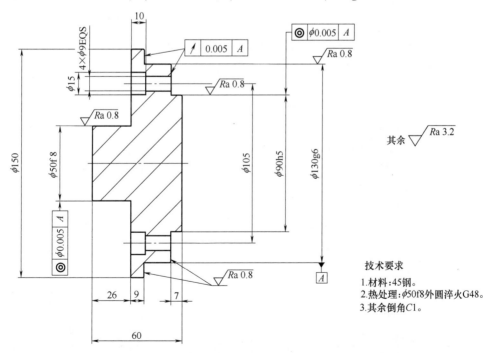

图9-3 端盖

ϕ0.005mm。

② 零件材料为 45 钢。

③ ϕ50f8 外圆高频感应淬火并回火后硬度为 HRC48~53。

（2）工艺分析

① 零件精车后，ϕ50f8 外圆要高频感应淬火，需要留足够的磨削余量。

② ϕ50f8 外圆与 ϕ130g6 外圆的同轴度要求高，磨削加工 ϕ50f8 外圆、ϕ130g6 外圆时，应一次装夹完成。

（3）机械加工工艺过程

端盖的机械加工工艺过程，如表 9-3 所示。

表 9-3　　　　　　　　　　端盖机械加工工艺过程　　　　　　　　　单位：mm

零件名称		毛坯种类	材料		生产类型
端盖		圆钢	45 钢		小批量
工序	工步	工序内容		设备	刀具、量具、辅具
10		下料 ϕ160×65		锯床	
20		粗车		卧式车床	
	1	夹坯料的外圆,车端面,见光即可			45°弯头车刀
	2	车 ϕ50f8 外圆至 ϕ52,长度 26			90°外圆车刀
	3	调头,夹 ϕ50f8 外圆,车端面,保证总长 62			45°弯头车刀
	4	车 ϕ90h5 外圆至 ϕ92,长度 7			90°外圆车刀
	5	车 ϕ130g6 外圆至 ϕ132			90°外圆车刀
	6	车 ϕ150 外圆至 ϕ152,长度 11			90°外圆车刀
30		精车		卧式车床	
	1	夹 ϕ130g6 外圆,找正 ϕ50f8 外圆,夹紧,车左端面至要求,表面粗糙度 Ra3.2μm			45°弯头车刀
	2	钻中心孔 A2.5/5.3			中心钻
	3	车 ϕ50f8 外圆,留磨削余量 0.30,长度 26			90°外圆车刀
	4	车外圆倒角 C1			45°弯头车刀
	5	调头。夹 ϕ50f8 外圆,找正,夹紧,车端面,保证总长 60,表面粗糙度 Ra3.2μm			45°弯头车刀
	6	钻中心孔 A2.5/5.3			中心钻
	7	车 ϕ90h5 外圆,留磨削余量 0.30			90°外圆车刀
	8	车尺寸 7,左面留磨削余量 0.10			45°弯头车刀
	9	车 ϕ130g6 外圆,留磨削余量 0.30			90°外圆车刀
	10	车尺寸 9,右面留磨削余量 0.10			45°弯头车刀
	11	车 ϕ150 外圆至要求,表面粗糙度 Ra3.2μm			90°外圆车刀
	12	车外圆倒角 C1			45°弯头车刀
40		钻孔			
	1	钻 4×ϕ9 孔成			

续表

零件名称	毛坯种类	材料	生产类型
端盖	圆钢	45 钢	小批量

工序	工步	工序内容	设备	刀具、量具、辅具
	2	锪 4×φ15 孔成		
50		热处理:φ50f8 外圆高频感应淬火并回火,硬度为 HRC48~53	高频感应淬火机床、回火炉	
60		磨外圆	外圆磨床	
	1	磨 φ50f8 外圆至要求,表面粗糙度 Ra0.8μm		
	2	磨 φ90h5 外圆至要求,表面粗糙度 Ra0.8μm		
	3	磨 φ130g6 外圆至要求,表面粗糙度 Ra0.8μm		
	4	靠磨尺寸 7 左面成,表面粗糙度 Ra0.8μm		
	5	靠磨尺寸 9 右面成,表面粗糙度 Ra0.8μm		
70		检验	检验站	

课后习题参考答案

参 考 文 献

[1] 赵粉菊. 机械设计制造及其自动化的发展趋势研究 [J]. 内燃机与配件, 2021 (06)：187-188.

[2] 王新甲, 张燕. 我国现代机械制造技术的发展趋势研究 [M]. 南方农机, 2021, 52 (12)：138-140.

[3] 袁军堂. 机械制造技术基础 [M]. 2 版. 北京：清华大学出版社, 2018.

[4] 吉卫喜. 机械制造技术基础 [M]. 北京：机械工业出版社, 2010.

[5] 杨坤怡. 制造技术 [M]. 北京：国防工业出版社, 2010.

[6] 王先逵. 机械制造工艺学 [M]. 2 版. 北京：机械工业出版社, 2007.

[7] 王先逵, 等. 机械加工工艺手册 [M]. 2 版. 北京：机械工业出版社, 2007.

[8] 卢秉恒. 机械制造技术基础 [M]. 4 版. 北京：机械工业出版社, 2018.

[9] 王忠. 机械工程材料 [M]. 北京：清华大学出版社, 2005.

[10] 赵亚忠. 机械工程材料 [M]. 西安：西安电子科技大学出版社, 2016.

[11] 陈德生. 机械制造工艺学 [M]. 杭州：浙江大学出版社, 2007.

[12] 朱秀琳. 机械制造基础 [M]. 2 版. 北京：电子工业出版社, 2021.

[13] 赵长法. 机械制造工艺学 [M]. 哈尔滨：哈尔滨工程大学出版社, 2004.

[14] 朱超, 段玲. 互换性与零件几何量检测 [M]. 北京：清华大学出版社, 2009.

[15] 娄琳. 公差配合与测量技术 [M]. 北京：人民邮电出版社, 2009.

[16] 张世昌. 机械制造技术基础 [M]. 北京：高等教育出版社, 2001.

[17] 徐年富. 公差配合与测量技术 [M]. 北京：机械工业出版社, 2022.

[18] 王晓慧. 尺寸设计理论及应用 [M]. 北京：国防工业出版社, 2004.

[19] 阎光明, 侯忠滨, 张云朋. 现代制造工艺基础 [M]. 西安：西北工业大学出版社, 2007.

[20] 黄健求. 机械制造技术基础 [M]. 北京：机械工业出版社, 2005.

[21] 李菊丽. 机械制造技术基础 [M]. 北京：北京大学出版社, 2017.

[22] 方子良. 机械制造技术基础 [M]. 上海：上海交通大学出版社, 2004.

[23] 邓志平. 机械制造技术基础 [M]. 成都：西南交通大学出版社, 2004.

[24] 王启平. 机械制造工艺学 [M]. 哈尔滨：哈尔滨工业大学出版社, 2004.

[25] 陈宏钧. 实用机械加工工艺手册 [M]. 北京：机械工业出版社, 2005.

[26] 张学政. 机械制造工艺基础习题集 [M]. 2 版. 北京：清华大学出版社, 2008.

[27] 京玉海. 机械制造基础学习指导与习题 [M]. 重庆：重庆大学出版社, 2006.

[28] 李益民. 机械制造工艺设计简明手册 [M]. 北京：机械工业出版社, 2003.

[29] 考试与命题研究组编. 机械制造习题与学习指导 [M]. 北京：北京理工大学出版社, 2009.

[30] 范孝良, 尹明富. 机械制造技术基础 [M]. 北京：机械工业出版社, 2008.

[31] 晏初宏. 金属切削机床 [M]. 北京：机械工业出版社, 2007.

[32] 张崇高, 唐火红. 机械制造技术基础习题集 [M]. 合肥：合肥工业大学出版社, 2007.

[33] Serope Kalpakjian and Steven R. Schmid. Manufacturing Engineering and Technology (4th Edition) [M]. 北京：高等教育出版社, 2005.